LE TOUR DU MONDE DES ÉNERGIES

Blandine Antoine   Élodie Renaud

LE TOUR DU MONDE DES ÉNERGIES

Prométhée

Le Tour des Energies

JC Lattès

Note explicative sur la fabrication du livre

Le livre que vous avez entre les mains a été imprimé sur du papier Cyclus offset 90 gr (intérieur) et Cyclus Print 350 g (couverture) de Dalum Papir, papiers recyclés à 100 %.

Il est fabriqué à base de pâte issue de vieux papiers récupérés après usage, sans apport de pulpe de bois, c'est-à-dire de fibres de bois vierges. L'utilisation d'un papier 100 % recyclé peut entraîner quelques contraintes : suivant la nature du papier utilisé pour confectionner la pâte, qui varie quelque peu selon les arrivages, la teinte et la tenue du papier peuvent subir des variations légères. Quelques imperfections visuelles peuvent donc être observées, témoins caractéristiques de la production naturelle du papier.

Nous comptons sur votre compréhension si vous en rencontrez dans cet exemplaire. Il nous a paru essentiel d'utiliser, pour fabriquer cet ouvrage, une matière et des techniques en cohérence avec son contenu.

L'éditeur.

ISBN : 978-2-7096-3006-1
© 2008, éditions Jean-Claude Lattès

Sommaire

II. LA CONSOMMATION D'ÉNERGIE

Préface

Qu'est-ce que l'Énergie ? « Si personne ne me le demande, je le sais. Que quelqu'un pose la question et que je veuille l'expliquer, je ne sais plus. » C'est à propos du temps que saint Augustin s'exprime ainsi, mais cela vaut pour l'énergie. Plus étonnant, si les notions de temps et d'énergie sont en elles-mêmes indéfinissables, la physique a découvert qu'elles sont totalement liées. Il n'y a pas d'évolution, pas de changement d'un système ou d'un être, pas d'apparition de structure, sans un échange d'énergie ! L'énergie est indispensable à la vie.

Que ce mot soit récemment passé dans le langage courant est un choc culturel majeur. Il faut en faire comprendre l'importance et les mécanismes à tout un chacun. Comme le dit en substance la citation de Gandhi qui ouvre le livre de Blandine Antoine et Élodie Renaud : tout faire pour transmettre aux hommes et aux femmes la signification et les enjeux de la connaissance est un acte démocratique fondamental.

Les trente dernières années ont aussi vu les préoccupations environnementales et écologiques prendre de l'ampleur. Parce que la détérioration de notre planète provient du développement, et parce que celui-ci est inséparable de la consommation d'énergie, les deux sujets de l'énergie et de l'environnement se sont retrouvés indissociables. Si ce livre traite d'abord des questions énergétiques, il traite aussi des répercussions de l'activité humaine sur l'environnement.

Pour progresser dans cet acte « démocratique » de transmission de la connaissance, Blandine et Élodie ont mené à bien une entreprise fascinante de jeunesse et d'inventivité. Elles vivent une aventure qu'elles ressentent profondément comme celle de leur monde, de leurs espérances.

Le message est profond mais simple : apprenez à regarder, à voir le monde, à le comprendre. Scrutez les sources d'information qui vous entourent, échangez-les et parlez-en. Allez découvrir comment font d'autres gens. Mettez sac au dos et partez visiter le monde qui vous est accessible, ainsi que le faisaient les explorateurs de la Renaissance. Vérifiez vos idées par l'expérience, et inventez !

Lorsqu'il nous fut demandé d'écrire la préface de ce livre, nous avons été frappés par la similitude entre les objectifs de *Prométhée*, la jeune association qu'elles ont fondée avec deux autres ingénieurs, et ceux de *La Main à la pâte* que Georges Charpak a initiée il y a plus de dix ans avec Pierre Léna et l'un d'entre nous (YQ). *Prométhée* a choisi de créer un kit pédagogique sur les technologies de l'énergie pour les classes de primaire ; *La Main à la pâte* fait pratiquer, en classe par les enfants, la démarche expérimentale. Si les propos sont un peu différents, l'esprit des deux entreprises et leur vocation pédagogique s'inscrivent dans la même lignée. C'est donc avec plaisir que nous avons accepté d'écrire ces lignes. Le flambeau était repris, ailleurs, par d'autres, avec leur propre vision du monde.

Au commencement de leur aventure, Blandine et Élodie ont fait le constat simple qu'il n'est pas une seule source d'énergie mais des quantités, qu'il existe plusieurs façons d'exploiter chacune d'elles. Que l'être humain n'est pas unique : les Cariocas brésiliens, les mineurs d'Afrique du Sud, les habitants des villes chinoises ont chacun leur mode de vie, leur façon de penser, leurs besoins propres. Et que dans chacun de ces contextes poussent des innovations, plus ou moins reproductibles, mais répondant à un objectif commun : trouver des solutions à la crise énergétique qui se profile à l'horizon. D'où cette superbe idée de faire ce qu'elles ont appelé le « Tour des Énergies ». Elles ne voulaient pas énumérer en un vaste tableau croisé toutes les typologies énergétiques possibles, mais plutôt, en prenant précisément leur « sac à dos », aller voir dans des continents différents, des solutions adaptées à des groupes humains divers, et en chaque endroit une configuration énergétique particulière.

Le résultat est fascinant. On plonge d'abord dans le roman d'aventure de deux jeunes femmes partant à la découverte de contrées, faisant des rencontres simples et extraordinaires, échangeant, découvrant, s'imbibant de nouveautés. Très vite viennent les faits, le centre du sujet, et à chaque fois l'explication d'un type de ressource énergétique, de la façon particulière de l'exploiter, de la philosophie qui anime leurs interlocuteurs, de sa signification à l'échelle du continent, du monde. Le lecteur non averti peut lire et se délecter. Mais une science précise et « dure » est là, pour qui veut aller plus loin. Diagrammes, figures et renvois à des sources plus complètes permettent de faire un long chemin.

Il faut se laisser aller à leur aventure. Descendre sous terre dans une mine sud-africaine avec Andy, se souvenir que l'anthracite flotte sur l'eau ; plus loin, au Japon, rêver au paradis terrestre, à un bain chaud dans les eaux thermales de Beppu la fumante. La visite à Hong Kong du « Sun College » permet de découvrir un savoureux conflit entre élégance et confort. Dans la chaleur moite, les élèves les plus soucieux de leur apparence aiment porter le pull d'uniforme. Le proviseur, soucieux, lui, d'économies, arrête la climatisation lorsque plus du tiers des élèves se montre si frileux. En Norvège, on découvre de drôles d'« hydroliennes », cousines des éoliennes, qui captent l'énergie des courants sous-marins ! Bonne occasion pour rappeler l'usine marémotrice de la Rance, et très belle pêche aux idées scandinaves !

Le séjour à Pondichéry est une pure merveille. On y trouvera tout, une école indienne, la chaleur du soleil, la méditation, de la philosophie et... Mais arrêtons là de grappiller des friandises dans un livre assez unique, il faut l'avouer, qui donne envie d'en faire autant. Bon vent au *Tour du monde des énergies* de Blandine et Élodie, c'est un livre de science rempli d'humanisme.

Yves QUÉRÉ et Jean-Louis BASDEVANT
Présidents émérites du Département de Physique
de l'École polytechnique

Introduction

> « L'art et la science de mobiliser toutes les ressources
> physiques, économiques et spirituelles de la Nation
> au service du bien commun, voilà ce que doit être
> une démocratie. »
>
> MOHANDAS KARAMCHAND GANDHI

Présentations

« Chiche ? » *« Chiche ! »* Seize mois plus tard, nous étions
parties. Nous, c'est Blandine et Élodie. Et vous, qui êtes-vous ?
Quels sont vos loisirs ? Rêvez-vous d'un grand voyage ?
Travaillez-vous dans l'industrie ? Où habitez-vous ? Aimez-vous
les fraises ? Avez-vous le goût du risque ? Êtes-vous de nature
optimiste ? C'est tout le questionnaire de Proust que nous aimerions vous poser ; nous apprendrions à vous connaître et pour-
rions alors vous demander : qu'attendez-vous du *Tour du
monde des Énergies* ? On vous imagine à la recherche d'un peu
d'aventure, de quelques explications et d'idées nouvelles. Des
idées pour changer, des idées pour faire mieux.

Des idées pour réinventer la façon dont notre société
répond à ses exigences de bien-être, des miroirs qui nous permettent d'en redéfinir les fondements. Plus que de consommation, c'est de service dont nous avons besoin. Ce n'est pas tant

la quantité d'essence brûlée qui nous importe que le nombre de kilomètres parcourus, pas tant le volume d'eau qui passe dans le lave-linge que la propreté des draps, pas tant la possession d'un baladeur mp3 que le confort de pouvoir écouter ses tubes préférés – en suivant les tendances à la mode. Pourtant, nous avons pris l'habitude de confondre fins et moyens. Témoin : le raccourci qui consiste à qualifier la luminosité d'une lampe par la puissance électrique qu'elle consomme.

Des ressources naturelles finies et des biens communs en danger

Pourquoi cette confusion est-elle préoccupante ? Parce que notre monde est à bout de course. Les ressources en terres arables, en eau potable, en énergie, en air pur dont nous avons besoin sont vastes, mais pas illimitées. Certaines sont des stocks épuisables, d'autres se renouvellent lentement. Vu l'empressement que nous mettons à les consommer, c'est l'extinction qui les attend.

« *Qu'à cela ne tienne,* diraient certains, *si ces ressources étaient si précieuses, il se trouverait bien quelqu'un pour trouver avantage à les préserver. Puisque ce n'est pas le cas, pourquoi s'en soucier ?* »
Parce que nous sommes aveuglés par une forte **préférence pour le présent** : puisque nous avons besoin d'énergie et que nous avons à notre disposition abondance d'énergies fossiles, pourquoi se priver de les consommer ? Que cela vide leurs réservoirs et dérègle le climat nous importe peu car notre myopie temporelle nous fait négliger les désagréments que cela imposera à nos successeurs sur Terre.

Parce qu'il est difficile d'attribuer des **droits de propriété** à certaines de ces ressources : si l'on pouvait créer et attribuer des droits de propriété échangeables sur ces biens, leurs propriétaires se mobiliseraient pour leur sauvegarde et leur utilisation pourrait être plus efficace.

L'eau, l'air pur, le climat, ressources intangibles et menacées, sont aussi des biens que les économistes qualifient de publics : ils sont non-exclusifs (on ne peut priver personne d'accès à l'air, au climat, à l'eau de pluie) et non-rivaux (que Pierre respire un air pur n'empêche pas Paul d'en faire autant). À ce titre et tant qu'ils demeurent non-rivaux le marché ne peut les valoriser qu'à un prix nul. Si leur prix de vente est nul, qui aurait l'idée de se faire « producteur de biens publics » ferait rapidement faillite. C'est la tragédie des communaux : chacun ayant le droit d'envoyer gratuitement paître ses moutons au champ commun, il s'y trouve vite plus de moutons que n'en peut nourrir l'herbe.

Nous sommes devenus des moutons trop gourmands, et le pré se fait moins vert. Des moutons qui prennent trop rarement le temps de réfléchir aux implications sociales et environnementales de leurs décisions individuelles. Des gaspilleurs qui broutent trop d'herbe, ne laissant pas à la Terre le temps de restaurer les ressources qu'elle met à notre disposition. Alors que notre planète offre à chacun l'équivalent de 16 hectares [1] à exploiter durablement, nous lui en arrachons 22. Le pré se change progressivement en terrain vague, rendu incapable de nourrir les troupeaux.

Le constat n'est pas récent. En 1962, la biologiste américaine Rachel Carson plante dans *Silent Spring* la graine du mouvement écologiste mondial en dénonçant l'utilisation irraisonnée de pesticides qui compromettent la reproduction des oiseaux. Quelques années plus tard, les Nations unies prennent le relais. Inquiet de la détérioration croissante de l'environne-

---

1. Le rapport GEO-4 sur l'avenir de l'environnement mondial publié en octobre 2007 par le programme des Nations unies pour l'environnement utilise le concept d'empreinte écologique pour représenter le degré d'utilisation des ressources naturelles par l'humanité en rapportant l'utilisation des ressources à une surface terrestre. Notons que les chiffres rapportés sont une moyenne mondiale : ils sont beaucoup plus élevés pour les habitants des pays industrialisés. Points particulièrement critiques relevés par ce rapport : une sixième grande extinction d'espèces est en cours, la qualité et les quantités d'eau disponible diminuent, les réserves halieutiques fondent (surexploitation des bancs de poissons), et les risques climatiques s'accroissent.

ment, le rapport Brundtland[1] constate en 1987 l'excès d'utilisation des ressources naturelles et invente le concept de développement durable. En 1997, les pays industrialisés signataires du protocole de Kyoto s'engagent à réduire leurs émissions de gaz à effet de serre pour limiter le réchauffement climatique. En 2007, le Groupe d'experts intergouvernemental sur l'évolution du climat (GIEC) statue que l'activité humaine est responsable du réchauffement climatique en cours, et que celui-ci pourrait atteindre entre 1,1 et 6,4 degrés supplémentaires d'ici 2100. En 2007 toujours, le rapport GEO-4 émet un appel urgent à l'action pour la préservation des ressources naturelles. En quarante-cinq ans, le diagnostic est devenu plus précis ; son message, plus alarmiste.

Crise environnementale, crise de l'énergie et crise de développement ne font qu'une

2,5 milliards en 1950, 6 milliards en 2000, 9 milliards attendus pour 2050 : la population mondiale augmente. Tirés par la volonté légitime des moins bien lotis d'accéder à des conditions de vie meilleures et l'élévation des exigences matérielles des populations les plus riches, les besoins de l'humanité ne cessent de croître. Parmi les ressources qui permettront de les satisfaire, c'est d'énergie dont nous aimerions parler. Au croisement de questions complexes, l'énergie est un secteur clé des économies mondiales : utilisée dans toutes les activités économiques, elle assure la qualité de vie des hommes ; ses sources traditionnelles étant inégalement réparties, elle entretient les préoccupations sécuritaires et géopolitiques ; à 80 % fossile, sa consommation porte atteinte à l'environnement local et mondial.

---

1. Publié par la Commission mondiale sur l'environnement et le développement, le rapport intitulé *Notre Avenir à Tous* est plus connu sous le nom de la présidente de la commission, la Norvégienne Gro Harlem Brundtland.

Parce qu'elle rend possibles activités et services économiques, l'énergie est facteur de développement. Comment comparer le bien-être de populations différentes ? À la mesure très grossière qu'offre le Produit Intérieur Brut (PIB [1]), on préfère aujourd'hui l'Indicateur de Développement Humain (IDH). Agrégeant l'espérance de vie, le taux d'alphabétisation des adultes, le taux de scolarisation et le PIB par habitant, il s'intéresse aux facteurs qualitatifs que sont la santé et l'éducation pour se proposer comme une mesure plus précise du bien-être collectif. L'étude primaire de cet indicateur en fonction de la consommation nationale d'électricité par habitant révèle que la qualité de vie augmente avec la consommation d'énergie et, analyse tout aussi importante, que passé un certain niveau de consommation énergétique (de 4 000 kWh/habitant/an), rien ne sert de consommer plus pour vivre mieux.

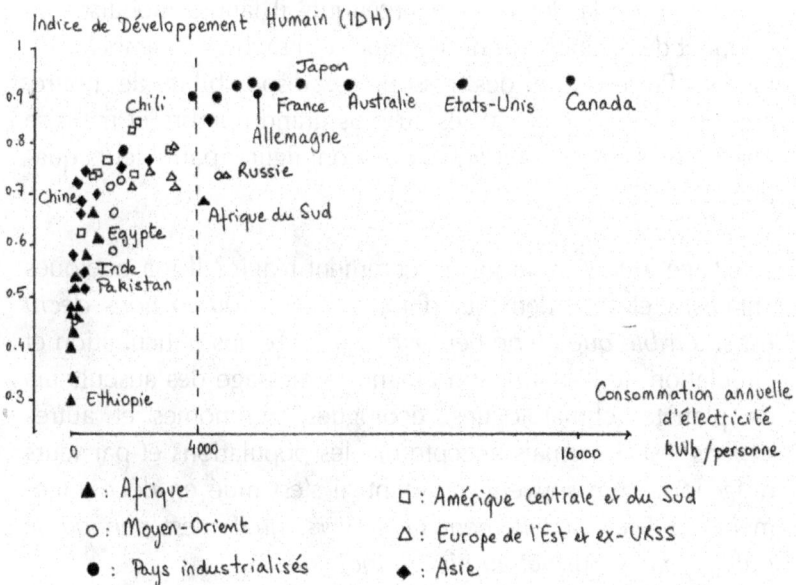

Source : AIE 2002

1. Défini, pour un pays et une année donnés, comme la valeur totale de la production interne de biens et services par les agents résidents à l'intérieur du territoire national, il inclut autant les dépenses « néfastes » (coûts d'hospitalisation, frais de remise en état d'écosystèmes dégradés...) que les

Or, les énergies fossiles sur lesquelles se sont bâties les économies occidentales sont limitées et mal réparties géographiquement (à l'exception du charbon). Si leur densité énergétique est très avantageuse, elles ont le défaut majeur d'être sources de pollutions environnementales (locales et mondiales) et de fortes tensions géopolitiques. On ne saurait donc se reposer sur l'illusion que leur relative abondance entretient pour répondre au doublement des besoins énergétiques prévu pour 2050 (20 milliards de tonnes équivalent pétrole). La crise énergétique ne se lit pas dans le spectre du « pic de pétrole » : même si le pétrole venait à manquer, nous aurions du charbon pour encore trop longtemps. Elle s'écrit plutôt, et en lettres capitales : crise de l'environnement mondial.

Pour répondre aux besoins de services qui sous-tendent la croissance de la demande énergétique, il faudra mobiliser un bouquet de solutions technologiques qui sachent s'affranchir du fossile. Préservation des ressources, disponibilité de l'offre, acceptabilité du coût, accès au plus grand nombre et maîtrise des impacts environnementaux devront figurer parmi leurs qualités.

Face à ce constat grave, comment réagir ? Il y a quelques années, c'était le déni qui dominait : *« ce qu'on nous décrit est si terrible que ce ne peut être vrai »*. Temps d'incubation et circulation de l'information aidant, le message des ausculteurs de planète (climatologues, écologues, agronomes et autres experts) est désormais accepté par les populations et par leurs dirigeants. Trop souvent, pourtant, il s'est mué en découragement : *« Tout va tellement de travers, qu'il n'est rien qu'on puisse y faire. Surtout au niveau individuel. »*

Halte-là ! Au contraire ! Si tout va de travers, on peut donc mieux faire, et sur tous les plans. Plutôt que de ressusciter

---

dépenses dont on peut penser qu'elles reflètent une meilleure qualité de vie (dépenses d'éducation par exemple).

Louis XV pour songer avec lui que « *cela durera bien autant que moi* », il est beaucoup plus enthousiasmant de redonner du sens à nos activités en les interrogeant sous un jour nouveau : comment, tant pour moi que pour la planète, faire mieux ? L'exercice est d'autant plus inspirant que les solutions existent. Elles sont nombreuses, réalistes, expérimentées ; elles sont technologiques, sociales ou économiques ; elles varient suivant les continents, les situations, les cultures ; mais elles sont là ! Bien sûr, elles ne tombent pas du ciel. Elles sont l'œuvre de citoyens, d'entrepreneurs, de chercheurs et de fonctionnaires créatifs et inspirés. Prenons la plus prometteuse d'entre elles : l'efficacité énergétique. Ce n'est pas la plus séduisante des innovations (d'ailleurs, en est-ce vraiment une ?), mais ses promesses sont mirobolantes, et à des coûts souvent vite amortis : sortons la des placards !

Un voyage en quête d'idées et d'inspiration

Ces idées-là ne demandent qu'à être découvertes, adaptées, promues et diffusées. Curieuses et sensibles à l'appel du grand large, nous avons décidé de partir les dénicher aux quatre coins du monde. Parcourant 159 100 kilomètres dans dix-sept pays pour rencontrer en sept mois quelque deux cents interlocuteurs, nous avons recueilli les idées qu'ils mettent en œuvre et percé les motivations qui les animent pour vivre l'énergie autrement : ce fut le Tour des Énergies de deux jeunes ingénieurs qui croient que, du pire et surtout du meilleur, tout est encore possible.

Deux jeunes diplômées. Celle qui se couchait tard, celle qui se levait tôt. La musicienne, l'excentrique. La blonde, la brune. L'« économiste », la « physicienne ». La coureuse de fond, la gardienne de hand. Et toutes les deux suffisamment idéalistes et téméraires pour penser que la somme d'un an de « piaule » commune en classes préparatoires et d'un intérêt partagé pour les questions énergétiques suffirait pour décrocher le soutien de nombreux partenaires[1] et embarquer dans un projet un peu fou qui durera plus de deux ans.

Après nos études, nous avions besoin de concret. Stages, études et année de césure en France, aux États-Unis, en Russie et au Japon nous en avaient donné le goût sans la satisfaction qu'offre le suivi d'un projet, de son montage à sa concrétisation. Ce désir de réalisation a donné *Prométhée*. Née sous notre impulsion en juin 2006, cette association s'est donnée pour objectif de contribuer à une meilleure connaissance des modes de production et de consommation d'énergie, dans le but de montrer que le nécessaire changement de nos habitudes énergétiques est possible. Nous pensons en effet que les choix énergétiques doivent être concertés pour être acceptés et donc mis en œuvre. Ils ne peuvent être laissés aux planificateurs nationaux : ceux-ci ne disposent que des politiques de l'offre, poids insuffisants pour atteindre l'équilibre puisque la demande est dans la balance. Or, « la demande », qu'est-ce d'autre que la somme de chacune de nos demandes ? Cette politique-là, c'est à chacun de la définir, à chacun de la vivre : nos choix sont autant de signaux pour les producteurs des services que nous consommons, autant d'appels aux élus choisis pour nous représenter. La démocratie, comme le rappelle Gandhi, c'est l'affaire de tous. Les enjeux énergétiques sont si pressants qu'ils ne peuvent échapper à la vigilance individuelle ; nous pensons qu'ils ne pourront être véritablement intégrés à nos préoccupations que s'ils sont correctement compris : c'est l'idéal d'une démocratie de citoyens éclairés que nous souhaitons voir appliqué aux questions énergétiques.

« *Certes*, nous direz-vous peut-être, *mais voilà des sujets bien compliqués.* » Nous aimerions vous prouver le contraire en partageant avec vous les découvertes que nous avons faites en

---

1. Voir *Un grand merci*, p. 405.

cheminant de la Norvège au Brésil. L'accueil reçu par le kit pédagogique dont nous avons coordonné la conception a affermi notre désir de communiquer sur ces sujets réputés difficiles. L'implication d'une équipe motivée de jeunes chercheurs et ingénieurs bénévoles a permis à cet ensemble de fiches sur les technologies de l'énergie de voir le jour. Utilisé par sept classes de CM1 et CM2 de janvier à juillet 2007 dans le cadre d'un partenariat pédagogique avec notre association, il est téléchargeable gratuitement sur le site www.promethee-energie.org et preneur de tous les commentaires qui pourraient l'améliorer. Mais trêve d'autopromotion. Voici comment nous aimerions procéder.

Un livre à votre service

Vous avez entre douze et cent vingt ans ? Ce livre a été écrit pour vous. Organisé en deux parties (l'offre d'abord, la demande ensuite) et cinq thèmes, il chemine par chapitres indépendants. Libre à vous de choisir la destination qui vous intéresse, de naviguer d'un thème à l'autre, de définir votre itinéraire de lecture. À partir d'une visite ou d'une rencontre, nous avons cherché à expliquer comment ce qui nous a été présenté fonctionne, à analyser en quoi cette solution répond aux besoins qui ont suscité son développement, et à suggérer des pistes de réflexion pour voir comment, dans un contexte différent, ces réussites peuvent nous inspirer. Saupoudrées de clés de compréhension scientifique, ces pages espèrent donner à chacun, petits et grands, scientifiques et littéraires, les moyens qui lui permettront de se positionner personnellement dans des débats énergétiques qui oublient parfois de se révéler autrement qu'au travers d'idéologies mal argumentées.

Certains chapitres sont plus techniques que d'autres et pourront sembler moins faciles d'accès à ceux qui en (re)découvrent les fondements théoriques. Pour faciliter sa lecture un glossaire rassemble à la fin du thème *Énergie nucléaire* les définitions des mots qui sont dans le texte suivis d'un astérisque. Le site www.promethee-energie.org a aussi été aménagé pour servir d'accompagnement à votre lecture : module de question/réponse, animations vidéo, livre d'or et compléments d'explications vous y attendent.

Prêts pour un voyage au pays des énergies ?

Des idées donc, des idées pour changer : voilà ce que nous sommes parties chercher. Pas question néanmoins de se laisser séduire par des chimères ; si nous avons parfois été coupables d'enthousiasme, nous avons toujours cherché à cuisiner nos premières impressions au feu du doute interrogatoire. Notre recette ? Passer ce qu'on nous présentait au crible suspicieux de principes aussi solides que celui de Lavoisier[1]. Ainsi armées, nous étions prêtes à goûter toutes les innovations qui nous souriraient.

Toutes ? Oui, toutes ! Notre menu ne se limiterait pas aux énergies nouvelles car les énergies traditionnelles ne pourront être remplacées en un clin d'œil : les énergies fossiles assurent 80 % des besoins mondiaux d'énergie primaire ; 78 % de la production électrique française est d'origine nucléaire. Penser l'énergie autrement, c'est aussi voir comment ces techniques peuvent être améliorées – et être enrichies d'approches nouvelles, comme celle des économies d'énergie.

Le cap défini, il suffisait de se lancer. Nous avions eu beau passer un an à préparer notre voyage, nous savions partir pour l'inconnu. De quoi serait-il fait ? De joies et de peines, c'était certain. Rencontres préparées ou inattendues, chaleureux

---

1. *« Rien ne se perd, rien ne se crée, tout se transforme. »*

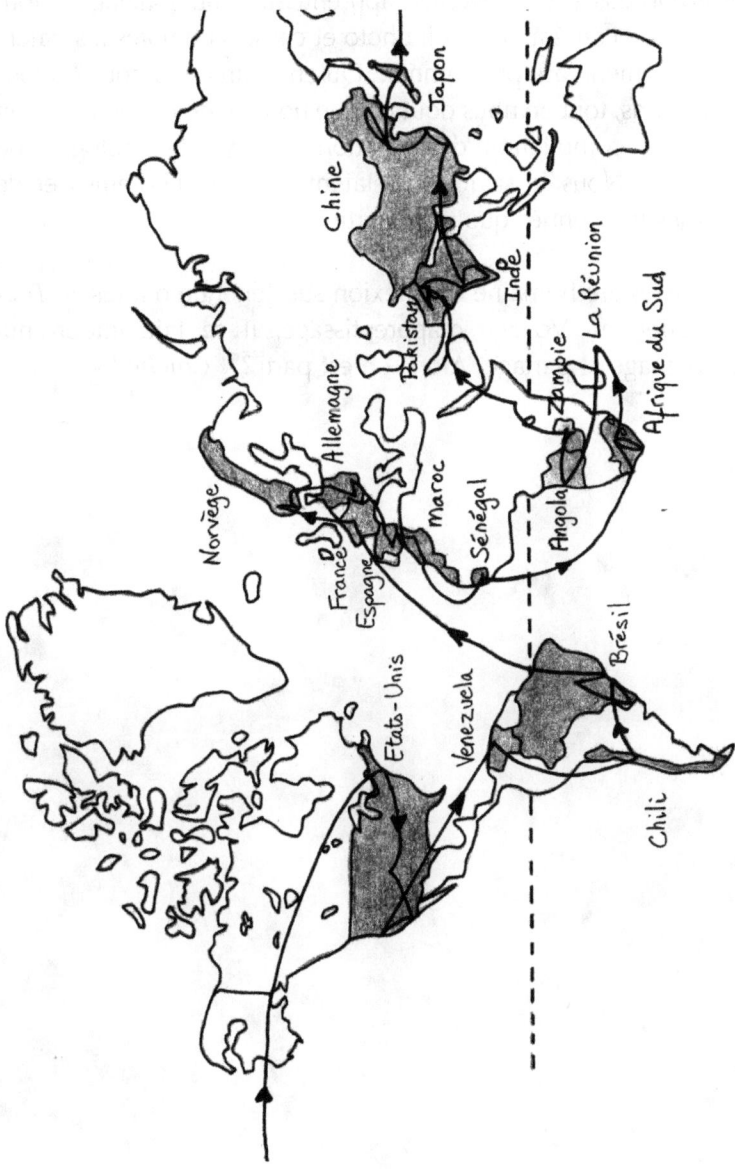

Norvège
France
Espagne
Allemagne
Chine
Japon
Pakistan
Inde
Maroc
Sénégal
Zambie
La Réunion
Angola
Afrique du Sud
Etats-Unis
Venezuela
Brésil
Chili

accueils et galères imprévues, fatigue – beaucoup de fatigue ! – et nombreuses découvertes, apprentissage du jonglage quotidien entre caméra, appareil photo et carnets de notes... seraient naturellement au programme. Qu'en retirerions-nous ? Nous l'ignorions, tout en nous doutant que notre aventure ne mènerait pas à la compilation d'un dictionnaire des technologies de l'énergie. Nous le savions, c'étaient les vies d'hommes et de femmes passionnés que nous partions découvrir.

Aventure humaine et réflexion sur l'énergie ont fait *le Tour des Énergies*. Voyage d'apprentissage, il se fait aujourd'hui témoignage et partage. Alors, on est parti ? *« Chiche ! »*

Repères

Dans nos valises, n'oublions pas les quelques repères suivants :

- Les formes d'énergie ne sont pas toutes **également utiles** : l'électricité, par exemple, a plus de valeur que la chaleur.
- Les **lois de la physique et de la thermodynamique** ne peuvent être enfreintes : rien ne se perd, rien ne se crée ; la chaleur va d'une source chaude vers une source froide ; toute transformation d'une forme d'énergie en une autre plus utile entraîne des pertes d'énergie.
- Ce qui compte, c'est le **service énergétique** et l'énergie utile, pas la quantité d'énergie dépensée (et souvent gaspillée).
- Rien de tel, pour orienter les comportements, que d'inclure dans le prix d'un produit ou d'un service le **coût du dommage environnemental** qui peut lui être associé : sans cela, le marché ne peut être efficace dans sa prise en compte des externalités environnementales [1].
- Les nouvelles énergies, oui, mais dans des **systèmes bien huilés** : approvisionnement, convertisseurs de combustible et d'énergie, sous-systèmes de contrôle, intégration, acceptation sociale et coût acceptable.

---

1. L'efficacité économique ne dit rien, il est vrai, de l'équité sociale. Celle-ci justifie parfois le subventionnement public de l'énergie, dont les prix devenus faibles n'encouragent pas la conservation. Il existe néanmoins des astuces de redistribution qui permettent aux biens d'être payés à leurs coûts totaux (dommage inclus) sans priver les moins favorisés des ressources nécessaires à les tirer d'affaire.

Ajoutons-y l'explicitation de certaines abréviations que nous utiliserons dans ces pages :

- n pour nano (1 milliardième, 10^{-9}),
- u pour micro (1 millionième, 10^{-6}),
- m pour milli (1 millième, 10^{-3}),
- k pour kilo (mille, 10^3),
- M pour mega (million, 10^6),
- G pour giga (milliard, 10^9),
- T pour tera (mille milliards 10^{12}).

Maintenant, nous pouvons filer !

I

LA PRODUCTION D'ÉNERGIE

La production d'énergie

L'offre court après la demande

Sécurité de l'approvisionnement, diversification énergétique : ces expressions, fréquemment à la une des journaux, témoignent d'une préoccupation rationnelle pour la satisfaction de la demande énergétique d'un pays. Celle-ci connue, c'est à l'appareil productif de se mettre en branle pour que l'offre soit à la hauteur des besoins exprimés. À défaut, les files s'allongent aux stations-service, les coupures électriques se multiplient, l'économie s'essouffle.

Cette offre d'énergie prend différentes formes : chaleur, électricité, carburants. Ses sources sont multiples : énergies fossiles, énergie nucléaire, énergies renouvelables. Quelle combinaison en tirer pour répondre aux exigences de volume, de qualité, de coût et de disponibilité de ses usagers ?

Aux contraintes traditionnelles techniques, géographiques et économiques s'ajoutent, avec une insistance croissante depuis trente ans, les considérations de sécurité d'approvisionnement et de protection de l'environnement. Cette nouvelle donne impose de revisiter des choix historiques peu durables et de réfréner notre appétit pour les énergies fossiles polluantes.

14 chapitres en 3 thèmes : des idées à foison

Dans cette première partie, le *Tour du monde des Énergies* vous emmène au pays de l'offre, le plateau le plus facile à explorer de la balance énergétique. Pour refléter la réalité de la situation mondiale, il eut fallu consacrer 11 de ces 14 chapitres aux énergies fossiles (pétrole, gaz, charbon) qui dominent aujourd'hui largement le bouquet énergétique mondial.

Nous avons préféré varier les paysages de notre promenade.

Charbon et géothermie, pétrole et énergie des vagues, biomasse et solaire, nucléaire et éolien, aussi différentes qu'elles soient, ces énergies vous sont présentées sur le même plan : celui de la découverte des promesses et des limitations de technologies innovantes. Chacune présente avantages et inconvénients ; toutes, suivant les contextes et les situations, sont porteuses de solutions.

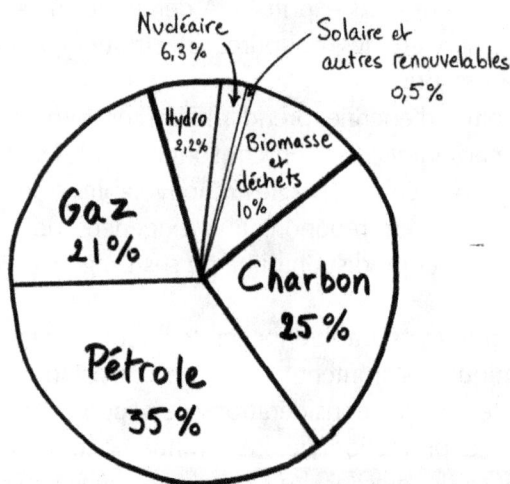

Consommation mondiale d'énergie primaire (AIE, 2005)

Persuadées que le progrès peut aller très vite, nous avons choisi de pister la nouveauté. Guidées par une curiosité gourmande de compréhension, nous nous sommes penchées sur de multiples sources énergétiques. Quelles lignes directrices à nos pérégrinations ?

Mieux connaître ces énergies fossiles qui, pétrole et charbon en tête, fournissent 80 % de l'énergie primaire consommée dans le monde, et comprendre leurs évolutions ;

Démêler, du nucléaire, les promesses et les contraintes : le débat sur l'utilité de cette forme d'énergie qui assure 6 % de l'offre énergétique mondiale et 16 % de la française est aussi houleux qu'il est important ;

Explorer la grande diversité des énergies renouvelables ; définies comme des ressources se régénérant naturellement à une vitesse comparable avec celle de leur utilisation, elles nous sont offertes par le Soleil (cycle de l'eau, photosynthèse, création des vents, énergie solaire), par la Lune (énergie des marées) et par la chaleur interne de la Terre (géothermie).

Technologies en contexte

Au rendez-vous : des technologies variées qui apportent leur solution à des contextes particuliers. Il s'agit donc d'ouvrir l'œil pour saisir, dans l'environnement géographique, social et économique, ce qui a fait de la pierre brute une clé de voûte.

Enquêter, explorer, ouvrir l'œil ; témoigner de nouvelles tendances ; s'apercevoir qu'une révolution des modes de production est possible grâce au déploiement mondial de technologies propres, bon marché et appropriées : c'est le chemin que nous vous proposons d'emprunter pour goûter, comprendre et interroger les solutions présentées par ce petit tour d'horizon.

Thème 1

LES ÉNERGIES FOSSILES

1

Pétrole et gaz
font bon ménage !

*Cosmétiques, détergents, plastiques, textiles, essence : plus
que jamais, notre civilisation carbure au pétrole. Dès lors, rien
de très original à lui consacrer les premières pages de notre
voyage thématique ! L'ère de l'or noir est-elle révolue ? Avons-
nous atteint le pic d'Hubbert[1] ? Les projections faites sur les
volumes des réserves d'hydrocarbures, même établies par des
outils de plus en plus fiables, restent, par définition, des scéna-
rios hypothétiques. Réticentes à entrer dans les controverses
qu'elles alimentent, nous avons choisi de partir sur le terrain, à
la rencontre des exploitants pétroliers. S'il est incontestable que
les réserves pétrolières sont finies, différentes innovations permettent d'en accroître la disponibilité. Parmi celles-ci, la*

---

1. En 1956, le géophysicien Marion King Hubbert présenta les résultats
d'une étude selon laquelle la production globale de pétrole aux États-Unis
atteindrait son maximum aux alentours de 1970, avant de commencer à
décroître. Il devint célèbre le jour où ses prévisions furent vérifiées. De nombreux chercheurs ont, depuis, cherché à extrapoler son modèle (selon lequel
la production de pétrole d'une région suit une courbe parallèle à celle des
découvertes des gisements de pétrole, mais décalée dans le temps) à
l'échelle du monde : c'est pourquoi on qualifie de « pic de Hubbert » le pic
de production de pétrole à l'échelle mondiale.

*production pétrolière par grands fonds (*deep offshore*) nous a menées en Angola, où nous avons aussi découvert l'évolution des pratiques pétrolières. Et si rareté croissante des énergies fossiles et protection de l'environnement allaient de pair ?*

Projet : Exploitation du gisement Dalia, à 135 kms au large de Luanda (Angola)

De l'Angola et de son histoire

On ne s'improvise pas visiteur en Angola : au rayon des documents consulaires, point de visa touristique ! C'est donc sous l'ombrelle de l'entreprise Total que s'effectuera notre bref séjour : nous voici promues *Tecnicas de informatica* pour obtenir un visa d'affaire. Ne sachant trop quelle posture adopter dans le hall de débarquement de l'aéroport angolais envahi de professionnels du pétrole, nous démarrons nos ordinateurs et nous asseyons à même le sol pour gagner un peu de fraîcheur en attendant la délivrance des fameux visas. Que ni l'une ni l'autre ne soyons des lumières en informatique déclenche un joyeux fou rire – et l'étonnement de nos compagnons de voyage déjà bien intrigués par notre attirail de randonneuses, nos bouilles pas bien vieilles et l'impossibilité de nous mettre dans la case « femmes ou filles d'expatriés » !

L'Angola semble béni des dieux : un climat idyllique y berce une nature richement dotée en ressources naturelles. Du temps de la tutelle portugaise, les riches familles lusitaniennes s'y plaisaient tant à y passer leurs vacances que leur serait venue l'idée de faire du Portugal une colonie de cet Éden africain... foi d'Antonio, le Portugais qui ne sut quitter son pays d'adoption quand l'indépendance fut déclarée !

De son indépendance en 1975 aux accords de paix de 2002, l'Angola a pourtant été le théâtre de près de trente ans de guerre civile[1]. Si les affrontements ont depuis cessé, l'ancienne colonie portugaise se remet difficilement de ce désastreux conflit. On aimerait retrouver dans les vieilles bâtisses coloniales qui ornent la baie de la capitale Luanda, les douceurs d'antan. Leur charme défraîchi peine cependant à cacher les blessures de la ville.

C'est pendant la guerre civile que le formidable potentiel pétrolier du pays a été révélé : une série d'importants gisements a été découverte à 160 kilomètres des côtes Nord du pays, au sud du golfe de Guinée. Leur mise en exploitation progressive permettait, en 2006, de produire 1,5 million de barils par jour, un chiffre qui devrait passer à 2 millions en 2008, puis à 2,6 millions en 2011 (équivalent de la production koweïtienne).

Le défi de l'exploitation de ces gisements aux réserves faramineuses tient à leur difficulté d'accès : il faut traverser d'importantes profondeurs d'eau pour atteindre le fond océanique sous lequel les réservoirs géologiques sont enfouis à plusieurs centaines de mètres. Accueillies par les ingénieurs de Total, nous sommes parties en mer comprendre comment s'opère l'exploitation d'un gisement au nom fleuri, qui rime aujourd'hui avec exploit technique en offshore[2] : Dalia !

En route pour Dalia !

5 avril – Gilet de sauvetage enfilé. Casque antibruit ajusté. Ceinture à trois points bouclée. L'agent de sécurité à terre jette un dernier coup d'œil à l'intérieur de l'appareil. Tout semble en

---

1. UNITA et MPLA sont les deux partis indépendantistes (l'Union nationale totale pour l'Indépendance de l'Angola soutenu par les États-Unis, l'Afrique du Sud et le Zaïre d'un côté ; et le Mouvement populaire de libération de l'Angola soutenu par l'URSS et Cuba de l'autre) qui, après la chute de Salazar et le départ des Portugais en 1975, se sont affrontés sur fond de guerre froide, jusqu'à ce que meure au combat Jonas Savimbi, leader de l'UNITA. Ces affrontements firent plus d'un million et demi de victimes.
2. Littéralement « loin des côtes », en pleine mer.

ordre. Le départ est imminent. Nos camarades de vol, absorbés par la lecture d'un journal ou grappillant déjà quelques minutes de sommeil, ont trop souvent fait le voyage pour qu'on lise sur leurs visages la lueur d'excitation qui anime les nôtres. Ce qui est pour nous une grande aventure fait partie de leur quotidien. L'hélicoptère, lentement, se met en branle. Soudain, il décolle. Ça y est, nous sommes parties : direction Dalia !

Le paysage qui défile à travers le hublot nous fait oublier les péripéties de la matinée, qui faillirent pourtant nous priver de la visite tant espérée. Après avoir survolé la ville et ses *musseques*[1], nous atteignons l'océan. Quelques bateaux se détachent sur l'immensité grise. Au loin, un pêcheur remonte son chalut. Nous survolons maintenant un bateau d'exploration – des concurrents, nous précise-t-on. Bientôt, on distingue dans les brumes matinales une flamme sur les flots. Avant même que ne puisse être discernée l'usine flottante, une torchère se dessine sur l'océan.

Les torchères sont obligatoires sur les installations pétrolières, nous explique Hugues Foucault, l'ingénieur réservoir qui nous guidera toute la journée. Allumées en cas de surpression imprévue ou pour décomprimer les installations en cas de danger (par exemple, lorsque sont détectés une fuite de gaz ou un incendie), elles jouent le rôle de « soupapes de sécurité » et permettent d'évacuer les surplus de gaz et donc éviter que les installations explosent – pratique !

C'est aussi là qu'est parfois brûlé le gaz naturel extrait avec le pétrole. Les volumes concernés sont énormes et justifient la mauvaise réputation des torchères de plateformes.

---

1. Nom donné aux bidonvilles de Luanda.

Encadré 1 – Quelle échelle pour le torchage du gaz ?

L'analyse de données satellitaires a permis d'estimer les volumes de gaz torchés sur les champs pétroliers. En **2006**, Les pays producteurs de pétrole et les compagnies pétrolières auraient ainsi brûlé quelque **170 milliards de m³ de gaz naturel**, soit :
27 % de la consommation annuelle de gaz naturel des États-Unis
5,5 % de la production mondiale
40 milliards de dollars en valeur équivalente
sur le marché américain
Cette pratique aurait engendré l'émission d'environ 400 millions de tonnes de dioxyde de carbone (CO_2). Les médias épinglent en général le Nigéria où sont présents de nombreux majors ; c'est en fait la Russie qui est de loin le plus mauvais élève de la classe.

En 2002, lors du sommet mondial sur le développement durable, la Banque mondiale a lancé, en coopération avec le gouvernement norvégien, une initiative visant à réduire le torchage de gaz à l'échelle mondiale [**Global Gas Flaring Reduction = GGFR**]. Ses signataires comptent un certain nombre de pays pétroliers, d'entreprises publiques et de compagnies privées internationales œuvrant dans le secteur pétrolier.

Source : Partenariat Mondial pour la Réduction des Gaz Torchés, 2007

Pourquoi le brûler ? « *Il suffirait de le vendre !* » La réalité économique est rarement aussi simple. Dans un gisement « classique » de pétrole, le gaz ne représente « que » 10 % du volume de la production[1] : ce n'est pas suffisant pour que les installations qui permettraient de l'exploiter soient rentables[2]. Elles pourraient le devenir si le gaz était vendu à un tarif plus élevé – ou si le brûler dans les torchères devenait plus coûteux que de mettre en place ces équipements : voilà un enjeu pour taxes et crédits de carbone !

Les infrastructures gazières permettant l'acheminement de gaz produit en mer sont en effet extrêmement coûteuses. Il s'agit de construire un gazoduc reliant le champ pétrolier à des côtes

---

1. Voir encadré sur la formation du pétrole et du gaz, p. 46.
2. Sauf lorsqu'il existe à proximité du gisement des infrastructures de transport et de distribution de gaz ainsi qu'un marché de consommation, comme c'est le cas en mer du Nord

parfois situées à plusieurs centaines de kilomètres ; ce gazoduc doit être adapté au milieu sous-marin, particulièrement corrosif. Et s'il n'existe pas de marché de consommation à proximité, il faut liquéfier le gaz pour pouvoir le transporter par bateau

---

Encadré 2 – Le transport du gaz

Qu'est-ce que le gaz naturel ?

Le gaz naturel est composé de courtes molécules d'hydrocarbures, dont 70 à 90 % de méthane. C'est un gaz incolore, inodore et plus léger que l'air. Pour des raisons de sécurité, un parfum chimique, le mercaptan qui lui donne une odeur d'œuf pourri, lui est souvent ajouté afin de faciliter la détection d'éventuelles fuites.

Le gaz est encombrant !

L'énergie contenue dans un baril de pétrole (environ 159 litres) équivaut à celle de 170 m³ de gaz. On peut donc retenir qu'un litre de pétrole fournit à peu près autant d'énergie qu'un mètre cube de gaz naturel (1 000 litres). Aussi, le transport du gaz est par nature beaucoup plus coûteux que celui du pétrole.

Compresser le gaz pour le transporter

Le gaz naturel est le plus couramment transporté des gisements vers les lieux de consommation par gazoduc (71.8 % du commerce mondial de gaz en 2006). Plus le gaz naturel est compressé, moins il occupe de volume, moins il est coûteux à transporter. À l'intérieur des gazoducs, la pression du gaz est donc augmentée. Pour maintenir la vitesse d'écoulement du gaz naturel dans les canalisations (15 à 20 km/heure), il faut le recomprimer tous les 120 à 150 km pour compenser les « pertes de charge » dues à son écoulement.

Refroidir le gaz pour le liquéfier : le Gaz Naturel Liquéfié (GNL)

À pression atmosphérique, le gaz naturel refroidi à une température de –162 °C se condense sous la forme d'un liquide : le gaz naturel liquéfié (GNL). Le volume du gaz est ainsi diminué d'un facteur 600. Cependant, cette transformation est onéreuse. La comparaison avec les investissements nécessaires à la construction de nouveaux gazoducs montre que le transport du gaz liquéfié à bord de méthanier est économiquement rentable pour les distances supérieures à 3 000 km. Arrivé à destination, le liquide est réchauffé dans des terminaux méthaniers proches des zones de consommation où il reprend sa forme gazeuse initiale.

Note : en moyenne, une usine de liquéfaction consomme 12 % du gaz qu'elle traite pour son fonctionnement.

jusqu'à des marchés très éloignés. La liquéfaction en mer étant encore techniquement impossible, le gazoduc et la construction d'une usine de liquéfaction à terre sont incontournables pour qui veut exploiter son gaz. On comprend que ces lourds investissements ne puissent être réalisés que si le volume de gaz produit les justifie sur plusieurs années.

Quand ces coûts sont prohibitifs, on peut imaginer réinjecter le gaz dans le champ pétrolier pour le stocker « en attendant les jours meilleurs » où il pourra être extrait dans des conditions économiques intéressantes. Le bénéfice commercial de la vente est alors décalé de quelques années... et l'injection de gaz permet d'améliorer la récupération du pétrole[1]. Mais cette méthode étant, elle aussi, coûteuse, son utilisation, rare par le passé, l'est encore aujourd'hui dans de trop nombreuses exploitations offshore du golfe de Guinée[2].

Notre voisin nous tire de cette discussion technique, et commente la vue de l'installation toute proche qui s'offre à nous. Contrairement aux champs offshores traditionnels, l'exploitation du gisement sous-marin Dalia ne se fait pas d'une plateforme, mais d'un bateau maintenu par des câbles ancrés sur le plancher océanique. Par 1 200 à 1500 mètres de fond, c'est la solution la plus appropriée. Dans le jargon pétrolier, ce type d'embarcation est doté d'un acronyme trompetant : FPSO pour « Floating, Production, Storage, Offloading system ». Il s'agit d'un gigantesque bâtiment flottant abritant une véritable usine : à bord de la gigantesque barge de 300 mètres de long

---

1. Augmenter la quantité de gaz permet d'augmenter la pression dans le réservoir, et de récupérer davantage de pétrole à la sortie. Cependant, avec le temps, le pétrole produit se charge en gaz et les installations de séparation de pétrole et de gaz en surface doivent augmenter leur capacité : un coût supplémentaire à prendre en compte dans le développement du gisement !
2. Mentionnons que le torchage du gaz en milieu offshore n'est pas une pratique universelle. Par exemple, en mer du Nord, où les exploitations sont proches du marché européen de gaz, des infrastructures gazières offshore ont été développées.

sur 60 de large, près de 30 000 tonnes d'équipements. Ceux-ci permettent de produire le pétrole, d'en retirer les impuretés, de stocker jusqu'à 2 millions de barils du précieux liquide et de le transférer à bord de pétroliers qui viennent faire le plein tous les quatre jours environ.

Après une heure de vol, c'est l'appontage, enfin. L'hélicoptère ralentit son allure et passe en mode stationnaire. Posé à l'arrière de Dalia, il libère ses passagers un à un. Nous sommes à peine sorties qu'une vague de chaleur nous submerge. Malgré ses 100 mètres de hauteur, c'est bien la torchère et sa flamme de 10 à 20 mètres qui nous embrassent de leur souffle brûlant. L'antre d'un Vulcain ardent au travail ne serait pas plus oppressant ! Quelque chose nous échappe toutefois : pourquoi la torchère est-elle allumée ? Le FPSO Dalia, l'un des fleurons technologiques de Total, est censé réinjecter le gaz produit plutôt que le brûler ; y aurait-il eu un incident ?
La question nous brûle les lèvres, Élodie finit par la poser. Ouf ! L'explication tient la route. Le champ Dalia a été découvert en 1997, mais le projet de développement n'a débuté qu'en 2003 et la mise en exploitation ne date que de décembre 2006. Comme dans nombre d'entreprises industrielles, on s'assure que le cœur de la production marche correctement avant de progressivement complexifier le système. Cette logique par étapes explique pourquoi certaines des installations du FPSO ne sont pas encore opérationnelles. C'est le cas notamment des compresseurs, capables d'avaler 8 millions de mètres cubes de gaz par jour, et nécessaires à la réinjection du gaz produit : sans eux, la seule évacuation possible reste la torchère. Amusante coïncidence, les compresseurs seront testés dès le lendemain ! Avec brio, lira t-on dans les brèves de Total. Le champ Dalia peut dès lors se targuer de respecter les normes environnementales les plus exigeantes.

La réinjection de ce gaz est la première étape d'un plus vaste projet prévoyant la construction future d'une usine de liquéfaction à terre. Il faut dire que le paysage énergétique a beaucoup évolué ces dernières années : d'une part, la forte augmentation des prix du gaz a rendu rentables nombre de projets jugés autrefois trop coûteux ; d'autre part, torcher le gaz « à l'ancienne » est de plus en plus difficile à justifier, pression médiatique oblige.

Le rapport de force que les majors avaient établi avec les États pétroliers a basculé : renouveler les réserves devient plus difficile ; s'intéresser aux questions d'environnement ou de développement est une nécessité dans le contexte d'une pression médiatique croissante. Les États pétroliers, de leur côté, poussent à la réinjection ; elle leur permet de préserver du gaspillage des ressources qui pourraient, dans un futur probablement pas si lointain, s'avérer sources d'importants revenus. Ils sont aujourd'hui en position d'exiger l'inclusion de clauses sociales[1] et environnementales dans les contrats de concession qu'ils signent avec les entreprises pétrolières. C'est le cas du contrat d'exploitation du « bloc 17 » où est situé le gisement de Dalia : l'entreprise doit recruter partie de son personnel d'exploitation en Angola, et la réinjection du gaz de production dans le réservoir est obligatoire.

Visite de l'usine flottante

Nous suivons Hugues dans « l'espace vie » de Dalia, qui peut accueillir jusqu'à 190 personnes. Les techniciens et ingénieurs responsables de l'exploitation y séjournent par rotation d'en général quatre semaines, vivant vingt-quatre heures sur vingt-quatre au sein d'une équipe d'environ 120 hommes cou-

---

1. Par exemple, la part d'emplois locaux ou de travaux à effectuer localement dans un projet.

pés du monde ! Cette vie ressemble à celle des marins à deux détails près : la ligne d'horizon varie beaucoup moins... et les risques industriels sont nettement plus importants. Tout le monde a en tête l'accident de la plateforme Piper-Alpha en mer du Nord, qui en 1988 fit plus de 160 morts à la suite d'une fuite de gaz. En vingt ans, les normes de sécurité ont évolué – mais la probabilité qu'un accident arrive n'est toujours pas nulle.

Arrivées dans le bureau du chef d'exploitation, nous revêtons l'équipement de rigueur : seyants « bleus » orange, casques verts, paire de gants, bottines de sécurité, lunettes de protection et bouchons d'oreille. Il nous faut aussi museler d'un morceau de scotch le flash de notre appareil photo et ajouter à la panoplie de notre guide un détecteur de gaz inflammables. Sans ces précautions, nous ne serions pas à l'abri d'un enchaînement de circonstances malheureux : l'étincelle que pourrait causer notre flash pourrait enflammer des hydrocarbures volatiles, et entraîner une détonation puis la mise à l'arrêt des installations. Celles-ci ne pourraient être remises en route... qu'après des procédures de vérification prenant plus de six heures ! Dans le meilleur des cas, personne ne serait blessé – mais les conséquences économiques seraient importantes : à plus de 100 dollars le baril de brut, l'interruption de production serait plutôt malvenue !

Encadré 3 – Au cœur d'un gisement : le pétrole, qu'est-ce que c'est ?

Quelques idées au préalable
- Il existe des roches perméables et imperméables à l'eau ; il existe aussi des roches perméables et imperméables au pétrole.
- Le pétrole est une huile peu dense. Comme l'huile qui, mélangée à de l'eau, remonte naturellement à la surface du mélange, le pétrole cherche à se frayer un passage jusqu'à la surface à travers les roches qui le surplombent.
- Le pétrole est un composé extrêmement volatile : on ne trouve pas de « lacs de pétrole », son contenu s'évaporerait !

Comment se forme un gisement de pétrole ?
La formation d'hydrocarbures se déroule en quatre étapes :

1. Il y a quelques centaines de millions d'années, des végétaux et animaux morts se sont retrouvés piégés sous une couche de sédiments. Privés d'oxygène, ils ne subissent pas la décomposition organique « naturelle ». Avec le temps, cette couche s'épaissit et d'autres la recouvrent, enfonçant de plus en plus profondément ces végétaux et animaux sous terre. L'ensemble des couches s'épaississant, il « pèse » de plus en plus sur ces déchets organiques : la pression environnante croît, de même que la température.

2. Sous certaines conditions de températures et de pression, une transformation des déchets organiques a lieu : c'est le **craquage moléculaire**. Dans une roche appelée « roche source », il donne naissance aux molécules d'hydrocarbures. Ce n'est pourtant pas dans cette roche qu'est extrait le pétrole : elle est trop profonde.

3. Les hydrocarbures formés étant peu denses, ils remontent à la surface en se frayant un passage au travers de roches perméables. C'est la **migration**.

4. Lorsqu'ils trouvent sur leur route une roche imperméable avec une forme particulière (le meilleur exemple en étant le **piège anticlinal**, en forme de dôme renversé), leur progression est stoppée. Il y a formation d'un **gisement** (aussi appelé réservoir) : les hydrocarbures sont donc piégés dans une roche perméable, comme l'eau peut l'être dans une éponge. C'est là qu'ils sont extraits.

En brûlant les énergies fossiles, on relâche dans l'atmosphère le dioxyde de carbone stocké sous terre. À ce titre, les émissions qui sont émises lors de ce processus sont des émissions « nettes » : rien ne vient les compenser, et elles augmentent le stock de carbone atmosphérique.

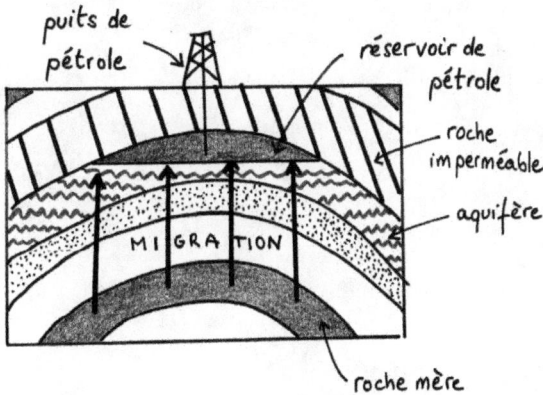

Remarques
   • Un mélange d'hydrocarbures comporte des molécules composées d'atomes d'hydrogène et de carbone de tailles diverses. Les molécules les plus courtes sont « légères » : elles sont sous forme de gaz
(méthane, éthane). Les molécules plus longues sont plus denses et
restent sous forme liquide (pentane, hexane, aromatiques...) : elles formeront le pétrole. Dans un gisement, on trouve très souvent et du
pétrole et du gaz. Le gaz étant le moins dense des deux, il occupe la
partie supérieure du gisement. Si de l'eau, plus dense que le pétrole,
est présente dans le réservoir, on trouvera donc successivement gaz,
pétrole puis eau en creusant dans le réservoir.
   • Il n'existe pas « un » pétrole, mais autant de pétroles qu'il y a
de réservoirs : les hydrocarbures formés dépendent des organismes
initialement piégés, des conditions de leur transformation et de la
roche dans laquelle elle s'est faite.

   Nous voici désormais au cœur de l'installation, perdues
dans le gigantisme de l'usine flottante. Il ne s'agit pourtant que
de la partie visible de l'iceberg ! Une exploitation pétrolière offshore ne se résume pas à sa partie émergée : c'est avant tout un
univers sous-marin. Pour vous en faire une idée, imaginez une
grosse pieuvre, dont la tête serait constituée de la plateforme ou
du bateau, et dont les tentacules, longues de plusieurs kilomètres parfois (le gisement couvre une aire de 230 kilomètres
carrés), seraient les pipelines reliés à différents points du fond
océanique.

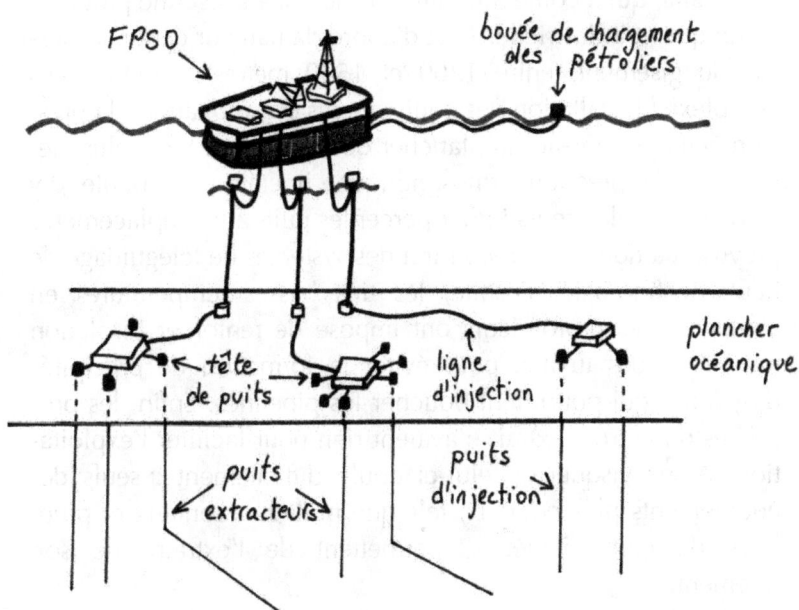

Inspiré de : brochures de Total

Dalia compterait ainsi quelque 160 kilomètres de pipes et de lignes de commande immergés. Leurs tuyaux flexibles se laissent bercer par les courants marins, tandis que des têtes de puits ancrent leurs pieds dans le sol. Les « têtes de puits » ? Ces structures, posées sur le plancher océanique, relient les puits aux pipelines qui remontent le pétrole vers le bateau usine.

Des puits, longs de plusieurs centaines de mètres pour atteindre le gisement, on peut en compter plusieurs centaines voire plusieurs milliers par champ ! Ils sont de tous types, selon le sol dans lequel ils sont implantés et selon la fonction qu'ils assurent : extraire le pétrole et le gaz, mais aussi injecter dans le réservoir des substances qui contribueront à renforcer la pression. Eau et/ou gaz rejoignent ainsi le sous-sol, afin de « pousser » les gouttes de pétrole hors de leurs alvéoles et leur permettre de rejoindre la surface.

Dalia, qui a coûté 3,6 milliards de dollars, est une prouesse technique et industrielle. Tout d'abord, la hauteur d'eau au-dessus du gisement (entre 1200 et 1500 mètres) a rendu plus complexe l'installation des équipements d'exploitation : la pression étant, au niveau du plancher océanique, 140 fois plus élevée que la pression atmosphérique, il était impensable d'y envoyer des plongeurs ! Pour percer les puits aux emplacements prévus, il a donc fallu recourir à des systèmes de téléguidage de haute technologie. Ensuite, les très basses températures en vigueur à ces profondeurs ont imposé de renforcer l'isolation thermique des tuyaux pour éviter la formation de précipités d'hydrates qui pourraient boucher les pipelines. Enfin, les propriétés du pétrole extrait n'avaient rien pour faciliter l'exploitation. Assez visqueux, celui-ci coule difficilement : seuls des équipements plus coûteux, tels que puits horizontaux et pipelines de gros diamètres, permettent de l'extraire de son gisement.

Sur le pont où le paysage est tout autre, nous naviguons entre d'énormes tubes jaunes qui acheminent le pétrole d'une étape de purification à l'autre. Rien à voir avec le traitement d'une raffinerie où l'on sépare les différents composants du pétrole brut pour faire de nouveaux mélanges (diesel, gasoline, kérosène, bitume...) : ici, il s'agit de conformer le brut produit aux spécifications commerciales, c'est-à-dire le séparer de l'eau et du gaz extraits avec lui. C'est seulement ainsi qu'il trouvera preneur sur le marché international. Hugues attire notre attention sur d'autres installations ; elles servent à traiter les effluents (eau et gaz) avant qu'ils soient réinjectés dans le réservoir ou rejetés à la mer[1].

Avant de partir, on nous donne un bref aperçu de la salle de contrôle où sont décortiquées et analysées en temps réel des milliers de données : toutes les étapes de la production des

---

1. L'eau de production est parfois rejetée à la mer après avoir été nettoyée de tous les hydrocarbures qui pouvaient l'accompagner. Cette eau provient du réservoir, où elle est présente avec le pétrole.

240 000 barils quotidiens[1] de Dalia sont contrôlées à bord, ce qui permet de détecter illico tout écart potentiel à la normale et d'y remédier au plus vite !

Notre visite s'achève, il faut déjà regagner l'hélicoptère qui décolle à 15 heures sonnantes. Nous jetons un dernier regard à Dalia... et nous nous engouffrons dans la machine volante !

Le pétrole, à quel coût environnemental ?

Nos impressions se bousculent sur le chemin du retour. Certes, on est capable d'exploiter des ressources qui étaient hors d'atteinte il y a à peine dix ans. Certes, la protection de l'environnement préoccupe les pétroliers : l'évolution des pratiques de torchage en témoigne. Ceci dit, la course effrénée à l'extraction de l'or noir ne se fait-elle pas encore souvent au détriment de considérations environnementales ?

Preuve en est l'exploitation à ciel ouvert des schistes bitumineux[2]. Pour en dégorger le contenu hydrocarbure, il faut raser de larges pans de forêts et installer de gigantesques chaudières pour chauffer le « sable » bitumineux. Comme celles-ci carburent au pétrole ou au gaz[3], l'exploitation des schistes semble difficilement compatible avec des exigences croissantes de réduction des émissions de gaz à effet de serre. Par ailleurs, on ne compte plus les articles de journaux dénonçant les pluies acides et la pollution des eaux liées à l'extraction et au pré-raffinage des bitumes : la situation se fait pressante ; réglementa-

---

1. Les géologues ont calculé que les réserves du champ permettront de produire 240 000 barils par jour sur vingt ans.

2. Roches sédimentaires au grain fin (sorte de sable), contenant assez de matériau organique pour pouvoir fournir pétrole et gaz. Contrairement à leur nom, ces roches ne sont pas des schistes géologiques.

3. Consommant environ 10 % des hydrocarbures produits. Étant donné le surcoût énergétique de l'extraction de ces pétroles visqueux, certains ont avancé l'idée d'utiliser des réacteurs nucléaires pour générer la chaleur dont les méthodes d'extraction et de pré-raffinage ont besoin.

tion et technologies doivent évoluer de concert pour réduire les dommages infligés par ces techniques à l'environnement.

Les compagnies internationales sur lesquelles se focalise l'attention médiatique seront obligées de se plier à ces nouvelles exigences. Mais comment faire évoluer les pratiques des compagnies nationales, au marché souvent captif ? Elles possèdent aujourd'hui plus de 75 % des réserves et, peu sensibles à l'opinion publique, ne sont pas aussi regardantes que les « majors ». La poursuite de l'envolée des cours du pétrole et du gaz sera peut-être le meilleur levier pour leur faire adopter des pratiques moins gaspilleuses – un premier pas vers la protection de l'environnement local. En parallèle, concertation internationale et incitations financières pourraient faciliter la transition vers des comportements plus vertueux. Le partenariat coordonné par la Banque mondiale visant la réduction du torchage de gaz (*Global Gas Flaring Reduction*) illustre les avancées positives que peut amener la concertation internationale. Si elle rallie à sa cause les pays producteurs manquants, cette belle initiative aura d'importantes conséquences bénéfiques pour le climat ; elle mérite en tous cas d'être poursuivie et généralisée à d'autres champs de progrès.

2

Au pays du charbon

« Coke en stock » – et la vie vous sourit ! On imagine facilement les dirigeants australiens, chinois et sud-africains acquiescer à cette affirmation, eux dont les pays sont assis sur des tas de houille. Le futur énergétique mondial se dessine au fusain : c'est le grand retour du charbon. Mais d'où vient-il et comment sera-t-il utilisé dans un monde contraint en émissions de carbone ? En Afrique du Sud, nous nous sommes penchées sur le chemin qu'il parcourt de la mine aux soutes des vraquiers qui lui font voir le vaste monde. De l'autre côté du globe, en Chine, nous avons découvert comment les ingénieurs renouvellent leur répertoire pour varier le ton de son utilisation. Prêts à suivre le parcours d'un petit caillou noir ? En route !

Projets :

- Mine de charbon de Dorstfontein (Afrique du Sud)
- Terminal charbonnier de Richards Bay (Afrique du Sud)
- Perspective du marché asiatique EDF Asie, Pékin (Chine)

« Noires de suie »... après notre visite à la mine !

17 mars – « À quoi ressemblent les mines du XXIe siècle ? »
Si nous savions que la dernière mine de charbon française avait
fermé en Lorraine en 2004 et avions lu quelques articles faisant
état de la nouvelle importance de cette ressource, nous étions
bien embarrassées d'imaginer comment les mines sont aujour-
d'hui gérées. Résolution fut prise d'y aller voir de plus près : cap
sur l'Afrique du Sud.

Dorstfontein, une mine moyenne en Afrique du Sud

Total Coal SA s'y est installée au début des années 80. Bien
qu'elle soit le principal exportateur de charbon sud-africain, la
taille de notre hôte reste très modeste par rapport à celles des
six majors qui produisent 91 % du charbon commercialisé dans
le pays.

Les réserves mondiales de charbon se chiffrent à environ
500 milliards de tep (tonnes équivalent pétrole). Cela correspond à près de 160 années de consommation au rythme mondial actuel, durée qui en fait le combustible fossile à plus longue
espérance de vie. Cette ressource est bien répartie sur tous les
continents – les réserves sud-africaines, qui sont les septièmes
plus importantes du monde, n'en représentent que 6 %.

Sandi et Zanele passent nous prendre de bon matin : en
voiture pour Dorstfontein, une mine souterraine de taille
moyenne, d'où sont extraites 800 000 tonnes de charbon par
an[1]. Direction : le Kwazulu-Natal, au Sud de Johannesburg[2].
Nos accompagnatrices sont d'origine zouloue ; patientes, elles

---

1. C'est-à-dire environ 500 000 tep. La valeur en tonne équivalent pétrole
d'une tonne de charbon dépend de sa qualité. Plus il est chargé de cendres
et autres impuretés, moins elle sera importante.
2. Au même titre que les régions Mpumalanga (bassin Karoo), Free State,
Limpopo et Eastern Cape, c'est l'une des grandes régions charbonnières
d'Afrique du Sud.

nous apprennent quelques mots de leur langue, dont les essentiels bonjour et merci : « Sanibonani » et « Ngiyabonga » !

Le centre de Johannesburg fait rapidement place à sa banlieue. Le nombre d'étages des habitations diminue, les clôtures s'abaissent, les barbelés se raréfient, les caméras disparaissent, et les maisons rétrécissent pour n'être plus que des cubes de briques dotés d'une porte et d'une fenêtre. Les voitures prennent dix ans. Le surlendemain, nous traverserons le « township [1] » le plus connu de Johannesburg, Soweto, sous la protection d'Abraham, le patriarche conducteur de taxi qui nous présentera à sa famille. Il nous racontera son apartheid, le désœuvrement de ses enfants, les ravages causés par l'alcool dans sa communauté et l'absence de repères sociaux qui font de Johannesburg l'une des villes les plus violentes au monde. Il nous dira surtout son espoir qu'il peut en être autrement et que beaucoup a été fait pour une réconciliation profonde des communautés blanche, métisse et noire. Son optimisme est contagieux – nous l'espérons partagé par tous ceux qui construisent son pays.

Au fur et à mesure que nous avançons dans les terres, celles-ci s'ornent de gros monticules noirs. À intervalles réguliers, nous apercevons les tours fumantes qui permettent d'identifier les centrales électriques [2] et annoncent la proximité de notre destination. Après une heure et demie de route, nous entrons dans le périmètre minier.

Descente à la mine

Andy, la cinquantaine, est taillé comme un rugbyman. Policier sous l'apartheid des années 90, il s'est depuis fait mineur et gestionnaire dans la compagnie minière. Après avoir revêtu

---

1. Bidonville, en Afrique du Sud.
2. Les fumées blanches des grosses cheminées des centrales électriques ne sont pas les fumées d'échappement des chaudières qui, elles, n'ont dans les meilleurs cas, pas de couleur, et dans les moins bons, peuvent être noires. Ce n'est que la vapeur d'eau qui s'évacue des tours de refroidissement : bon à savoir !

combinaisons jaunes, lunettes de protection, casque de sécurité, lampe frontale et masque à oxygène à utiliser en cas d'accident, nous grimpons avec lui dans un étonnant véhicule, une machine rampante digne des romans de Jules Vernes qui nous permettra de serpenter dans les boyaux de la mine.

Nous plongeons dans le ventre noir. Si l'on tient facilement debout dans certaines sections, les volumes aux proportions inhabituelles qui privilégient la largeur à la hauteur donnent une étrange impression d'écrasement : claustrophobes, s'abstenir ! Nous continuons notre descente aux enfers, tous phares allumés. Ni panneaux, ni lumières, ni marquage d'aucune sorte ne nous sautent aux yeux ; Andy, lui, sait très bien où il va. Il arrête brusquement notre véhicule à un croisement que rien ne semble distinguer des précédents. Suivant ses instructions, nous quittons le confort de nos sièges pour rejoindre à pied une veine en exploitation. À soixante mètres sous terre, il est temps d'allumer les lampes frontales.

On devine les machines à l'œuvre dans l'ombre. Les venti-lateurs brassent l'air et le méthane ressuant (le fameux grisou). Les tapis roulent ; en un bruyant glissement, ils acheminent le minerai mouillé vers l'extérieur. Il faut crier pour se faire enten-dre, tendre l'oreille pour démêler les explications d'Andy du bruit environnant, et surtout, être attentif à l'endroit où l'on met les pieds ! Gare au faux pas : nous découvrons combien sont indispensables les bottes et les casques dont on nous a affublées. Parcouru le dos courbé, le trajet paraît bien long. Nous attei-gnons enfin notre but : une « haveuse », manœuvrée par quatre des 350 mineurs de Dorstfontein.

**Encadré 1 – Les différentes puretés de charbon
Tourbe / lignite / houille, quelle différence ?**

Le terme générique de charbon recouvre trois catégories de combustibles solides : la tourbe, le lignite et la houille. Ces matériaux sont suffisamment proches en composition et mode de formation pour être membres d'une même classe géologique. Dans son acceptation courante, le mot charbon fait uniquement référence à la houille.

La **tourbe**, noirâtre ou brune, naît dans les formations sédimentaires récentes ; il s'en forme encore dans les tourbières. Pauvre en carbone, elle dégage peu de chaleur. Combustible médiocre, elle n'est brûlée que dans les centrales thermiques.

Le **lignite**, soit brun et cousin des tourbes, soit noir et parent des houilles, est de formation récente (ères secondaire et tertiaire). Plus homogène et plus riche en carbone que la tourbe, c'est aussi un piètre combustible.

La **houille**, dont l'anthracite est une variété de qualité supérieure, est le charbon formé à l'époque la plus ancienne. Compacte et noire, elle est bien plus riche en carbone que le lignite. C'est le meilleur des trois combustibles.

Types de charbon	Pouvoir calorifique (en kJ/kg)	Teneur en carbone (en %)
HOUILLE	Entre 32 et 37 000	Entre 70 et 97
LIGNITE	< 25 110	50-60
TOURBE	12 555	< 50

Attention à ne pas confondre le charbon (minerai) et le charbon de bois : alors que le premier est un minerai extrait du sous-sol, le second est obtenu par combustion contrôlée du bois.

*Source : http://www.charbonnagesdefrance.fr
www.debat-energie.gouv.fr*

Dans une mine moderne, on n'utilise plus de canari du Harz[1] pour détecter le grisou. Aucune poutre de bois ne consolide les galeries soutenues par de solides chevilles ; la barre à mine n'est plus de mise ; les galeries sont vides et l'ascenseur ne se referme plus sur hommes, enfants et chevaux qui en extra-

---

1. Oiseaux plus sensibles que l'homme au grisou. Ils étaient descendus en fond de mine, car à la moindre présence de grisou, ils « s'arrêtaient de chanter » et alertaient ainsi les mineurs du danger.

yaient de quoi faire tourner une monstrueuse machine industrielle[1]. Le monde de Zola s'est comme évanoui. Seules restent la pénombre et les voix qui semblent ne venir de nulle part. Si la pénibilité n'a rien à voir avec celle du XIXe siècle, les conditions de travail restent difficiles pour ces hommes de l'ombre fiers de leur activité.

Le chantier devant lequel nous nous trouvons se présente comme un couloir long d'une cinquantaine de mètres. Dans cette « taille », la haveuse fraise le minerai sur toute la hauteur de la couche fossile (de 1 à 4 mètres). À chaque passage (ou havée), elle enlève une tranche de roche de quelques mètres de large, dont les morceaux sont évacués par un convoyeur. Pour empêcher le toit de s'effondrer, son soutènement est assuré par des piles hydrauliques dont chacune peut supporter 300 à 600 tonnes de charge. Après chaque havée, le convoyeur et l'ensemble des piles avancent en un mouvement qui, moins bruyant, pourrait passer pour gracieux !

On nous présente au chef de zone. Plan à la main, crayon à l'oreille, il nous explique la méthode « par chambres et piliers » : celle-ci consiste à découper l'exploitation en différents secteurs suivant un quadrillage mathématique dont la précision nous fait sourire. Nous qui imaginions de tortueux tunnels piochés au gré de la générosité d'une veine, nous découvrons des avenues organisées suivant les lignes d'une ville américaine. Elles sont creusées sur un mètre et demi de hauteur (déjà 35 km

---

1. Toutes les mines ne sont pas aussi modernes que celle que nous avons visitée. De nombreuses petites mines sont encore exploitées de façon non mécanisées, et dans des conditions de travail et de sécurité si mauvaises que les accidents y sont légion. Le secteur minier chinois (35 % de la production mondiale, et 80 % des accidents officiels d'après RFI) compte ainsi quelque 24 000 mines. D'après le *China Labour Bulletin* édité par une ONG basée à Hong Kong, si environ 6 000 morts de mineurs sont rapportées par les statistiques officielles, il est possible qu'elles ne correspondent qu'à un tiers des décès réels, étant donnée la tendance des gérants privés à ne pas en faire état dans leurs comptes-rendus au gouvernement.

de longueur cumulée !) par trois goulues haveuses et quelques kilogrammes de dynamite !

Le convoyeur, tapis en caoutchouc qui charrie les morceaux de toute taille, nous escorte vers la surface. L'horlogerie est bien huilée : les mineurs du XXIᵉ siècle, déchargés des travaux de force, occupent des fonctions de maintenance et de conduite.

Le charbon, à la douche !

Notre parcours se poursuit jusqu'au lavoir avoisinant. Le charbon, en effet, ne peut être vendu en l'état : il faut le séparer de la roche extraite avec lui, le laver de certaines impuretés et le « classer » suivant la taille des blocs, car les usages et les prix diffèrent avec le calibre des cailloux.

Petit rappel de physique : le charbon est moins dense que l'eau, et que les roches extraites avec lui. Dans l'eau, il flotte donc mieux qu'elles. C'est cette différence de comportement qu'exploite le système de séparation par flottation. Le charbon récupéré après cette étape est rincé à l'eau avant de passer à travers différents tamis de fer qui permettent de classer les blocs de charbon en fonction de leurs tailles.

Qu'en est-il des déchets ? Les résidus solides, qu'on appelle stériles, sont acheminés vers une colline en construction : le terril. Quand l'amas de roches accumulées atteint une certaine hauteur, il est recouvert de terre que la végétation pourra reverdir afin de minimiser l'impact environnemental de cette colline artificielle. Les anciens terrils, nés au temps où le lavage n'était pas aussi performant qu'aujourd'hui, sont parfois ré-ouverts pour être exploités comme des mines à ciel ouvert[1].

---

1. Ces terrils et leurs schlamms (résidus de lavage) peuvent contenir encore 10 à 20 % de charbon. On peut aujourd'hui les valoriser en les brûlant dans des chaudières à lit fluidisé.

À la sortie du lavoir : autant de piles de charbon qu'il est de calibres commerciaux. Des bulldozers s'activent dans leur voisinage et chargent une noria continue de camions. Direction : le marché local ou la gare ferroviaire. S'il n'a pas été utilisé dans son pays d'origine[1], le charbon sud-africain empruntera les voies du dixième réseau ferré le plus long du monde pour rejoindre l'une des montagnes qui prennent forme sur le carreau du plus grand terminal charbonnier du monde : celui de Richards Bay.

Invitation au voyage : le terminal de Richards Bay

L'Afrique du Sud est le quatrième exportateur mondial de charbon. Construit en 1976, le terminal maritime de Richards Bay en fait transiter 68 Mt par an. Nous y sommes accueillies le 19 mars, par Donovan. Il est métis, détail que nous avons appris à remarquer dans ce pays qui a connu l'apartheid de 1948 à 1994 et que la politique de *broad-based black economic empowerment* cherche à remettre sur les rails de la diversité ethnique. Plus qu'une réparation du préjudice qu'elles ont subi pendant l'apartheid, cette stratégie vise une meilleure représentativité des minorités dans la vie économique du pays. Elle se traduit entre autres par les obligations faites aux entreprises de recruter nombre de leurs cadres parmi ces anciennes exclues de la vie publique et de compter des « capitaux noirs, métis ou indiens » parmi leurs actionnaires. La sanction est sévère pour qui ne se plierait pas à ces règles : les mines peuvent en perdre leurs droits d'exploitation.

Du haut de la tour qui abrite la salle de contrôle, nous bénéficions d'une vue panoramique sur le terminal aux dimen-

---

1. L'Afrique du Sud est carbophage. Elle consomme près de 75 % de son énergie primaire (énergie « avant transformation » notamment en électricité). En comparaison, cette part est de 5,1 % en France, 23,4 % aux États-Unis d'Amérique et 61,7 % en Chine.

sions colossales. De l'arrivée des trains au chargement des vraquiers en passant par le transfert dans des wagons et le déplacement des piles de stockage jusqu'aux zones de chargement par une armée de bulldozers jaunes qui, petites fourmis, escaladent les collines noires, on peut suivre l'enchaînement des activités. Donovan nous explique que, pour éviter l'ignition spontanée du charbon stocké à l'air libre [1] et réduire les impacts sanitaires et environnementaux des poussières, les piles de charbons sont régulièrement arrosées et déplacées pour éviter que la chaleur s'y accumule.

Nous réalisons progressivement ce qui se cache derrière l'hyperbole des chiffres que récitait la vidéo introductrice : le site s'étend sur 260 hectares, accueille 24 heures sur 24 des trains dont les 200 wagons s'étendent sur 2 kilomètres – 80 kilomètres de rails serpentent dans l'enceinte du terminal ! Il peut stocker jusqu'à 6 Mt de charbon en d'incroyables piles pouvant accumuler jusqu'à 120 000 tonnes de minerai chacune. Les projets d'extension de la capacité d'exportation du terminal à 91 Mt/an en 2009 témoignent du dynamisme de la houille...

Vers où vogue le charbon, et pour quels usages ?

Plus de 85 % du charbon mondial est consommé dans le pays où il est extrait. Seules quelque 600 millions de tonnes font annuellement l'objet d'un commerce international. Ces proportions sont presque inverses de celles du pétrole – comment l'expliquer ? D'une part, c'est une ressource globalement mieux répartie. D'autre part, le transport compte pour 50 à 80 % de son coût final. Dans ces conditions, le marché du charbon

---

1. La combustion spontanée est un phénomène complexe, où un matériau combustible prend feu sous l'effet de la hausse de température liée à la chaleur dégagée par son oxydation. Du fait de l'importante teneur en oxygène de l'air (~20 %), le charbon stocké à l'air libre est susceptible d'être oxydé. Lorsque la température extérieure est importante, il pourrait prendre feu : pour éviter ces accidents, les tas sont fréquemment déplacés (pour éviter l'accumulation de chaleur) et refroidis (par exemple en les arrosant d'eau).

concerne avant tout sa forme la plus calorifique (la houille) et les échanges sont surtout régionaux.

Encadré 2 – Du charbon aux carburants

Faire du pétrole à partir du charbon ? C'est possible. C'est aussi rentable quand le prix du baril de pétrole dépasse 45 €. Connue depuis le début du xxe siècle, cette méthode de synthèse des hydrocarbures a été marginalisée par ses coûts de production élevés. Seuls quelques pays aux ressources pétrolières contraintes ont eu massivement recours à cette technologie : l'Allemagne de la Seconde Guerre mondiale et l'Afrique du Sud de l'apartheid.

Les technologies CTL peuvent être classées en deux catégories :

• **Liquéfaction indirecte** : les hydrocarbures **peuvent être synthétisés à partir d'un mélange de monoxyde de carbone et d'hydrogène via le procédé Fischer-Tropsch**. Un carburant de synthèse peut donc être produit à partir de toute matière première contenant du carbone et de l'hydrogène : charbon mais aussi biomasse (déchets agricoles, ménagers, industriels...) et gaz naturel. On parle donc des filières CTL (coal to liquids, du *charbon vers les liquides*), BTL (biomass to liquids, *de la biomasse vers les liquides*) ou GTL (gas to liquids, *du gaz vers les liquides*[1]). Aujourd'hui, seules les filières CTL et GTL sont utilisées à échelle industrielle.

• **Liquéfaction directe** : La plupart des procédés de liquéfaction directe du charbon qui ont été mis au point dans les années 80 se basent sur le concept inventé par Friedriech Bergius et utilisé en Allemagne pendant la Seconde Guerre mondiale. Cette transformation **permet d'obtenir une tonne de dérivés liquides** à partir de **deux tonnes de charbon**.

Le renchérissement du pétrole avantage les filières CTL, et ceci alors que leurs produits émettent trois fois plus de CO_2 que les carburants classiques (source : AIE). Y substituer les technologies BTL pourrait être plus respectueux de l'environnement, mais ne saurait être une solution de grande ampleur compte tenu des quantités de biomasse (et donc des surfaces agricoles) qu'elles requièrent.

Source : http://energie.sia-conseil.com

---

1. À ne pas confondre avec le GPL : le gaz de pétrole liquéfié est un mélange d'hydrocarbures légers qui proviennent du raffinage du pétrole ou des gisements de gaz naturel.

Autrefois appelé « pierre de feu » ou « charbon de terre » (par opposition au charbon de bois), le charbon a nourri la révolution industrielle au XIXᵉ siècle. Venant au secours d'économies auxquelles le bois commençait à faire défaut, il a permis d'alimenter les machines à vapeur sur lesquelles se sont appuyées les industries textiles et sidérurgiques d'un siècle galopant. Dépassé en Europe par le gaz et le pétrole, il revient aujourd'hui sur le devant de la scène, poussé par la croissance des économies asiatiques.

Pour remplacer un pétrole de plus en plus rare, de plus en plus cher ? Pas vraiment, même si on sait de nos jours fabriquer du pétrole à partir de charbon.

Le charbon est surtout une source d'énergie peu coûteuse pour la production d'électricité : s'il ne fournit que 5 % de la production électrique française, il alimentait en 2004 la moitié des centrales américaines, 8 centrales chinoises sur 10, et plus de 9 centrales sud-africaines sur 10 : il répond au quart de la demande énergétique mondiale.

Associé sous nos latitudes à des technologies désuètes et passéistes, « King coal » a un trône bien assuré par la demande d'électricité des pays émergents. Plus de 1 000 TWh[1] ont été consommés par les 700 millions de personnes raccordées ces quinze dernières années au réseau électrique chinois. Sur ces 1000 TWh, 84 % proviennent de centrales au charbon. Les prévisions indiquent que cette tendance régionale va se poursuivre et que le gros de la hausse de la demande mondiale de charbon sera lié à la demande asiatique.

---

1. Cette augmentation équivaut à plus de deux fois la consommation électrique française de 2006.

Encadré 3 – Comment fonctionne une centrale thermique ?

Le saviez-vous ? Le principal produit d'une centrale thermique est la chaleur, pas l'électricité ! Dans une centrale thermique classique, 33 à 50 % de l'énergie du combustible est transformée en électricité, tandis que le restant est dissipé sous forme de chaleur.

Comment générer de l'électricité ?

Le principe est assez simple :

1. On fait brûler un combustible dans une chaudière (du gaz, du charbon, de la biomasse et parfois du fioul lourd). La chaudière est tapissée de tubes dans lesquels circule de l'eau haute pression, qui, chauffée, se transforme en vapeur haute pression (ordres de grandeur : 200 bars et 500 °C).

2. La vapeur est progressivement détendue (sa pression diminue) dans une turbine en passant à travers une série de roues mobiles équipées d'ailettes de différentes tailles.

3. La turbine entraîne la rotation d'un alternateur : le générateur d'électricité.

4. La vapeur redevient liquide dans un condenseur refroidi par des milliers de tubes dans lesquels circule l'eau de refroidissement, généralement prélevée à un cours d'eau ou à la mer, auxquels elle est ensuite restituée.

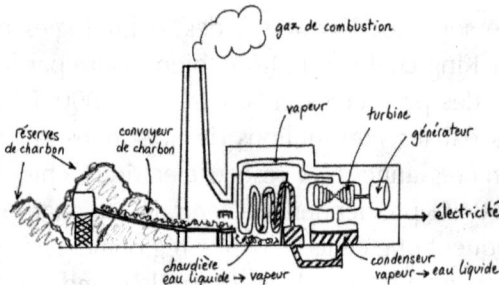

5. L'eau condensée est récupérée par des pompes d'extraction, et préchauffée avant d'être réintroduite dans le générateur de vapeur pour y commencer un nouveau cycle.

Au début du siècle, le rendement des centrales thermiques à flamme était de l'ordre de 10 à 15 %. Il atteint aujourd'hui près de 40 % pour les centrales thermiques classiques et jusqu'à 55 % pour les centrales dites à cycle combiné.

Source : http://fo.gnie2.free.fr/Filieres/Centrale%20thermique%20a%20flamme.htm

Le charbon est aussi utilisé par la sidérurgie qui consomme environ 16 % (presque 600 Mt) de la production mondiale de houille. Inversement, près de 70 % de l'ensemble de la production d'acier mondiale dépend du charbon[1]. La fabrication de l'acier à partir du minerai de fer a en effet besoin de « coke », résidu solide du chauffage du charbon à haute température (900 à 1000 °C) et à l'abri de l'air (pyrolyse).

Enfin, le charbon peut être utilisé pour le chauffage individuel et industriel, comme dans certains vieux pays charbonniers (Allemagne, pays d'Europe de l'Est).

Charbon et environnement

Nos bouilles noircies par la suie de Dorstfontein sont à l'image des « grosses fumées noires et polluantes » qu'évoquent les centrales électriques au charbon. Pourquoi si mauvaise presse ? Le charbon est associé à la révolution industrielle, époque où son utilisation était peu efficace et couvrait les villes des nuages de pollution qu'on retrouve, aujourd'hui encore, en brouillards jaunâtres à Pékin, Shanghai ou Hong Kong. Il symbolise aussi les vestiges technologiques d'une époque qui ne pensait pas « environnement » : vieilles centrales en Europe, centrales et entreprises à technologie obsolète dans les pays émergents. L'industrie charbonnière a pourtant réussi à imposer l'idée que le charbon pouvait être propre. De quoi parle-t-elle ?

La combustion du charbon pose des problèmes environnementaux : les fumées non traitées contiennent des substances polluantes (SOx, NOx, mercure, produits radioactifs...) et de

---

1. Du charbon pour la sidérurgie : on peut difficilement faire sans. Par contre, on peut se passer de la houille, et utiliser du charbon de bois, comme au Brésil où la sidérurgie se fait presque végétale.

phénoménales quantités de gaz carbonique (CO_2), le plus connu des gaz à effet de serre[1].

De contraignantes régulations ont été mises en place pour réduire ces émissions polluantes et protéger l'environnement local. Les techniques de désulfuration et de dénitrification sont omniprésentes en Occident. Très efficaces, elles peuvent éviter l'émission de 95 % des oxydes de soufre et d'azote, ce qui permet aux centrales à charbon d'atteindre le même niveau d'émissions de polluants locaux que les centrales à gaz.

Qu'en est-il des gaz à effet de serre ? La combustion du charbon produit du gaz carbonique en plus grandes quantités (par unité d'énergie produite) que le gaz naturel, son concurrent direct. La réduction de ces émissions se fera en deux étapes pour le charbon : la première, déjà bien engagée, passe par l'amélioration du rendement de combustion des centrales. La seconde, celle du captage et de la séquestration du gaz carbonique émis, est abordée dans l'« éclairage » suivant.

Améliorer le rendement des centrales ? Il s'agit d'augmenter la quantité d'électricité produite par unité de charbon brûlé. À titre d'exemple, l'efficacité des centrales chinoises est de 24 % en moyenne alors que les centrales allemandes de dernière génération atteignent des rendements proches de 45 % ; elles émettent donc presque deux fois moins de gaz carbonique par kWh produit.

Attention cependant à ne pas lire dans ces moyennes un quelconque retard technologique chinois. C'est en effet à Pékin que nous rencontrons François-Xavier qui travaille chez EDF. Pour l'Europe et la France, nous explique-t-il, le défi ne sera pas de réduire leur dépendance vis-à-vis du charbon, mais d'accélé-

---

1. Auxquelles il faut ajouter les émissions, pendant l'extraction et l'oxydation des terrils, de méthane, gaz au pouvoir de réchauffement 23 fois plus élevé que le CO_2.

rer le déploiement de technologies de charbon propre. Ainsi, si EDF est en Chine, c'est aussi pour y apprendre à construire et utiliser des centrales à charbon plus efficaces. Autrement dit, le transfert de technologie s'opèrerait bientôt de la Chine vers la France ! Étonnant, non ?

Éclairage sur...

... le stockage géologique du carbone

Projets :

- Injection de CO$_2$ pour récupération assistée, Sleipner (Norvège)
- Capture et séquestration de carbone, centrale à gaz sur la raffinerie de Mongstad (Norvège)

Le principe ?

Les réservoirs de pétrole et de gaz sont situés dans des pièges géologiques (voir encadré 3 p. 46). Ces réservoirs s'étant montrés suffisamment étanches pour emmagasiner du gaz naturel pendant des centaines de millions d'années, ils pourraient servir à stocker du gaz carbonique (CO$_2$).

Utiliser des réservoirs naturels comme stockages artificiels ? C'est, pour le gaz naturel, une pratique courante : le réseau de distribution de gaz inclut des réservoirs géologiques qui emmagasinent le surplus de production durant les périodes de faible consommation, d'où il peut être réinjecté dans le réseau aux périodes de pointe. Pour le gaz carbonique, d'autres lieux de stockage peuvent aussi être envisagés : aquifères (saumures), champs pétroliers en production dont ils améliorent la récupération de pétrole ou encore, anciennes mines de charbon.

La technologie de capture et séquestration propose de capturer les émissions de dioxyde de carbone, et de les séquestrer par compression et injection dans des pièges géologiques. Ses cibles ? Les effluents à forte concentration en gaz carbonique, comme ceux des centrales thermiques ou de certaines industries (cimenteries et usines sidérurgiques notamment).

Éléments de compréhension...

... globaux sur la technologie

80 % des besoins énergétiques primaires de l'économie mondiale sont assurés par les énergies fossiles ; leur combustion est responsable des 3/4 des émissions de gaz à effet de serre humaines.

D'après l'Agence internationale de l'énergie, les combustibles fossiles domineraient encore longtemps nos mix énergétiques, puisqu'ils représenteraient 84 % du doublement de la consommation entre 2005 et 2030 (taux annuel estimé de 1,8 %). Les émissions de gaz à effet de serre augmenteraient de leur côté de 57 % entre 2005 et 2030. Ces perspectives expliquent la nécessité de capturer et séquestrer le gaz carbonique sur les lieux où ses émissions sont concentrées (notamment centrales à charbon indiennes, chinoises et américaines).

Atouts du stockage géologique :
— le potentiel de stockage est important : on estime qu'entre 1 000 et 10 000 milliards de tonnes de CO_2 pourraient être stockés sous terre (à comparer aux 30 milliards de tonnes d'émissions mondiales annuelles) ;
— l'injection de gaz carbonique est une technique maîtrisée par l'industrie pétrolière, qui s'en sert pour améliorer le taux de récupération du pétrole. **Des méthodes de modélisation ont été développées pour prédire le comportement et l'emmagasinement du CO_2** à des fins de récupération assistée.

Réserves sur la technologie :
— Le surcoût énergétique de ce traitement des effluents de combustion (capture, compression, transport et stockage), principalement consommé par l'étape de capture, représenterait

environ 20 % de l'énergie du combustible dont on souhaite séquestrer les gaz de combustion.

— **Le coût de la technologie, estimé être** entre 40 et 70 \$/t de CO_2, reste prohibitif pour rendre possible une diffusion sans subventions.

— **Plus précisément, les techniques de capture du CO_2** sont très onéreuses.

Les techniques principales de capture du CO_2

• Les procédés de *postcombustion* traitent les fumées pour séparer le CO_2 des autres gaz (azote, oxygène et vapeur d'eau). Installés au niveau des cheminées d'usines, ils pourraient équiper les installations existantes. Le procédé le plus couramment utilisé est la capture du CO_2 par un solvant amine.

• Dans les procédés de *précombustion*, le combustible est converti en hydrogène et en CO_2 par gazéification (voir chapitre biogaz). L'hydrogène produit sera utilisé comme source d'énergie tandis que le CO_2 pourra être comprimé puis séquestré.

• Les procédés d'*oxycombustion* brûlent le combustible en présence d'oxygène pur (plutôt que d'air). Les fumées contiennent 90 % de gaz carbonique et 10 % de vapeur d'eau, deux gaz faciles à séparer. La production d'oxygène à partir de l'air (qui contient environ un cinquième d'oxygène) est l'étape la plus consommatrice d'énergie de ces procédés.

— Étant donné les incertitudes sur le comportement à long terme (centaines, voire milliers d'années) du CO_2 dans les structures géologiques, on ne peut aujourd'hui pas assurer l'absence future de fuites.

— Enfin, les législations nationales sur l'usage et la propriété des sous-sols ainsi que les réglementations pour la protection de l'environnement devront souvent être adaptées pour autoriser le recours à cette nouvelle technique.

... propres au projet visité

— La Norvège est un précurseur de la séquestration de CO_2 industrielle : depuis novembre 1996, le pétrolier Statoil injecte dans un aquifère profond de la mer du Nord un million de tonnes de CO_2 par an en provenance du champ de pétrole offshore Sleipner. Bien que coûteuse, la manœuvre est intéressante pour l'industriel qui devrait sinon s'acquitter d'une taxe norvégienne sur les émissions de CO_2 offshore.

— Selon un accord de partenariat entre Statoil et le gouvernement norvégien, la raffinerie de Mongstad devait accueillir le premier projet de capture et séquestration industriel. La première phase du projet (2010-2014), période transitoire pendant laquelle la capture du CO2 aurait dû progresser de 100 000 tonnes de CO_2 à 2,5 millions de tonnes par an, a été annulée en décembre 2007 car jugée trop coûteuse. Toutefois, l'objectif d'une capture totale des émissions de la centrale à gaz qui alimentera la raffinerie reste inchangé pour 2014.

— En février 2008, l'Arabie Saoudite et la Norvège ont décidé d'unir leurs efforts pour faire reconnaître la CCS (Capture et Séquestration du CO_2) comme une méthode de réduction des émissions de gaz à effet de serre validée par la Convention cadre des Nations unies pour le changement climatique, dans le cadre des Mécanismes de flexibilité du protocole de Kyoto (voir encadré 3 du chapitre 10, p. 216).

Qu'en penser aujourd'hui ?

La technique de la capture et du stockage du CO_2 offre une voie prometteuse pour limiter à grande échelle les émissions de gaz à effet de serre. Elle pourrait adoucir la transition des industries fortes consommatrices d'énergies fossiles vers des régimes énergétiques moins carbonés. Elle n'est en aucun cas une solution miracle pour répondre au problème climatique.

En septembre 2005, le Groupe d'experts intergouverne-mental sur l'évolution du climat (GIEC) a évalué le rôle que pourrait jouer la capture et le stockage du gaz carbonique dans la lutte contre le réchauffement climatique. Il précisait que le stockage du CO_2 dans des formations géologiques pourrait assurer 15 à 55 % de la totalité des réductions d'émissions requises pour stabiliser les concentrations de gaz à effet de serre dans l'atmosphère d'ici à 2100.

Pour que cette technique puisse être mise en œuvre à grande échelle (stockage de dizaines de millions de tonnes), d'importants progrès techniques devront voir le jour qui permettront d'en réduire les coûts (en particulier de l'étape de capture) et de garantir la fiabilité à long terme des stockages.

Et pourquoi pas ?

Produire de l'essence synthétique avec du CO_2, de l'eau et du soleil...

Des chercheurs des laboratoires américains de Sandia à Albuquerque ont mis au point un étrange appareil solaire. Cette énorme roue permettrait d'hydrolyser l'eau (transformant l'eau en hydrogène et oxygène) et de convertir le CO_2 en monoxyde de carbone (CO) et en oxygène. Or, le monoxyde de carbone et l'hydrogène sont des gaz réactifs dont on peut faire des carburants synthétiques. L'appareil est aujourd'hui trop volumineux pour donner lieu à une exploitation commerciale, mais il permet de rêver aux suites qu'on pourrait lui donner : après les filière CtL (coal to liquid) et BtL (Biomass to Liquid), la « CO_2tL » ?

Capturer le CO2 grâce aux plantes

Et si on cultivait des algues pour manger le CO_2 ? Tirer partie de la photosynthèse, la start-up américaine Greenfuels technologies n'a rien d'autre en tête. Les algues seraient entreposées dans de gros tubes transparents laissant passer le soleil dont elles tirent leur énergie et dans lesquels circuleraient des gaz de combustion riches en CO_2. Les algues, évacuées au fur et à mesure de leur croissance, pourraient être transformées en biocarburants. Seul inconvénient, le besoin d'ensoleillement et d'espace (pour les batteries de tuyaux) pourrait limiter les zones d'application de cette idée... lumineuse !

Thème 2

L'ÉNERGIE NUCLÉAIRE

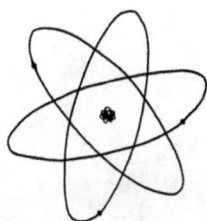

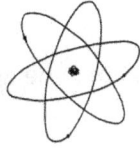

3

Que faire des déchets radioactifs ?

L'énergie nucléaire a mauvaise presse. Risques technologiques, possibilité d'utilisation à des fins militaires et toxicité des déchets sont des inconvénients majeurs. Ils ne doivent pas cependant faire oublier les avantages qu'offre cette technologie : l'énergie nucléaire est dense, l'approvisionnement en combustible est sûr, les émissions de dioxyde de carbone sont limitées à la période de construction et les installations ont une longue durée de vie. Chercheurs, diplomates et industriels travaillent donc d'arrache-pied à éliminer les barrières qui s'opposent encore légitimement à sa diffusion mondiale. Au cœur de leurs préoccupations, la malédiction des déchets. À leur suite, il faut s'accrocher : si le jeu en vaut la chandelle, les concepts qu'ils abordent ne sont pas simples à qui les (re)découvre. Nous espérons que cette promenade au cœur des atomes et le glossaire des pages 123 à 126 les éclairciront pour vous[1]. Mais maintenant, en piste ! C'est en Espagne que le spectacle commence.

Projet : Les filières de gestion des déchets radioactifs, CIEMAT, Madrid, Espagne

---

1. N'hésitez pas à poser les questions que sa lecture aura fait naître sur www.promethee-energie.org

Bienvenue au CIEMAT

15 février – Grand soleil ce matin à Madrid. Nous avons rendez-vous à la division des études nucléaires du Centre de recherches énergétiques, environnementales et technologiques (CIEMAT). Notre hôte étant retenu en réunion, c'est l'occasion de faire la connaissance de Jose Luis Pérez. Le dada de ce jeune chercheur, c'est la communication sur l'énergie nucléaire. Nous commençons à discuter de la perception du nucléaire dans nos pays respectifs, mais, déjà, il est temps de rejoindre le bureau où Enrique Gonzalez Romero va nous présenter les enjeux de la gestion des déchets radioactifs.

Joie : notre entretien avec le directeur de la division Énergie nucléaire se déroule en français ! En Norvège, Allemagne, Espagne, en Afrique, en Inde, au Japon, au Chili et au Brésil, nous serons régulièrement émerveillées de pouvoir échanger dans notre langue maternelle avec chercheurs, entrepreneurs et fonctionnaires, qui la parlent avec une aisance étonnante.

En préambule, le Dr Romero nous présente les activités du CIEMAT. On y travaille tous azimuts pour répondre aux défis énergétiques et environnementaux du siècle : séquestration de CO_2, remèdes à l'imprévisibilité et à l'intermittence de l'énergie éolienne, développement de la cogénération*[1], amélioration des techniques de charbon pulvérisé... et gestion des déchets nucléaires.

En 2006, académies, ministères, industries, associations écologistes, représentants des syndicats et membres du Parlement ont débattu pendant six mois de l'avenir du nucléaire espagnol. Bien qu'un moratoire sur la construction de nouvelles centrales ait été décidé en 1984, le sujet était loin d'être clos. En effet, si le gouvernement souhaitait réduire la part de l'énergie nucléaire dans la production électrique espagnole, il devait

---

1. Les termes suivis d'un astérisque sont expliqués dans le glossaire des pages 123 à 126.

aussi assurer un approvisionnement en électricité à la hauteur des besoins d'une économie dynamique : pas facile de rayer des plannings de production neuf réacteurs qui fournissent près d'un quart des besoins nationaux.

Encadré 1 – Le nucléaire dans le monde

En janvier 2008, l'association mondiale pour le nucléaire recensait 439 réacteurs producteurs d'électricité et 34 réacteurs en construction dans le monde. Installés dans 31 pays différents, ils représentent une capacité de production de respectivement 372 GWe et 28 GWe. Cette flotte nucléaire a produit 15 % de l'électricité mondiale en 2005 – et près de 25 % de celle des pays de l'OCDE.

Le gros des réacteurs aujourd'hui utilisés sont des réacteurs à eau légère de seconde génération, construits dans les années 1970 et 1980. Sont ensuite arrivés sur le marché des réacteurs de troisième génération, à la sûreté et aux performances économiques améliorées. L'accident du réacteur RBMK de Tchernobyl en avril 1986 a, dans la plupart des pays, mis un coup d'arrêt à la construction de nouvelles centrales.

58 réacteurs répartis en 19 centrales produisent 78 % de l'électricité consommée en France. Cette part est la plus élevée au monde : aux États-Unis (plus volumineux contingent au monde : 104 réacteurs), elle ne se monte qu'à 20 %.

Les pays « nucléarisés » ont adopté des positions très différentes sur l'avenir qu'ils réservent à cette filière énergétique : de programmes de développement ambitieux (Russie, Chine, Inde) à l'annonce de la « sortie du nucléaire » (Suède, Allemagne, Belgique) en passant par le statu quo, toutes les variantes sont envisagées.

Sources : World Nuclear Association http://www.world-nuclear.org/
IEA Energy Technology Essentials, Nuclear Power, mars 2007
Statistiques 2005 de l'Agence internationale pour l'énergie http://www.iea.org

---

Au menu de ces tables rondes, la sûreté des installations existantes et la gestion des déchets radioactifs figuraient en plats de choix. Quand bien même les réacteurs espagnols seraient prestement arrêtés, la question des déchets que leur activité aura produits ne serait pas réglée pour autant. Un passif encombrant, dont le Dr Romero souhaite nous entretenir.

La radioactivité, qu'est-ce que c'est ?

De quel héritage est-il question ? D'un stock de matières radioactives. *« La radioactivité est un phénomène naturel, par lequel les noyaux d'atomes instables changent de nature en émettant spontanément leur trop plein d'énergie sous forme de rayonnement alpha*, bêta*, gamma* ou X* »*. Ces rayonnements (ou radiations) offrent, par leur nature, leur fréquence d'émission et leurs niveaux d'énergie, une signature très précise de la localisation et de l'identité de l'atome radioactif qui les émet. Jusque là, on suit !

Encadré 2 – Un peu de vocabulaire

Les **atomes*** sont les briques élémentaires de la matière. Ils sont constitués d'un noyau autour duquel gravitent des électrons. Le noyau est fait de nucléons* de deux types : des protons chargés positivement, et des neutrons sans charge. Si le noyau est donc chargé positivement, l'atome est, lui, électriquement neutre : il possède autant d'électrons (chargés négativement) que de protons. Le noyau atomique occupe un très petit volume (rayon $\sim 10^{-15}$ m) comparé à la celui de l'atome défini par l'espace occupé par son nuage électronique ($\sim 10^{-10}$ m) : si le noyau était un ballon de foot, les électrons tourneraient autour dans un rayon de 11 km. Autant dire que la représentation qui sert de repère au thème « énergie nucléaire » de ce livre est rien moins qu'à l'échelle !

Le **numéro atomique***, noté Z, permet de différencier les éléments. Il est égal au nombre de protons dans le noyau (et donc au nombre d'électrons de l'atome). Deux atomes de même numéro atomique auront les mêmes propriétés chimiques ; ils correspondent au même **élément** de la classification périodique de Mendeleïev. Il existe 92 éléments naturels (hydrogène, oxygène, or, fer... uranium), auxquels s'ajoutent environ 10 éléments fabriqués par l'homme (plutonium, curium, californium...), à l'existence parfois, mais pas toujours, fugace (comparer, par exemple, la demi-vie* de 5 secondes pour le rutherfordium-257 à celle de 24 100 ans pour le plutonium-239).

Le **nombre de masse***, noté A, permet d'identifier les atomes. Il est égal au nombre de nucléons du noyau. En notant N le nombre de neutrons, on peut écrire A = N + Z. Deux atomes qui ont le même numéro atomique Z mais des nombres de masse A1 et A2 différents auront les mêmes propriétés chimiques, mais des propriétés physiques différentes (notamment : radioactivité, masse). On les appelle des **isotopes***. Pour les différencier, on ajoute au nom de l'élément la valeur de leur nombre de masse. Exemple : carbone-12 (C^{12}) et carbone-14 (C^{14} dont la concentration permet de dater les artefacts historiques) sont deux isotopes de l'élément carbone (C).

Les atomes radioactifs sont des atomes instables dont les noyaux se désintègrent en émettant leur trop plein pour conduire à un noyau stable de nature différente : on parle de **chaîne de décroissance,** et de **filiation radioactive.** Rayonnements ionisants et radiations désignent de façon équivalente les formes prises par l'énergie ainsi évacuée. Il en est quatre principales :

• *les rayonnements gamma* (), d'énergie élevée quoique variable suivant la nature de l'émetteur, ces rayonnements lumineux sont capables de traverser des épaisseurs importantes de matière ;

• *les rayonnements bêta +* (+) sont constitués de positons (particule de même masse qu'un électron, mais de charge positive) ; dès qu'ils se recombinent avec des électrons ils sont annihilés et transformés en énergie lumineuse ;

• *les rayonnements bêta –* (-) sont constitués d'électrons de vitesse très élevée et de pénétration importante ;

• *les rayonnements alpha* () sont constitués de noyaux d'hélium comportant deux protons et deux neutrons. Ils sont très ionisants mais, du fait de leur masse, sont très rapidement absorbés par la matière.

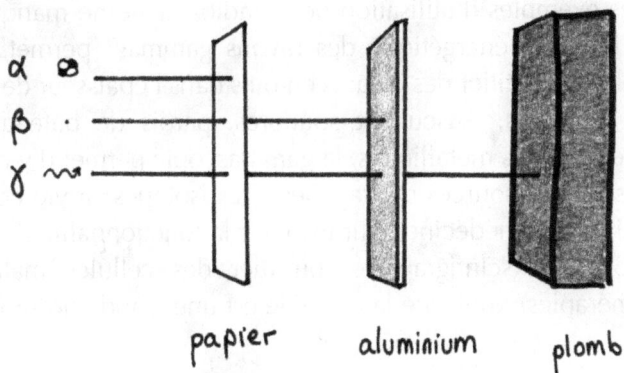

papier   aluminium   plomb

Le Dr Romero nous rappelle que rendre visible ce qui ne l'est pas est l'un des plus impressionnants services rendus par ces rayonnements énergétiques. On les utilise suivant le même principe que le rayonnement visible en photographie. Savez-vous pourquoi une feuille nous apparaît verte ? Elle absorbe toutes les « couleurs » de la lumière naturelle[1], sauf le vert, qui est donc la seule couleur à être réfléchie ; l'œil ne voit la plante que parce qu'il capte la lumière qui s'y reflète : il la perçoit donc verte. Les rayonnements capturés par l'œil peuvent l'être aussi par... les plaques et senseurs photosensibles utilisés en photographie ! De la même façon que ceux-ci permettent de révéler les formes et les couleurs d'un objet qui réfléchit la part du rayonnement visible qu'il n'absorbe pas, des détecteurs de rayonnement gamma, alpha ou bêta sont mis au point pour révéler les formes de la matière sur laquelle ces flux rebondissent, ainsi que pour localiser leurs sources d'émission. Plus énergétiques que le rayonnement visible, ils savent traverser la matière avant d'atteindre le détecteur ; ils peuvent donc en dévoiler les secrets intérieurs. *« C'est ainsi que fonctionnent les radiographies médicales : les rayons X* permettent de photographier les os à travers les tissus »*, explique le Dr Romero.

Les exemples d'utilisation de la radioactivité ne manquent pas. L'intensité énergétique des rayons gammas* permet, par exemple, d'identifier des défauts enfouis dans l'épaisseur de certaines structures. Auscultant soudures, parois de bateaux et autres ensembles métalliques, la gammascopie permet d'y dénicher fissures et sources de fragilités. Des isotopes* à vie courte sont utilisés en médecine pour explorer la fonctionnalité de certains organes (scintigraphies) ou tuer des cellules malades (radiothérapies) : puisque la thyroïde est une glande hormonale

---

1. La lumière émise par le Soleil consiste en un ensemble d'ondes électromagnétiques de longueurs d'onde (et donc d'énergies) différentes. Celles dont la longueur d'onde est comprise entre 400 et 780 nm [1 nanomètre = 10^{-9} m] sont visibles à l'œil humain. Chacune de ces longueurs d'onde est associée à une couleur différente dans notre système de vision. On peut se rendre compte de la pluralité des longueurs d'ondes de la lumière naturelle en regardant les arcs-en-ciel : le prisme que constitue chaque goutte d'eau décompose les différentes composantes énergétiques du rayonnement solaire, et les envoie chacune dans une direction différente.

qui fixe l'iode, on peut l'ausculter en utilisant de faibles doses de l'iode-123, isotope* radioactif de cet élément*.

Encadré 3 – Quelques atomes radioactifs bien utiles

Carbone-14 (C^{14}) : Vérification de l'assimilation des nouveaux médicaments

Cobalt-57 (Co^{57}) : Diagnostic de leucémie

Cobalt-60 (Co^{60}) : Stérilisation d'appareils, voire de produits agro-alimentaires

Cuivre-67 (Cu^{67}) : S'associe aux anticorps et détruit les tumeurs

Iode-123 (I^{123}) : Diagnostics thyroïdiens

Iode-131 (I^{131}) : Radiothérapie du cancer de la thyroïde

Iridium-192 (Ir^{192m}) : Tests des soudures et interfaces de pipelines et pièces d'avion

Americium-241 (Am^{241}) : Vieux détecteurs de fumée (si vous en avez de ce type, renseignez-vous pour vous en débarrasser en toute sécurité et les faire remplacer !) ; mesures d'épaisseurs de feuilles de papier ou de métal ; identification de gisements de pétrole...

Californium-252 (Cf^{252}) : Inspection des bagages (explosifs)

« *Vous connaissez probablement vous-même d'autres applications de la radioactivité ?* » Blandine se souvient d'une visite organisée dans un laboratoire américain. « *Les chercheurs voulaient y mettre au point un détecteur qui équiperait ports et postes douaniers et préviendrait l'entrée de matières fissiles* sur leur territoire ; c'est le même principe, non ?* » Le Dr Romero acquiesce : la détection de la radioactivité, encore un sujet passionnant. Chaque atome radioactif ayant son propre spectre d'émission, on peut espérer différencier la signature des radio-éléments à usage terroriste de celle du potassium-40 des cargaisons de bananes...

Radioactivité naturelle...

Des bananes radioactives ? Pas beaucoup moins que nous ! La radioactivité n'est autre qu'un témoin de la formation de la Terre, et à ce titre, une propriété de la nature et de la vie. Les atomes, ingrédients fondamentaux de tout ce qui nous entoure, de l'air que nous respirons à nos doigts de pied en passant par le chou rouge et les constituants des chaînes hi-fi, sont nés il y a 10 milliards d'années, au cœur des étoiles.

On pense aujourd'hui qu'à l'origine de l'univers, protons, neutrons et électrons se sont combinés lors du Big Bang pour former des atomes simples, qui se combinent ensuite lors de l'explosion des étoiles pour former les atomes plus lourds.

C'est une belle histoire que nous raconte notre hôte, elle nous fait rêver aux mystères du grand soleil qui éclaire ce matin d'hiver. Ce qu'il faut en retenir, c'est que les briques élémentaires de notre univers sont issues d'un processus aléatoire. Le résultat n'en est que plus varié, et rares sont les atomes nés stables : un neutron de trop par ci, un proton de moins par là, les excédents de matière dotent le noyau nouvellement créé d'un trop-plein d'énergie à évacuer pour atteindre le nirvana de sa stabilité. Les formidables ondes de choc résultant de la mort supernovesque des étoiles originelles ont envoyé toutes ces briquettes aux quatre coins de la galaxie. Certaines ont fini par former, il y a environ 4,5 milliards d'années, la Terre, en lui laissant pour souvenir de son origine cosmique ces atomes instables qu'on retrouve partout.

Le Dr Romero poursuit : « *On pourrait penser que ces noyaux hyperactifs, nés il y a bien longtemps, ont eu le temps d'épuiser leur trop-plein d'énergie.* » Pas tous. Suivant les noyaux, la probabilité d'éjection du surplus d'énergie varie. Certains attendront des milliards d'années avant de s'en débarrasser ! Ceci dit, on ne saura jamais prédire le moment où tel atome se transformera par désintégration radioactive : contrairement à ce que semblait croire Einstein, « *Dieu joue bel et bien aux dés* ».

Tout ce qu'on peut connaître, c'est le temps au bout duquel la moitié des atomes présents dans un échantillon de masse quelconque auront subi leur décroissance radioactive. « *Peut-être avez-vous entendu parler de **demi-vie*** d'un atome radioactif ? C'est de cela qu'il s'agit.* » Mais attention, cela ne signifie pas qu'il n'y aura plus aucun atome radioactif après deux demi-vies ! Au bout de deux demi-vies, il subsiste la moitié des atomes qui restaient après la première demi-vie, c'est-à-dire un quart du nombre de noyaux initial. Bref. *« Retenez simplement que la demi-vie est caractéristique des noyaux radioactifs ; elle est spécifique à chaque isotope* et permet d'en évaluer l'horizon temporel de dangerosité. »* Elle varie d'une fraction de seconde pour les plus instables, à plusieurs milliards d'années pour les paresseux. Les éléments à vie courte n'existent pas à l'état naturel : voilà bien longtemps qu'ils se sont stabilisés. Ils peuvent néanmoins être créés pour des usages industriels ou thérapeutiques, et on en trouve parmi les déchets de l'industrie nucléaire.

Encadré 4 – Activité et radioactivité naturelle

L'**activité** radioactive d'un noyau se mesure en **becquerels** (Bq) : 1 Bq correspond à une désintégration radioactive par seconde. On rencontre parfois une unité plus ancienne, le curie (Ci) : 1 Curie = 37 milliards de becquerels.

Nous baignons dans un univers radioactif dont l'activité est renforcée par les rayonnements cosmiques (on est beaucoup plus irradié en vol qu'en train). À titre d'exemple, voici quelques valeurs moyennes :

• fertilisants : 5 000 Bq/kg, La demi-vie* est en fait un concept statistique : pendant ce temps, les noyaux ont une chance sur deux de subir une décroissance radioactive. Après n demie-vies, l'activité A vaut donc $A = A_0/2^n$. Elle ne s'annule jamais, mais peut être considérée comme négligeable au bout d'un nombre n de demi-vies suffisamment important.

• croûte terrestre : 2 000 Bq/kg en moyenne ; cette activité varie suivant la nature du sol et l'altitude (elle double tous les 1 500 mètres et varie, en France, d'un facteur 5 d'une région à l'autre).

• poisson : 100 à 400 Bq/kg.

• pommes de terre : 100-150 Bq/kg.

• corps humain : 150 Bq/kg, soit en moyenne 12 000 Bq par individu ; cette radioactivité provient des éléments ingérés, et principalement du potassium 40 (demi-vie de 1,28 milliard d'années) qui est stocké dans les os.

• lait : 80 Bq/L., eau de mer : 10-12 Bq/L, eau : 1 à 2 Bq/L.

Sources : www.CEA.fr et www.ist.INSERM.f

Mais revenons à nos bananes. Gorgées de potassium naturel, elles le sont aussi de potassium 40. C'est lui qui fait biper les compteurs Geiger* !

... et radiations toxiques

La radioactivité, c'est naturel. Soit, mais, comme le souligne le Dr Romero, cela ne suffit pas à la qualifier de bonne ou de mauvaise. Tout est affaire d'énergie et de nature de rayonnement. *« Je sais que vous êtes ici pour discuter de la gestion des déchets radioactifs, mais laissez-moi encore cinq minutes pour vous parler des dangers de la radioactivité. On lit tellement de choses sur le sujet ! »* On a vu que certains rayonnements pouvaient traverser papier ou métal ; c'est dire s'ils pénètrent le beurre que sont la peau et les organes humains ! Les radiations radioactives peuvent générer d'importantes lésions dans les cellules des tissus vivants qu'elles traversent, en y déposant leur énergie [1]. Brûlures, ruptures des brins d'ADN, mutations génétiques, perturbation des cycles cellulaires et mort des cellules : les dégâts peuvent être importants voire irréversibles.

La faculté à pénétrer le corps humain et à y induire des dommages dépend et du type et de l'énergie du rayonnement. Si les radiations alpha* sont bloquées par la peau (qu'elles pourront brûler), les particules bêta* peuvent affecter les organes superficiels (peau, œil). Les rayons lumineux (X et gamma*) peuvent, eux, atteindre tissus et organes internes. Chaque tissu résiste plus ou moins bien aux différentes formes de radioactivité : place au concept de « dose ».

---

1. Lumineuse (rayons gamma) ou cinétique (rayons alpha et bêta).

Encadré 5 – Doses radioactives

Pour quantifier l'exposition aux radiations, on utilise le concept de dose.

La quantité de rayonnements absorbés (ou « **dose absorbée** ») par un organisme ou un objet se mesure en **gray** (Gy, 1 gray = 1 joule par kilo de matière irradiée). Les effets biologiques du rayonnement sur un organisme dépendent de la nature du rayonnement et de celle des organes exposés ; ils se mesurent en sievert (Sv) ou ses sous-unités (1 Sv = 1 000 mSv) et correspondent à un « **équivalent de dose** ».

La dose moyenne de radiation naturelle absorbée par un individu est, en France de 2,33 mSv par an. Elle provient pour environ moitié de l'inhalation de gaz terrestres (1,26 mSv, due essentiellement au radon), pour un peu plus d'un sixième des rayonnements d'origine terrestre (0,41 mSv) et pour un autre sixième des rayonnements d'origine cosmique (0,36 mSv).

À cette dose d'origine naturelle, il faut ajouter une dose artificielle dont l'intensité en est d'environ la moitié (1,12 mSv en moyenne). 90 % de cette irradiation artificielle est d'origine médicale (rayons X surtout), et 10 % résulte des essais atomiques atmosphériques du passé.

Si les radiothérapies sont faites pour irradier et tuer des cellules (cancéreuses), ce n'est pas l'objectif des diagnostics médicaux dont certains sont néanmoins très irradiants. Cela impose aux médecins d'évaluer la plus-value que ces tests apportent au diagnostic en regard du risque qu'ils font subir au patient. Ainsi, une simple radio de bassin ou de hanche ajoute entre 12 et 30 % à la dose naturelle annuelle, une scintigraphie thyroïdienne expose en une fois à la moitié de la dose naturelle reçue en un an (1 mSv), et un scanner thoracique, à quatre fois cette valeur (8 mSv) !

Ces doses peuvent être comparées aux normes établies par la Commission internationale de protection radiologique (CIPR) qui recommande une exposition aux radiations artificielles inférieure à 1 mSv/an pour le public, et inférieure à 8 fois la dose annuelle naturelle (20 mSv/an) pour les techniciens du nucléaire dont un dosimètre suit en permanence l'exposition aux rayonnements ionisants.

Notons enfin qu'une forte dose reçue dans un laps de temps très court sera plus nocive que la même dose absorbée sur une période beaucoup plus longue.

Source : Radiation and your patient – a guide for medical practitioners,
CIPR 2002, cité par www.CEA.fr

Heureusement pour nous, la radioactivité naturelle est faible. Son intensité varie suivant la nature des sols et leur teneur en éléments radioactifs : dans certaines régions habitées du Brésil, de l'Inde ou d'Iran, les doses annuelles sont entre dix et vingt fois plus importantes qu'en France[1].

Les déchets de la filière nucléaire

Venons-en, enfin, aux réacteurs nucléaires et aux différents types de déchets que leur utilisation pour produire de l'électricité génère.

Un réacteur nucléaire « classique » brûle de l'uranium en y déclenchant des réactions de fission. L'uranium naturel se présente comme un mélange d'isotopes*, c'est-à-dire de deux formes d'atomes d'uranium aux propriétés radioactives différentes. On y trouve en moyenne 0,7 % d'uranium-235, et 99,3 % d'uranium-238. Le premier, très minoritaire, est fissile* : après absorption d'un neutron, son noyau se casse en plusieurs morceaux (produits de fission et quelques neutrons) et libère quelques 200 MeV* d'énergie[2]. C'est cette énergie qu'on souhaite récupérer dans un réacteur nucléaire. On n'y utilise donc en général pas de l'uranium naturel, mais des barres de combustible enrichis en uranium-235 (entre 3 et 5 %).

---

1. Faites attention, dans les régions granitiques, au radon. Ce gaz produit par la désintégration de l'uranium du sol est cancérigène. On peut s'en protéger facilement : renseignez-vous !
2. Voir chapitre 4 sur la fusion p. 96 pour l'explication du calcul de cette énergie.

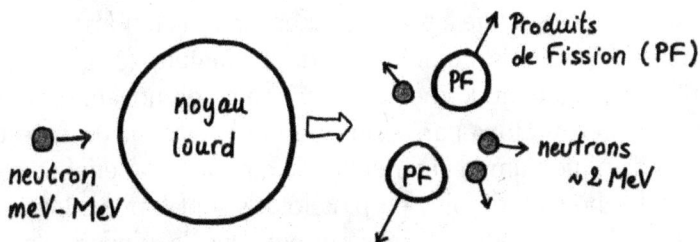

Après qu'un atome fissile a été coupé en plusieurs morceaux, ceux-ci poursuivent leur route à toute vitesse dans le réacteur. Mettez une foule de personnes dans une pièce courant dans tous les sens, et l'air de la pièce s'échauffera. C'est la même chose dans le cœur* du réacteur, qu'on maintient à une température acceptable en le baignant dans une cuve pleine d'eau. L'énergie des produits de fission est transmise à cette eau, qui va donc chauffer. C'est cette chaleur qui, évacuée de la cuve du réacteur, permettra de produire de l'électricité.

D'où viennent les déchets ? Ils forment deux tribus. La première regroupe les **produits de fission***. Nés d'un processus violent qui ne prend pas soin de leur donner des proportions harmonieuses, ils n'ont aucune raison d'être stables : la plupart d'entre eux sont très radioactifs.

La seconde tribu est faite de deux familles : les **actinides*** et les produits dits **activés***. Les neutrons émis lors de la fission d'un noyau se baladent à toute vitesse dans le réacteur jusqu'à casser un autre atome fissile, ou être absorbés par le milieu environnant : quand ils n'induisent pas de nouvelle fission, les neutrons finissent leur course dans un atome du combustible qui préfèrera ne pas fissionner (c'est ainsi que sont formés les actinides), ou bien dans des matériaux qu'ils activeront* (molécule du fluide évacuant la chaleur du cœur nucléaire ou élément des équipements structurels que sont par exemple les gaines de combustible et la cuve du réacteur).

« *Difficile d'éviter la formation de ces déchets* ». Le Dr Romero nous invite à nous pencher sur les actinides*. Ils sont produits à partir de l'uranium (surtout uranium-238). Celui-ci gonfle en absorbant des neutrons qui, dans son noyau, se transformeront en protons par désintégration bêta pour en faire un noyau de plutonium, d'américium, de curium... Par effet de cascade, des noyaux de plus en plus lourds sont formés. L'ennui, c'est qu'ils sont radioactifs, et surtout, que la plupart d'entre eux ont des demi-vies* très longues. La probabilité que plusieurs neutrons viennent taper le même noyau est faible et diminue avec le nombre de neutrons qu'on souhaite ajouter. Par conséquent, plus on monte dans l'échelle du nombre de masse* (239, 240, 241...), moins la proportion d'atomes produits est importante. Mais ces actinides* parfois qualifiés de transuraniens [1]* existent en volume suffisant pour se poser en problème des déchets radioactifs à vie longue.

« *N'allez pas croire cependant que les centrales nucléaires sont les seules à générer des déchets !* » Le Dr Romero nous rappelle brièvement ce que recouvre un terme aussi générique que « déchets nucléaires » : aux actinides et matériaux de structure irradiés des cœurs nucléaires s'ajoutent tant les déchets radioactifs industriels et médicaux que les résidus miniers, effluents de traitement et autres rebuts du cycle de combustible. De l'extraction minière au recyclage des combustibles usés, machines et produits chimiques sont en effet mobilisés pour extraire, transformer, enrichir et conditionner le matériau nucléaire (essentiellement uranium). Contaminés par des matières très radioactives, ils doivent être tenus à l'écart de la biosphère.

---

1. Les transuraniens sont les atomes de numéro atomique supérieur à celui de l'uranium (Z = 92). Les actinides, eux, sont les atomes dont le numéro atomique est compris entre 80 et 103 inclus. Certains actinides sont des transuraniens – mais pas tous (et vice et versa).

Notre interlocuteur s'éclaircit la voix, pour, finalement, entrer dans le vif du sujet. Ces déchets hétéroclites doivent être gérés de telle sorte qu'ils ne menacent ni l'environnement ni les hommes qui l'habitent. Il nous rappelle la classification française des déchets, dont l'Agence nationale pour la gestion des déchets radioactifs (ANDRA) avec laquelle il travaille publie régulièrement un inventaire.

Encadré 6 – Gestion des déchets radioactifs français

	Vie très courte demi-vie < 100 jours	Vie courte Demi-vie < 30 ans	Vie longue Demi-vie > 30 ans
Très faible activité (TFA)		Centre de stockage TFA à Morvilliers	
Faible activité (FA)	Gérés par décroissance	• Centre de stockage de l'Aube • Études en cours pour les déchets contenant du tritium	Études en cours pour les déchets graphites et les déchets radifères.
Moyenne activité (MA)			Études en cours (loi du 30 décembre 1991)
Haute activité (HA)		Études en cours (loi du 30 décembre 1991)	

Une fois connue la composition d'un échantillon, on utilise la demi-vie* des atomes radioactifs pour estimer l'évolution de leur activité* avec le temps. On évalue alors la période pendant laquelle il faudra se protéger de leurs rayonnements. S'il suffit de se mettre à l'abri des atomes radioactifs à vie courte et faible activité en les isolant correctement (containers métalliques dans d'épaisses structures en béton par exemple), la solution est moins évidente pour les radioéléments à vie longue. Non seulement ils restent potentiellement dangereux sur des échelles de temps qui dépassent celle de l'histoire humaine, mais, contrairement à certaines classes de produits chimiques toxiques qu'il suffit de faire réagir ou d'incinérer pour en être débarrassés, on ne sait pas les rendre inoffensifs.

Le Dr Romero nous rappelle que trois options ont pu être envisagées, en Espagne et ailleurs, pour gérer les déchets de haute activité à vie longue (HAVL), et plus particulièrement ceux du nucléaire :

- la **dilution** des déchets : comme l'activité – et donc la dangerosité – des éléments radioactifs dépend de leur concentration, il a pu être envisagé de les « diluer » dans les océans ; les conventions internationales sur les espaces marins s'opposent aujourd'hui à ces pratiques qui ont eu cours dans le passé, de même qu'elles protègent l'espace de toute tentative d'y vouloir larguer des matières radioactives [1].

- la **transmutation*** des actinides* : en les bombardant de neutrons qu'ils finiront bien par absorber, on cherche à induire dans les éléments incriminés des réactions nucléaires qui les transforment en atomes fissiles*. La fission de ceux-ci entraînera la création de noyaux radioactifs à demi-vie* plus faible, ce qui diviserait le volume du stockage ultime par un facteur significatif (entre 5 et 50 d'après notre interlocuteur).

- le **stockage géologique** : c'est la solution que semblent préférer les Espagnols. Par le **conditionnement** et le **confinement** souterrain des déchets, distance et boucliers de matière protègeraient la biosphère du rayonnement radioactif, et retarderaient suffisamment la diffusion des atomes radiotoxiques pour qu'ils se désintègrent avant d'atteindre la surface. Il s'agit en quelques sortes d'emprisonner les déchets jusqu'à ce qu'ils ne représentent plus de danger pour les organismes vivants, ou que le progrès techno-

---

1. Des études auraient par ailleurs montré l'absence de plus-value qu'apporterait le catapultage des déchets dans l'espace (voire jusqu'au soleil) : considérations éthiques mises à part, les probabilités d'échecs de lancement annulent tout potentiel bénéfice (« pluie radioactive » si explosion de la fusée avant sortie de l'atmosphère...).

logique offre un moyen de s'en débarrasser plus radicalement. Le stockage passif en couche géologique profonde stable et imperméable est la solution de référence de l'Agence internationale pour l'énergie atomique (AIEA) pour la gestion à long terme des déchets radioactifs.

Le Dr Romero souligne combien le choix d'une filière de gestion est sensible, et dépend de la politique énergétique des pays. Si, comme en Espagne, on n'envisage pas de poursuivre la production d'électricité nucléaire, on optera vraisemblablement pour une solution radicale : le stockage définitif et irréversible des combustibles usés*. Un pays qui choisira au contraire de poursuivre son programme nucléaire cherchera à réduire le volume de ses déchets, et à en extraire toutes les matières valorisables : il recyclera probablement son combustible, s'intéressera à la transmutation*, et réservera le stockage définitif aux produits de fission* extraits du combustible retraité.

Encadré 7 – Le recyclage des combustibles usés

Le combustible est composé, à son entrée dans le cœur du réacteur, d'entre 95 et 97 % d'uranium-238, et d'entre 3 et 5 % d'uranium-235 (U^{235}). Pendant le fonctionnement du réacteur, l'uranium-235 est consommé par les réactions de fission ; l'uranium-238 (U^{238}) capte certains des neutrons émis pendant ces réactions pour former actinides mineurs* et transuraniens*. À la sortie, on trouve donc un peu d'U^{235}, beaucoup d'U^{238}, des produits de fission* et des transuraniens* (plutonium et actinides mineurs).

En chiffres, cela donne pour 1 an de fonctionnement d'un réacteur à eau pressurisé de 1 GWe :

• en entrée : 200 tonnes de minerai d'uranium naturel (99,3 % U^{238} et 0,7 % U^{235}) qui permettent de fabriquer 27,3 tonnes d'uranium dit enrichi (le combustible « UOX » de l'anglais « uranium oxide » contient 3,5 % d'U^{235})

• en sortie : 26 tonnes d'uranium, 250 kg de plutonium, 950 kg de produits de fission et 20 kg d'actinides mineurs (neptunium, américium et curium).

Certains pays ont choisi d'utiliser le plutonium ainsi produit comme source d'énergie. Il est mélangé à de l'uranium dans des combustibles mixtes appelés MOX (« mixed oxides ») et brûlé dans des réacteurs nucléaires. Pour ce faire, il faut séparer, dans les combustibles UOX usés, le plutonium et l'uranium résiduels des produits de fission et des actinides mineurs (qui, eux, seront conditionnés dans des matrices de verre) : c'est **le retraitement**. Outre l'accroissement des ressources utilisables par les réacteurs, le retraitement a l'avantage de diminuer la quantité de combustibles usés à gérer, refroidir et stocker d'un facteur 7.

Quand les combustibles usés sont retraités, et même si les combustibles MOX usés ne sont, à ce jour, pas eux-mêmes recyclés, on par de **cycle fermé**. Quand les combustibles usés sont considérés comme des déchets non valorisables, on qualifie le cycle du combustible d'**ouvert**.

Comparaison des déchets ultimes générés par cycle ouvert et cycle fermé :

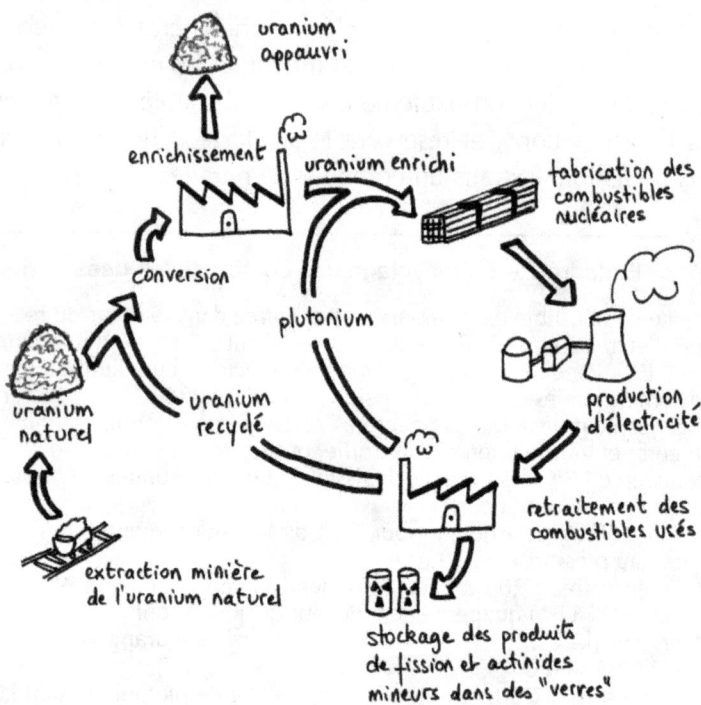

Cycle du combustion nucléaire

En France, c'est aux parlementaires de définir la façon dont seront stockés à long terme ces déchets. Le 30 décembre 1991, la loi dite Bataille a été votée. Elle donnait mandat aux centres de recherche d'évaluer la faisabilité, les avantages et inconvénients des trois options de gestion des déchets HAVL : le stockage intermédiaire en surface pour reprise et traitement ultérieur, la séparation puis transmutation [1], et le stockage profond avec différents degrés de réversibilité.

Une première évaluation des avancées faites par le Commissariat à l'énergie atomique (CEA – stockage intermédiaire), le Centre national pour la recherche scientifique (CNRS – transmutation) et l'ANDRA (stockage profond) a eu lieu en 2006, après qu'une Commission nationale pour le débat public a animé dans treize villes de France et sur internet un débat sur les déchets radioactifs (automne 2005). Constatant que les trois voies de gestion ne pouvaient qu'être complémentaires, le Parlement a décidé, en avril 2006, de poursuivre pendant une dizaine d'années les efforts de recherche sur la transmutation et le stockage géologique réversible en couche argileuse.

Un quart de siècle de recherche ? Même si le Dr Romero nous fait part du consensus international suivant lequel on pourrait réduire d'un facteur 100 les quantités de déchets transuraniens, la tâche est techniquement ardue. La transmutation n'est pas efficace dans les réacteurs actuels : la vitesse des neutrons n'y permettant pas la fission des actinides, il faut mettre au point des réacteurs qualifiés de « rapides » ou des systèmes à accélérateurs de particules. Ni la séparation des atomes radioactifs, ni la confection des cibles à irradier ne sont aisées [2]. Les sites

---

1. Seuls sont utiles à transmuter les radionucléides à vie très longue. Pour que leur transmutation soit efficace, il faut les soumettre à des spectres et des durées d'irradiation adaptés à leurs propriétés physiques (sections de capture et de fission). D'où la nécessité d'une séparation préalable.
2. Exemples de difficultés : similitudes des propriétés chimiques des produits de fission lanthanides et des actinides, tenue mécanique des cibles à l'irradiation.

qualifiables pour le stockage ultime sont une ressource difficilement extensible dont il faut optimiser l'utilisation et prévoir la
stratégie opératoire pour éviter d'en saturer inconsidérément le
potentiel. La modélisation de l'usure des conditionnements et la
diffusion des éléments radioactifs à vie longue hors du stockage
sur des millions d'années doit s'appuyer sur des hypothèses
conservatrices... La liste des incertitudes est longue, d'une longueur qui justifie les efforts consacrés à la réduire.

La gestion des déchets HAVL se pose aussi en termes
éthiques. Quel en est le coût acceptable ? Comment assurer la
sûreté des populations sur un million d'années ? Comment penser la mémoire du lieu de stockage, et doit-on l'entretenir ?
Quelle confiance accorder aux progrès de la science pour évaluer le poids du fardeau laissé aux générations futures ? Quelle
compensation pour les territoires qui accueilleraient les déchets
issus de la consommation électrique de leurs concitoyens ?

Enfin, toute évocation du sort des déchets HAVL mène à
des débats mixtes où s'invite la planification à long terme de
l'énergie nucléaire. Certains considèrent que les investissements
et la centralisation requis pour assurer l'opération en toute
sûreté des centrales nucléaires et du réseau électrique qu'elles
alimentent sont incompatibles avec le fonctionnement de la
démocratie. C'est la thèse que défend l'architecte urbaniste Jür-
gen Hartwig que nous avons rencontré à Fribourg, en Allemagne : « *Je vais vous sembler provocateur, mais je le pense
vraiment : le régime politique le plus à même de réduire les
risques nucléaires, c'est la dictature.* » Par opposition, la gestion
décentralisée de la production d'électricité reflète à ses yeux le
principe de gestion participative qu'il aimerait voir appliqué à
tout élément de la vie en société. S'il exagère, il faut convenir
que la filière nucléaire actuelle requiert main d'œuvre qualifiée
et réglementation tant indépendante que bien assurée. Peu de
pays disposent de cette combinaison gagnante, ce qui fait de
l'énergie nucléaire une énergie encore « réservée ».

D'autres estiment que l'existence de déchets électronu-cléaires hautement radioactifs entreposés au centre de retraite-ment de La Hague est, en France, une raison suffisante pour empêcher le déploiement de nouvelles tranches : pourquoi construire de nouveaux générateurs de déchets si on ne sait que faire de ceux qu'on a déjà sur les bras ? Le moratoire qu'ils appellent ne résoudrait, malheureusement, ni la question des déchets déjà produits, ni celle de l'approvisionnement électri-que à court et moyen terme. Aussi nous semble t-il essentiel de poursuivre les efforts d'innovation pour optimiser la filière existante sur des chemins susceptibles de réduire le volume de déchets générés par unité d'électricité produite[1], et d'avancer sur les voies aujourd'hui tracées pour éliminer le danger des stocks de déchets existants – ceci, afin de trouver une solution pérenne aux problèmes des déchets nucléaires.

---

1. Via, par exemple, l'amélioration du taux d'utilisation des combustibles. L'équipe américaine du professeur Kazimi [MIT] avance dans cette direction en proposant une nouvelle géométrie du combustible (annulaire) pour aug-menter le rendement d'utilisation de l'uranium.

4

Démystifions
la fusion !

Fusion magnétique ou fusion inertielle : qui l'emportera ? L'une et l'autre ambitionnent de récupérer l'extraordinaire énergie libérée par la fusion de noyaux légers. L'une et l'autre rencontrent sur leur route des difficultés technologiques si impressionnantes qu'ils sont nombreux à avoir abandonné l'espoir qu'elles produisent de l'électricité à échelle industrielle. L'une et l'autre, pourtant, enthousiasment la communauté des physiciens du noyau, eux qui espèrent bien atteindre le seuil de faisabilité scientifique dans les dix prochaines années et mettre au monde une source d'énergie inépuisable et propre. Trois rencontres, aux États-Unis, pour mieux comprendre de quoi il s'agit.

Projets :

• La fusion inertielle, université de Californie, Berkeley, Californie
• Fusion magnétique au MIT, Cambridge, Massachusetts
• Les mythes de la fusion, université de Californie, Berkeley, Californie

Introduction à la fusion

Un voyage vers le futur : voilà ce que nous proposaient les physiciens que nous partions rencontrer. Pour mieux suivre leurs exposés, il nous sembla utile de nous renseigner sur les concepts qu'ils nous présenteraient. Histoire, en somme, de ne pas donner l'impression de tomber de la Lune...

Répulsion électrostatique contre interaction forte

... de la Lune, ou plutôt, du Soleil. C'est en effet au cœur des étoiles qu'ont lieu les seules réactions de fusion naturelles. Là, sous l'effet de très hautes températures (dizaines de millions de degrés) et d'importantes densités (quelques centaines de fois celle de l'eau), les noyaux* atomiques fusionnent en dégageant d'importantes quantités d'énergie. Pourquoi cet appariement ne se fait-il spontanément que dans des conditions aussi extrêmes ?

Parce que les constituants des noyaux ont une fâcheuse tendance à se repousser. Si les neutrons* sont neutres et donc plutôt bonne pâte, la charge positive des protons* est un obstacle majeur à tout rapprochement, répulsion électrostatique de Coulomb oblige[1]. Ceci dit, que quelques neutrons soient présents pour jouer les médiateurs et que les nucléons* soient suffisamment proches les uns des autres, l'interaction nucléaire forte prendra le dessus pour assurer la cohésion de ce petit monde en un noyau plus ou moins stable. Autrement dit : s'ils sont éloignés, les protons se repoussent ; s'ils sont très proches et qu'on leur adjoint des neutrons en nombre suffisant, ils auront du mal à se lâcher.

---

1. Deux charges de même signe se repoussent, deux charges de signes opposés s'attirent. Les noyaux sont chargés positivement ; leur charge est égale à leur nombre de protons (puisque les neutrons sont neutres).

Encadré 1 – Forces et interactions fondamentales

Tous les phénomènes connus peuvent être expliqués à l'aide de **seulement quatre** forces fondamentales :
• la **gravitation**. Négligeable le plus souvent à l'échelle atomique, elle se manifeste avec des objets de masse importante ; elle explique la pesanteur, les marées, les trajectoires des astres.
• l'**interaction électromagnétique**. Elle est à l'œuvre dans l'électricité, la lumière ou les réactions chimiques. La force électrostatique de Coulomb en est une illustration.
• l'**interaction forte** assure la cohésion des noyaux atomiques.
• l'**interaction faible** explique la radioactivité bêta*.

Pour leur donner envie de faire partie du même noyau, « il suffit donc » de fournir aux protons suffisamment d'énergie pour qu'ils puissent traverser la « barrière » électrostatique. Celle-ci est proportionnelle au nombre de charges électriques en jeu. Quels sont les noyaux qui en ont le moins ? Les isotopes* de l'hydrogène : ils n'ont qu'un proton !

Énergie de liaison et énergie libérée par les réactions de fusion

Comment la fusion de deux noyaux qui auraient surmonté leur répulsion coulombienne pourrait-elle produire de l'énergie ? C'est ce qu'explique très simplement la relation d'équivalence entre la masse et l'énergie, le fameux E = mc d'Albert Einstein[1]. Que nous dit-il ? Qu'une masse peut être transformée en énergie, et vice-versa.

Or – le croiriez-vous ? On a découvert dans les années 20 que la masse d'un noyau n'est pas égale à la somme des masses individuelles des nucléons qui le constituent[2] ! Cette différence traduit les efforts que la vie en communauté demande aux

---

1. Simplification pour les corps au repos de la relation plus complète E = mc⁴ + pc, avec m la masse de la particule, c la célérité de la lumière dans le vide ($3{\times}10^8$ m/s) et p le produit de la masse par la vitesse de la particule.
2. S'ils ont des caractéristiques électriques très différentes (respectivement chargés positivement et sans charge), protons et neutrons ont des masses si

nucléons. Ceux-ci troquent un peu de leur masse contre le ciment énergétique qui les lie (merci Albert !). Par convention, on définit cette énergie de liaison E_L comme l'énergie qu'il faudrait fournir au noyau pour en dissocier totalement les nucléons.

Pour comparer l'attraction subie par un même nucléon au sein de différents noyaux, on calcule la valeur moyenne de l'énergie de liaison qu'il ressent (E_L/A). Plus elle est importante, plus l'attraction subie par chaque nucléon est forte, plus les nucléons sont heureux dans leur noyau et, donc, plus le noyau est stable. Elle est plus élevée dans les noyaux de masse moyenne, et plus faible pour les noyaux soit très légers, soit très lourds, dont les nucléons « tiennent moins les uns aux autres ».

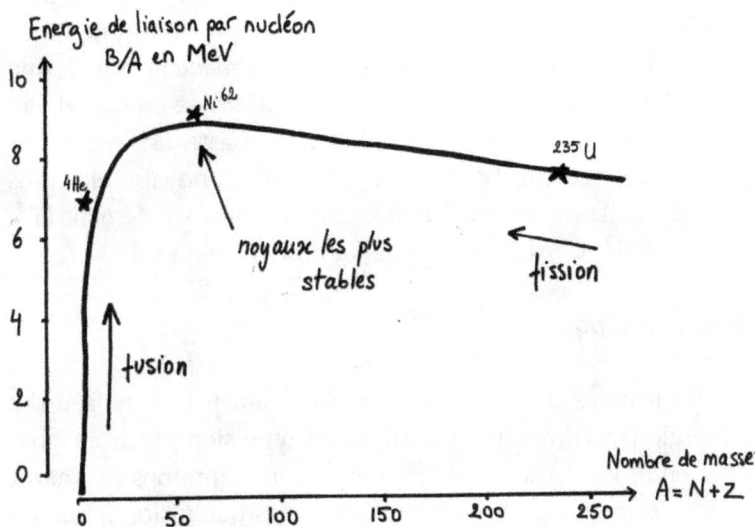

Les noyaux les mieux liés sont les noyaux de masse moyenne. C'est vers eux que tendraient tous les autres si des barrières physiques (comme la barrière électrostatique de Coulomb) ne les en empêchaient.

---

proches qu'elles définissent l'unité de masse atomique (le neutron est 0,1 % plus lourd que le proton). Alors que c'est Z (le nombre de protons, aussi appelé numéro atomique*) qui détermine la répulsion coulombienne, c'est A (la somme des nombres de protons et de neutrons aussi appelée nombre de masse*) le facteur clé qui importe dans l'étude de l'énergie de liaison.

Voyons comment les réactions nucléaires de fission et de fusion libèrent l'énergie des noyaux. Le schéma ci-dessus indique que dans les noyaux qui comptent plus de 62 nucléons, plus les nucléons sont nombreux, plus E_L/A est faible. Or, les nucléons n'aiment rien tant qu'une énergie de liaison élevée. Ils préféreront donc loger dans des noyaux de taille plus proche du maximum de stabilité ($A = 62$), où la valeur moyenne de l'énergie de fission qu'ils ressentent (E_L/A) est plus élevée : dans ce cas, la réaction de fission qui permettra de rapprocher le nombre de nucléons de celui des atomes les plus stables sera facilitée. La différence entre l'énergie de liaison totale du noyau d'origine (E_L) et celle des produits de sa fission (E_{L1} et E_{L2}) est l'énergie qu'il faudrait fournir pour que la réaction se fasse. Cette différence est négative, ce qui signifie que la réaction dégage de l'énergie[1]. Cette énergie est transférée aux produits de fission et neutrons issus de la fission, avant d'être évacuée du réacteur sous forme de chaleur. Cette chaleur, enfin, sera transformée en électricité.

Pour les noyaux dont le nombre de masse est inférieur à 62, le raisonnement s'inverse : c'est dans des noyaux plus gros que les nucléons seront plus heureux car plus solidement liés. C'est donc leur fusion qui dégagera de l'énergie.

Bilan énergétique

En résumé, 1. pour que fusion il y ait, il faut avoir assez d'énergie pour franchir la barrière de répulsion électromagnétique entre les noyaux chargés positivement (protons de charge positive et neutrons sans charge), et 2. dès que fusion il y a, on libère de l'énergie. Ce processus sera donc source nette d'éner-

---

1. Une autre façon de comprendre l'énergie de fission est de revenir à la définition de l'énergie de liaison comme énergie de « désolidarisation » des nucléons. Pour les déloger du noyau, il faudra fournir beaucoup plus d'énergie aux nucléons dans les noyaux des produits de fission (où E_L/A est plus élevée) que pour les sortir du noyau d'uranium-235. La différence entre ces deux quantités d'énergie est l'énergie libérée par la réaction de fission.

gie si on peut récupérer plus d'énergie dans la seconde étape qu'on n'en consomme dans la première.

Est-ce possible ? Prenons par exemple, et pas tout à fait par hasard[1], deux des plus petits noyaux qui existent : le deutérium* et le tritium*. La barrière coulombienne due à la répulsion entre les protons de ces isotopes* de l'hydrogène[2] est d'environ 0,01 MeV. Or, leur fusion en un noyau d'hélium-5 (qui devient rapidement hélium-4) libère au total 17,6 MeV[3]. C'est 1 760 fois plus d'énergie qu'il n'en était besoin pour franchir la barrière coulombienne – en récupérer un millième suffirait à obtenir un surplus d'énergie !

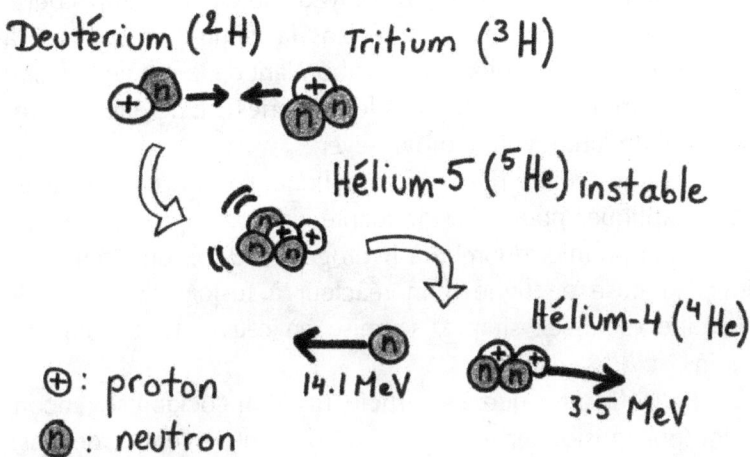

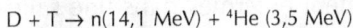

$$D + T \rightarrow n(14{,}1 \text{ MeV}) + {}^4\text{He} (3{,}5 \text{ MeV})$$
Avantage : l'hélium-4 n'est pas radioactif.
Le neutron issu de la fusion pourra être utilisé pour générer le tritium du combustible :
$n + {}^6\text{Li} \rightarrow T + {}^4\text{He}$ ou $n + {}^7\text{Li} \rightarrow T + {}^4\text{He} + n$.

---

1. Plusieurs réactions de fusion seraient possibles dans des réacteurs terrestres. La réaction deutérium-tritium (D-T) est la plus simple à obtenir.

2. Leurs noyaux ont tous la même charge (même nombre de protons Z), et ne diffèrent que par leur nombre de neutrons. En ce qui concerne les atomes : l'hydrogène H a un proton, un électron et aucun neutron (Z = 1, A = 1), le deutérium D a un proton, un électron et un neutron (Z = 1, A = 2), le tritium T a un proton, un électron et deux neutrons (Z = 1, A = 3).

3. 3,5 MeV d'énergie cinétique contenue dans l'atome d'hélium-4 et 14,1 MeV dans le neutron éjecté par l'hélium-5

La fusion rêvée des hommes, poème sur le critère de Lawson

17,6 MeV pour 5 nucléons ! Par unité de masse, c'est plusieurs fois l'énergie dégagée par les réactions de fission*, plusieurs millions de fois celle des réactions de combustion des hydrocarbures. Un potentiel d'autant plus extraordinaire que le produit de la fusion est un gaz inerte inoffensif (l'hélium), et que le « combustible » utilisé peut être considéré comme illimité à l'échelle de l'homme : le deutérium* est peu coûteux à isoler de l'eau de mer où il se trouve en abondance (40 mg par litre d'eau de mer[1] : on en aurait pour plusieurs milliards d'années d'utilisation !) et le tritium, un noyau radioactif à trop courte durée de vie pour être présent dans la nature, est fabriqué à partir du lithium, un élément très abondant de la croûte terrestre qu'on utilise par exemple dans les batteries[2]. Une énergie propre et abondante, voilà qui fait rêver !

Ceci ne semble pas bien compliqué. En tous cas pas assez pour expliquer pourquoi, cinquante-cinq ans après la détonation de la première bombe à hydrogène (1952), on attend toujours la mise en ligne d'un réacteur à fusion. En fait, si le principe est assez simple, sa mise en œuvre l'est beaucoup moins.

Pour s'assurer que les participants à un cocktail se rencontrent (pour fusionner, deux noyaux doivent se rentrer dedans), on peut soit les maintenir longuement enfermés dans une salle close (accroître le temps de confinement*), soit augmenter leur nombre sans changer la taille de la salle (accroître la densité).

On peut aussi décider de jouer sur l'ambiance. Un peu de musique, et l'atmosphère chauffe assez pour que les invités tombent la veste (ionisation des atomes qui se débarrassent de

---

1. En comparaison, il y a environ 35 g de sel par litre d'eau de mer.
2. Le lithium est abondant, mais beaucoup moins que le deutérium. Le mélange deutérium-tritium sera le combustible de la première génération de centrales à fusion. Il est envisagé d'ensuite passer au D-D, puis à des réactions ne produisant pas de neutrons.

leurs électrons* avec lesquels ils forment un nouvel état de la matière : le plasma*), que les déplacements augmentent et que la probabilité de rencontre s'accroisse (l'agitation des ions et électrons du plasma augmente avec la température).

En jouant sur densité, temps de confinement* et température, on pourra induire des collisions suffisamment violentes et nombreuses pour que l'énergie des réactions de fusion qu'elles entraîneront alimente une centrale électrique.

Le critère de Lawson établit que l'équilibre énergétique[1] des réactions de fusion sera atteint lorsque le produit du temps de confinement par la densité sera supérieur à un seuil qui dépend des réactants choisis. On peut donc jouer sur ces deux leviers :

— faible densité, température très élevée et temps de confinement relativement long : c'est la fusion thermonucléaire par **confinement magnétique**. Un mélange de deutérium* et tritium* est chauffé à plus de 100 millions de degrés dans la prison formée par de puissants champs magnétiques ;

— densité extrême, température élevée et temps de confinement très court : un « glaçon » de deutérium et de tritium est très fortement comprimé en un éclair, c'est la fusion thermonucléaire par **confinement inertiel**.

---

1. Énergie injectée dans le milieu égale à l'énergie dégagée par les réactions de fusion. Cela ne signifie pas que le réacteur à fusion est énergétiquement rentable car 1. l'énergie injectée par le milieu n'est pas égale à l'énergie qu'il a fallu dépenser pour la produire et 2. il reste encore à transformer l'énergie de fusion en électricité (rendements inférieurs – et parfois, très inférieurs – à 1).

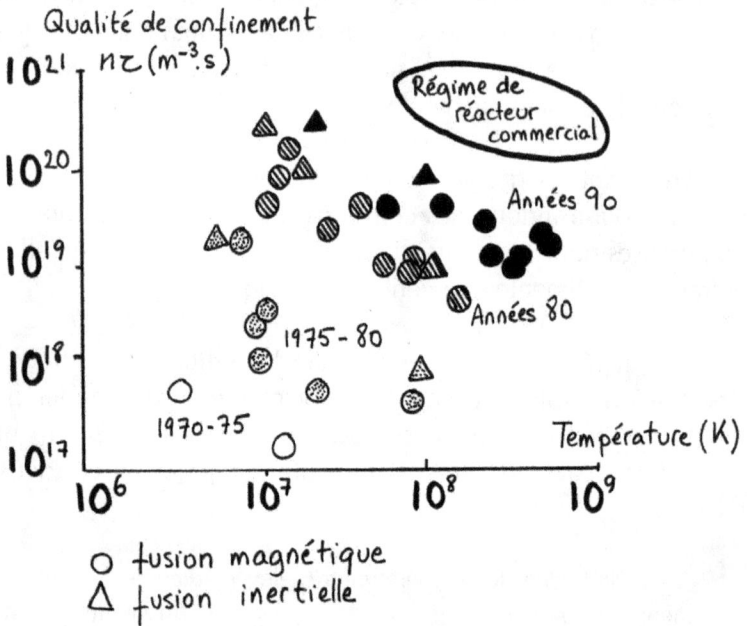

Qualité de confinement $n\tau\ (m^{-3}.s)$

Régime de réacteur commercial

Années 90

Années 80

1975-80

1970-75

Température (K)

○ fusion magnétique
△ fusion inertielle

La fusion inertielle

25 juillet, département de Génie nucléaire, université de Berkeley, Californie – « *Très bien, mais attention : c'est la version optimiste de la fusion inertielle que je vais vous présenter.* » En France, Christophe Debonnel est chercheur au Commissariat pour l'énergie atomique (CEA). Nous le croisons aux États-Unis : un heureux concours de circonstance, qui nous permet d'en savoir plus sur son thème de recherche.

Christophe travaille sur le confinement inertiel. Il s'essaie à nous l'expliquer simplement. « *Par où commencer ? Avez-vous déjà entendu parler de la fusion du deutérium et du tritium ?* » L'honneur est sauf, nous venions de réviser nos classiques !

L'idée est de les enfermer dans un glaçon sphérique, dont on sublime[1] la couche supérieure. La vapeur ainsi produite s'échappe de la bille. En réaction, celle-ci subit une force[2]. Cette force comprime la bille, entraînant une hausse de température si forte que les noyaux des atomes qu'elle contient fusionnent. Si la densité et la température sont suffisamment importantes, le taux de fusion sera suffisamment élevé pour consommer une bonne partie du combustible avant qu'il ne soit dispersé sous l'effet de l'énergie dégagée par sa fusion. Et voilà !

« Avez-vous une idée de la taille des installations requises pour mettre en œuvre ces belles idées ? » Christophe nous cite l'exemple de la fusion inertielle par faisceaux laser[3]. Pour une cible enfermée dans une cavité en or de quelques millimètres de long, la National Ignition Facility du laboratoire Lawrence Livermore dégaine 192 faisceaux lasers et quelque 5 milliards de dollars pour la construction d'une installation qui occupe la superficie de deux terrains de foot ! Dans la banlieue de Bordeaux, les 240 faisceaux du Laser Mégajoule (LMJ) se lanceront à partir de 2012 à l'assaut du même Everest.

Il est intéressant de noter que, pour l'instant, c'est l'armée qui avance l'essentiel des fonds consacrés à la fusion inertielle. La communauté scientifique, elle, rêve surtout d'applications civiles. Il faudrait que l'installation produise plus d'énergie qu'elle n'en consomme... ce qui est aujourd'hui loin d'être le cas.

---

1. Le passage de l'état solide à l'état gazeux sans passer par l'état liquide porte le nom de « sublimation ».

2. Lorsqu'on saute, on prend appui sur le sol ; lorsque la vapeur quitte la bille, elle « s'appuie » sur le glaçon (principe de l'action et de la réaction).

3. Pour vaporiser la surface du glaçon de D-T, on peut utiliser des méthodes directes (convergence de faisceaux lasers ou d'ions lourds sur la cible), ou des méthodes indirectes (la bille est placée dans une cavité qui joue le rôle d'un « four à rayons X » alimentée par des faisceaux laser, d'ions lourds ou une méthode dite de striction magnétique axiale (Z-pinch*).

Encadré 2 – Quels rendements pour aujourd'hui et demain ?

Pour que la fusion d'un noyau de deutérium et d'un noyau de tritium ait lieu à la National Ignition Facility (NIF), l'énergie passe par de multiples transformations :
- conversion de l'alimentation électrique des lasers en lumière infra-rouge (IR)
- conversion du rayonnement IR des lasers (4 MJ)[1] en rayonnement UV (1,8 MJ)
- élévation de la température de la cavité (dans laquelle est placée la bille de deutérium et de tritium)
- émission de rayons X par la cavité, qui vont servir à comprimer la capsule de combustible.

Le rendement global est faible. NIF espère atteindre en 2010 le point où la fusion dégagera plus d'énergie que celle produite par les lasers. Si les 20 MJ obtenus par la fusion de la cible représentent 11 fois l'énergie finale déposée dans la cavité (près de 1,8 MJ), ils ne sont qu'une faible portion de l'énergie dépensée pour faire fonctionner les lasers.

« *La route est encore longue avant de produire de l'électricité de façon continue* », nous confie Christophe. Faire tourner une centrale à fusion d'1 GW imposerait de pouvoir tirer près de 10 billes par seconde. Sur le site d'expérimentation du NIF, on espère en tirer une par jour... c'est qu'il en faut du temps pour charger les capacités des lasers ! Il reste aussi à mettre au point l'ingénierie de la centrale : le système chargé de récupérer l'énergie des neutrons émis lors de la fusion, la conversion en électricité, la logistique ayant trait à la production de masse de cibles de combustible à un rythme permettant leur utilisation en quasi-continu dans la chambre... Christophe estime que les résultats que pourraient obtenir le NIF et le LMJ donneraient une avance de dix ans à la fusion inertielle sur la fusion magnétique. Il nous avait prévenues : c'est un optimiste !

---

1. 1 MJ = 1 million de joules. L'énergie étant déposée pendant un temps très court (milliardièmes de seconde) sur la cible, la puissance correspondante est de plusieurs centaines de milliers de milliards de watts. Si elle devait être fournie par le réseau électrique en continu, il faudrait plusieurs centaines de milliers de réacteurs d'1 GW électrique pour alimenter ces lasers.

La fusion thermonucléaire à confinement magnétique

10 juillet – Rencontre avec un autre de ces jeunes ingénieurs français partis compléter leur formation aux États-Unis :
Antoine prépare une thèse de doctorat au Massachusetts Institute of Technology (MIT). Il nous présente une deuxième façon
de contenir les noyaux qu'on cherche à fusionner : le confinement magnétique.

Encadré 3 – Rappel : les trois méthodes de confinement

Le **confinement gravitationnel** : la gravité permet d'assurer la
cohésion des étoiles dans lesquelles ont lieu les réactions de fusion.

Le **confinement inertiel** : ce nom donné par homologie avec ceux
des confinements gravitationnel et magnétique est trompeur car la
fusion inertielle n'assure aucun confinement actif de la matière à
fusionner. Le NIF et le Laser Mégajoule apportent simplement de
l'énergie pour mettre en condition les micro-billes de combustible.

Le **confinement magnétique :** il est assuré par des champs magnétiques qu'on vous laisse découvrir...

De quoi s'agit-il ? De créer des lignes de champs magnétiques que ne pourront pas franchir les particules chauffées aux
centaines de millions de degrés nécessaires pour que fusion se
fasse.

À ces températures, les atomes changent d'état. Ni liquide,
ni gaz, ni solide, ils deviennent plasma*, un état de la matière
constitué non plus d'atomes*, mais de particules chargées (ions
et électrons). Chargées, elles sont donc sensibles aux champs
magnétiques. Qu'on donne à ces derniers la forme d'une cage,
et le plasma n'en saura sortir.

*« Ce n'est pas tout d'emprisonner le plasma, il faut encore
le chauffer pour surmonter la barrière coulombienne »*, nous
rappelle Antoine. Il nous indique que des différentes méthodes
envisagées pour chauffer le plasma, la plus prometteuse utilise
des ondes électromagnétiques dont les fréquences entreraient

en résonance avec celles du plasma. Un « four à ondes pas micro »[1] en somme : au lieu d'agiter les molécules d'eau des aliments pour les chauffer grâce aux ondes micrométriques, on veut exciter un milieu qui résonne à des énergies beaucoup plus élevées.

« *Au fait, connaissez-vous l'histoire de la fusion ?* » Ça ne date pas d'hier : observée la première fois en 1932 par Mark Oliphant, elle était déjà dans l'air pendant le projet Manhattan[2]. Les premières expériences cherchaient à confiner l'énergie des particules à fusionner dans un tube. Comme il était ouvert à ses deux extrémités, l'énergie s'en échappait très facilement. On eut donc l'idée de refermer le tube sur lui-même pour en faire un anneau creux, ou plus précisément, un tore. La première chambre toroïdale avec enroulement magnétique fut mise au point dans les années 50 en Union soviétique : *toroidal'naya kamera s magnitnymi katushkami,* avec l'accent russe, ça donne tokamak !

Dans la vingtaine de gros tokamaks qui ont été construits depuis les années 70[3], un mélange gazeux d'isotopes d'hydrogène est confiné grâce à la double action d'un champ magnétique produit par des bobines et d'un courant induit dans le plasma.

Les stellarators* ont gardé l'idée d'un tube fermé, mais ont une géométrie plus alambiquée pour produire des lignes de champ de forme différente. Antoine s'anime à leur évocation : « *La stabilité de leurs plasmas leur permet de fonctionner plus facilement en continu que les tokamaks.* » En revanche, leur forme très particulière complexifie (entre autres) la fabrication

---

1. Pour fabriquer ces ondes électromagnétiques, on peut utiliser un « gyrotron », tube dans lequel circulent des électrons accélérés par un champ magnétique de très forte intensité.
2. Nom de code du projet américain qui réunit en 1942 la crème des physiciens nucléaires pour mettre au point la première bombe atomique.
3. Dont JET (Joint European Torus, en opération en Angleterre depuis 1983) ou Tore Supra (à Cadarache en Provence, en opération depuis 1988).

des bobines aimantées, le système de récupération de l'énergie plasmatique et la modélisation qui permet d'interpréter et de prévoir les phénomènes physiques qui y ont cours [1].

Encadré 4 – Tokamak et ITER : une histoire liée

Les tokamaks ont jusqu'à présent obtenu des résultats plus encourageants que les stellarators. C'est donc leur géométrie qui a été retenue pour le réacteur thermonucléaire expérimental international ITER, que soutiennent l'Union européenne, le Japon, la Russie, la Chine, la Corée du Sud, les États-Unis et, depuis peu l'Inde. Ces parties se sont mises d'accord en novembre 2006 pour financer les 10 milliards d'euros que coûteront les dix années de construction et vingt années d'opération de ce démonstrateur qui sera basé à Cadarache, en Provence. Les premières expériences devraient commencer en 2016. Elles auront pour objectif d'établir des décharges longues de 15 minutes et de produire 10 fois plus d'énergie qu'il n'en sera fourni au plasma.

Ce projet cherche à répondre à de nombreuses questions. Il s'agit entre autres :
• de mettre au point des murs capables d'encaisser l'énergie des neutrons éjectés lors des réactions de fusion et de la convertir en énergie récupérable,
• d'assurer le refroidissement à -263 °C des aimants supraconducteurs chargés d'assurer le confinement d'un plasma lui-même chauffé à 175 millions de degrés,
• de comprendre les mécanismes de diffusion de l'énergie qui, contrairement aux particules, peut s'échapper du champ magnétique,
• de parvenir à modéliser le temps de confinement...

Retour au MIT, et au tokamak « de travail » d'Antoine. Alcator n'est pas bien grand [2], mais il détient le record mondial de pression de plasma et d'intensité de champ magnétique. On y a en effet mesuré une pression d'environ deux atmosphères.

---

1. Rien de plus aguichant pour un chercheur qu'un problème à résoudre ; ces difficultés motivent d'importants efforts de recherche, notamment à l'institut Max Planck pour le physique des plasmas (Allemagne). Le Wendelstein 7-X y est en cours de construction. Il est prévu qu'il puisse soutenir, à partir de 2012, des décharges allant jusqu'à 30 minutes. Cela permettrait de démontrer qu'une machine à fusion peut marcher en continu.
2. Son rayon intérieur est de 30 cm ; par comparaison, celui du tokamak d'ITER mesurera 1,5 m.

« *Il suffirait de maintenir cette pression record pendant une seconde*[1] *pour atteindre le breakeven* !* » s'enthousiasme Blandine. Mais une seconde, c'est un siècle pour nos expérimentateurs : le temps de confinement* obtenu à Alcator est seulement de l'ordre de la milliseconde... et ce n'est pas faute d'y mettre les moyens. Alcator mobilise, pour maintenir un champ magnétique d'intensité égale à cinq fois celui de la Terre pendant chacune de ses courtes décharges, 100 MW de puissance électrique (pendant 3 secondes). Elle coûte aussi 30 millions de dollars par an. À quelle fin ?

Nous restons admiratives de la patience de ces deux jeunes gens. Si leurs travaux font l'objet d'une application industrielle, ce ne sera probablement pas avant trente ans. Comme les membres du Groupe d'experts intergouvernemental sur l'évolution du climat, peut-être eux auront-ils collectivement droit à un prix Nobel de la Paix, pour avoir travaillé à l'avènement d'une source d'énergie prolifique et propre ? En attendant, il nous reste quelques questions sur la fusion et ses mystères. Le professeur Morse que nous vous proposons de rencontrer nous servit une leçon si peu orthodoxe qu'on aurait bien prolongé notre courte visite à Berkeley !

Les mythes de la fusion

25 juillet – Toutes à notre discussion avec Christophe, nous avions oublié qu'Edward Morse nous attendait. C'est un drôle de personnage en chemise hawaïenne qui nous reçoit, pas très content d'avoir attendu ses deux visiteuses alors qu'il a descendu en courant les collines où il habite pour les recevoir. Une vieille casquette beige, un pantalon clair et des baskets blanches

---

1. Dans les conditions de l'expérience, et en notant le temps de confinement, et P la pression, le critère de Lawson présenté p. 102 peut s'écrire P * > 1,8 atm.s. Vous pouvez voir l'une de ces décharges en vidéo dans la partie consacrée à ce livre sur le site www.promethee-energie.org.

complètent l'attirail de ce pédagogue particulier aux intuitions scientifiques de surdoué. On nous avait prévenues, notre interlocuteur n'a rien de très classique : après une licence en génie électronique et une thèse en génie nucléaire, il devint à vingt-deux ans le professeur le plus jeune jamais embauché au département de génie nucléaire de Berkeley.

Après quelques remarques d'introduction sèches et bien senties pour nous faire comprendre que notre retard l'a incommodé, la francophilie de ce quinquagénaire jovial prend le dessus sur sa mauvaise humeur passagère. Tout à sa passion, il illustre ses explications de schémas griffonnés à la craie, de blagues de tout acabit et de quelques propos cyniques conclus de rires sonores sur le fait que se permettre une opinion sur les moyens de production énergétique est aussi utile que d'en avoir une sur l'air ou sur le Soleil.

Le Soleil, parlons-en du Soleil ! « *C'est comme le gouvernement fédéral : ce qui lui manque d'efficacité, il le gagne en taille. Heureusement qu'on a trouvé mieux pour jouer à la fusion sur Terre.* » Quand des noyaux* de deutérium* et de tritium* se rencontrent, ils ont une probabilité 100 fois plus élevée de fusionner que lorsque deux protons* se serrent la main dans les étoiles. « *Le problème*, poursuit Ed Morse, le spécialiste de la détection des matières radioactives, *c'est qu'on n'a pas de tritium* », mais on peut en produire par transmutation* du lithium-6. Le seul sous-produit, c'est l'hélium, un gaz inerte et sans danger « *Not a problem !* ».

**Encadré 5 – Au cœur des étoiles : la fusion
des atomes d'hydrogène**

La principale réaction de fusion dans les étoiles (dont le Soleil)
est la réaction p-p entre noyaux d'atomes d'hydrogène (chacun constitué d'un seul proton p) pour produire de l'hélium. Elle est initiée par
une réaction mettant en jeu quatre noyaux.

La probabilité que quatre noyaux se rencontrent est très faible.
C'est sans conséquence dans les étoiles (elles compensent par un
temps de confinement très élevé), mais pas dans les expériences sur
Terre. À ce titre, dire que les réacteurs à fusion visent à domestiquer
l'énergie des étoiles est inexact. Fusion il y a bien, mais les réactions
sont différentes (fusions hydrogène-hydrogène dans les étoiles, deutérium-tritium dans les premiers réacteurs).

Autre différence notoire : la densité de puissance. Au centre du
Soleil, là où la température avoisine les 15 millions de degrés et la
densité de matière est 15 fois plus élevée que celle du plomb, l'énergie
dégagée par les réactions de fusion n'est que de 276,5 W/m^3. C'est à
peine le quart de la chaleur que rayonne un être humain au repos [1].
Difficile d'imaginer produire de l'électricité ainsi !

Seul déchet ? En fait, pas vraiment. Qu'un neutron aille à
la rencontre des matériaux de structure de la chambre de fusion,
et ce sont les ennuis qui commencent. L'absorption des neutrons
par les noyaux* de certains atomes* de ces matériaux peut
entraîner la création d'atomes radioactifs, et fragiliser les parois
soumises à irradiation. Ainsi, par exemple, de l'acier. L'acier
inoxydable ordinaire contient 40 % de nickel. Or, que le nickel-
60 absorbe un neutron rapide, et zou, c'est du cobalt-60 qui
vous tombe sur les bras après émission d'un proton. Le cobalt-
60, « my God », c'est pas de la tarte : sa désintégration bêta* va
être suivie par l'émission par ses fils radioactifs de deux rayons
gamma* pas sympas ; pas aussi vilain que certains produits de
fission de l'uranium, mais pas gentil du tout. D'autant qu'il a
une demi-vie* très embêtante : ni suffisamment courte pour qu'il

---

1. Les êtres humains rayonnent environ 100 W de chaleur au repos. En
les modélisant par un parallélépipède d'1 m 75 de haut, de 50 cm de large
et de 10 cm de profondeur (soit un volume de 0,0875 m^3), on obtient une
densité de puissance de 1 140 W/m^3.

suffise d'attendre qu'il crache son trop plein d'énergie, ni suffisamment longue pour qu'on le gère au même titre que les déchets électronucléaires à vie longue, *« cinq ans, c'est la plaie ! »*. Aux produits d'activation*, n'oublions pas d'ajouter le tritium. Ce gaz radioactif a une demi-vie de douze ans. Il est potentiellement très dangereux : puisqu'il a les mêmes propriétés chimiques que l'hydrogène, il s'y substituera où il voudra – et notamment dans l'eau, composant essentiel des êtres vivants. Acier et béton[1] où diffuse le tritium, ça fait un paquet de déchets volumineux, qu'il faudra apprendre à gérer.

Là-dessus, Ed passe à la fusion inertielle par laser. Il n'est pas tendre : *« Il est tout à fait crétin d'envisager que ce système devienne un jour une source d'électricité. »* Raison ? La chaîne énergétique de conversion de l'alimentation électrique des lasers actuels en énergie dégagée par la fusion ayant un rendement de 1 % (r1) et les systèmes de conversion de la chaleur en électricité des rendements de l'ordre d'un tiers (r2), il faudrait que les réactions de fusion génèrent 1 / (r1 x r2) = 300 fois plus d'énergie que celle qui y est injectée pour que le système soit rentable. Et ça, on n'est pas près de l'obtenir ! Faudrait améliorer le rendement de la conversion de l'énergie de fusion en électricité, privilégier l'attaque directe et utiliser un autre vecteur d'énergie au rendement plus élevé, les ions lourds accélérés par exemple...

Ce touche-à-tout est un scientifique très curieux. Son franc-parler, la facilité avec laquelle il vous met en situation de comprendre les équations de la mécanique quantique, la modestie avec laquelle il refuse de se prononcer sur des sujets qu'il connaît peu, l'aisance avec laquelle il distille l'essence des questions nucléaires et la formidable reconnaissance profession-

---

1. Ces considérations soulignent l'importance du développement de matériaux nouveaux, qui résisteraient structurellement au bombardement par d'importants flux de neutrons et seraient moins sensibles à l'activation.

nelle qu'il a acquise malgré ses drôles de manières en font un interlocuteur précieux. Blandine le lance sur la fusion froide.

Alors que des efforts massifs sont aujourd'hui consacrés à faire atteindre au combustible de la fusion des températures dépassant la centaine de millions de degrés, certains prétendent avoir observé des réactions de fusion à température ambiante dans des solutions d'eau lourde[1] soumises à une différence de potentiel exercée entre deux électrodes.

Le professeur Morse s'est rassis. Il cligne un peu des yeux, plisse les paupières comme pour évaluer notre degré de crédulité dans ce qu'il démontrera n'être pas même vraisemblable, et se lance. En 1989, Stanley Pons et Martin Fleischmann, deux chimistes reconnus de l'université d'Utah, font paraître un rapport selon lequel ils auraient mesuré un excédent de chaleur dans une solution d'eau lourde dopée aux sels de lithium et soumise à une tension. Ils attribuent cette émission de chaleur à l'existence de réactions de fusion. « *Why not ?* » se dit le professeur Morse. À l'époque, CNN ayant pris contact avec lui pour qu'il commente la découverte, Ed se renseigne – et conclut avoir affaire à un excellent exemple de « science pathologique » : le surplus de chaleur mesuré ne correspondait qu'à 0,1 % du bilan thermique de l'expérience et aucun des deux chimistes n'était formé à la détection radioactive, un exercice pas si évident pour qui n'en fait pas son quotidien. Bref, la fusion froide, ça ne marche pas.

---

1. Où certains atomes d'hydrogène sont remplacés par du deutérium (D).

Encadré 6 – Science pathologique ?

Le célèbre chimiste Irving Langmuir (Prix Nobel en 1932) inventa ce concept pour décrire le processus selon lequel un chercheur bien intentionné en vient à s'écarter d'une méthode rigoureuse pour projeter ses désirs sur les résultats de sa recherche, qui, s'ils n'en sont pas faussés, ont de très bonnes chances d'être mal interprétés.

Parmi les signaux de la « science pathologique », on compte :
• effets rapportés à des causes à peine mesurables ;
• effets reconnus comme difficiles à détecter, ou de fréquence non significative ;
• prétention à une très grande précision de mesure ;
• explications offertes via des théories ad hoc ;
• évolution du rapport du nombre de supporters sur le nombre de critiques qui passe par un maximum avant de se stabiliser à un niveau presque nul.

Sur sa lancée, Ed démonte, « *tant qu'on y est !* », les prétentions de la sonoluminescence à être expliquée par des réactions de fusion. En quoi consiste cette hypothèse avancée en 2002 ? Quand une hélice tourne trop vite dans l'eau, la pression de l'eau diminue et des bulles apparaissent. Elles s'effondrent rapidement sur elles-mêmes en produisant d'importantes températures et pressions dont certains ont pu penser qu'elles suffiraient à induire des réactions de fusion. D'ailleurs, des scintillements lumineux apparaissent dans ces bulles, preuve qu'il s'y trouve de l'énergie. Énergie dont l'intensité mesurée est de l'ordre de l'électron-volt. C'est certes environ 40 fois plus que l'énergie du milieu au repos, mais c'est un million de fois moins que l'énergie dégagée par une réaction de fusion. La fusion ne peut donc pas expliquer ces éclairs lumineux.

Ces balivernes mises à part, il nous reste à nous concentrer sur l'essentiel et mettre au point une technologie efficace, conclut Ed. La fusion est potentiellement très attrayante : son combustible peut être considéré comme illimité, les risques d'emballement accidentel des réactions sont nuls car la quantité de combustible présente dans le cœur du réacteur est trop faible, et les déchets, quoique volumineux, seront à gérer pendant des temps beaucoup plus courts que ceux de la fission. Néanmoins, son développement requiert des investissements très importants à étaler sur de longues périodes de temps. Combien sommes nous prêts à payer dans l'espoir d'atteindre des gains énergétiques infinis, et sachant que les ressources mobilisables à un temps donné, elles, ne le sont pas ?

Éclairage sur...

... uranium ou thorium ?

Projets :

• Séminaire de Physique discutant la faisabilité d'un réacteur sous-critique au thorium, université de Bergen (Norvège)
• Visite du Pebble Bed Modular Reactor (PBMR) de l'université de Tsinghua, Pékin (Chine)

Fonctionnement d'une centrale nucléaire

Le principe de fonctionnement des centrales nucléaires est semblable à celui des centrales thermiques classiques (voir encadré 3 p. 64). Seul varie le mode de production de la chaleur, dégagée, ici, par les réactions de **fission***.

Frappé par un neutron* (l'un des constituants élémentaires des atomes), un noyau* fissile* (uranium-235, plutonium-239 et uranium-233 notamment) a la capacité de se scinder en deux. Lorsqu'elle a lieu, cette fission dégage beaucoup d'énergie, et suffisamment de neutrons pour que ceux-ci participent à une chaîne de réactions nucléaires au cours de laquelle de nouveaux noyaux d'uranium seront scindés.

Les neutrons* éjectés par le processus de fission doivent être ralentis pour augmenter leur capacité à induire à leur tour la fission d'un noyau. C'est le rôle des modérateurs (eau, graphite) de les freiner. Pour éviter que la réaction en chaîne ne s'emballe, on utilise des absorbeurs de neutrons (bore, cadmium) sous forme de « barres de contrôle » ou d'additifs à l'eau qui baigne la plupart des réacteurs.

Lors de leur fission, l'énergie de liaison[1] des noyaux fissiles* est libérée. Elle est transférée aux produits de fission*. Enfermés dans les barreaux de combustible, ceux-ci transmettent, à leur tour et par conduction thermique, l'énergie qu'ils évacuent en se stabilisant au caloporteur qui refroidit le cœur nucléaire (eau, gaz ou métal fondu). Transformée en chaleur, elle sera convoyée à l'extérieur du réacteur pour produire, dans un circuit fermé évitant toute contamination radioactive, la vapeur qui permettra d'entraîner des turbines génératrices d'électricité.

Éléments de compréhension globaux

L'énergie nucléaire offre les avantages d'une énergie abondante, dense, faible émettrice de gaz à effet de serre, et peu coûteuse malgré des investissements initiaux très importants[2].

Le cycle électronucléaire de l'uranium doit néanmoins assurer :

— la sûreté des installations (nécessité de disposer d'une main d'œuvre qualifiée et d'organismes de contrôle efficaces) ;

— la gestion des déchets hautement radioactifs et à vie longue aujourd'hui stockés dans des installations de surface[3] ;

— le non détournement du nucléaire civil à des fins militaires (prolifération nucléaire).

Quelques pistes d'amélioration

La filière nucléaire classique utilise essentiellement l'uranium-235, isotope* qui ne représente que 0,7 % de l'uranium naturel (les 99,3 % restants sont de l'uranium-238).

---

1. Voir chapitre 4, p. 96.
2. Émissions de gaz à effet de serre limités à la construction des centrales (acier et béton) et à la fabrication et au retraitement du combustible.
Investissements de construction lourds mais à amortir sur la très longue durée de vie des centrales.
3. Voir chapitre 3, p. 75.

Des progrès importants pourraient lui être apportés par :
— l'amélioration des rendements de conversion de la chaleur en électricité : plus d'énergie pour moins de déchets ;
— l'utilisation plus complète des ressources : être capable de « brûler » l'uranium-238, non fissile* mais fertile* (réacteurs dits à neutrons rapides) ;
— la réduction des stocks de plutonium militaire (à « brûler »).

Certains pensent que, pour faire voir le jour à une technologie nucléaire sûre, diffusable, non-proliférante et durable, il faudrait changer de paradigme et s'intéresser à un nouveau cycle du combustible : celui du thorium.

Avantages d'un amplificateur d'énergie au thorium

À Bergen, Egil Lillestøl milite pour la création d'un prototype qui « brûlerait » du thorium dans un réacteur sous-critique. Si ce n'est pas la seule façon d'utiliser ce métal lourd, les **avantages théoriques** de cet « amplificateur d'énergie » sont multiples :
— le thorium est plus disponible que l'uranium dans la croûte terrestre ;
— le réacteur pourrait être très sûr. Le thorium-232 n'est pas fissile*, il est fertile* ; il doit donc capter un neutron avant de pouvoir fissionner. Dans le réacteur, les neutrons seraient utilisés tant pour activer* le thorium (le transformer en uranium-233 fissile*) que pour provoquer les réactions de fission (de l'uranium-233). Le besoin en neutrons étant plus important que la capacité des réactions de fission à y répondre, la chaîne des réactions de fission ne pourra être auto-entretenue. Les neutrons manquants seraient apportés par une source extérieure. Elle aurait l'avantage de pouvoir servir d'« interrupteur externe » : plus d'emballement possible du réacteur !

— le numéro atomique* du thorium (90) étant plus bas que celui de l'uranium (92), la probabilité de former des transuraniens* serait très faible et la génération de déchets réduite. Il serait notamment plus difficile de produire du plutonium-239, matière première des bombes nucléaires [1].

Éléments de compréhension propres au projet

Dans les années 70, un chercheur au laboratoire américain de Los Alamos imagina le concept de réacteur sous-critique au thorium. Reprise en 1995 par le prix Nobel de physique Carlo Rubbia, l'idée de Charles Bowman est aujourd'hui portée par Egil Lillestøl. Il milite en Norvège pour la réalisation du projet PEACE (Prototype of Energy Amplifier for Clean Energy).

Celui-ci viserait à démontrer la possibilité d'intégrer les trois sous-systèmes nécessaires à l'entretien de la réaction nucléaire :
— la source extérieure de neutrons : une « source de spallation » en plomb, qui, sous un feu de protons, se débarrasserait de ses neutrons ;
— la source de protons : un accélérateur à protons (cyclotron), qui ferait office d'interrupteur externe du réacteur ;
— le réacteur sous-critique refroidi à l'eutectique plomb-bismuth, une technologie déjà expérimentée en cycle uranium.

Le professeur Lillestøl espère mobiliser suffisamment d'acteurs politiques, économiques et scientifiques pour que ce prototype soit construit et étudié dans le cadre d'un consortium international semblable a celui qui a donné le jour à ITER [2].

---

1. Remarquons que l'uranium-233 (produit à partir du thorium-232) peut, lui aussi, être utilisé pour fabriquer des armes atomiques.
2. Voir chapitre 4, encadré 4, p. 109.

Qu'en penser aujourd'hui ?

Développer une nouvelle filière nucléaire requiert des investissements considérables, nettement plus importants que ceux qui ont permis l'avènement de la filière uranium à une époque où les normes de sûreté et de protection de l'environnement étaient moins contraignantes et toléraient des méthodes et pollutions aujourd'hui inadmisibles (c'est heureux !). Seuls des pays soucieux de leur approvisionnement en uranium (l'Inde) ou désireux de vendre des ressources qu'ils ont abondantes (Norvège) pourraient être intéressés par ces coûteuses études.

Propres au projet PEACE, les difficultés rencontrées dans les années 90 par les chercheurs qui souhaitaient concevoir un accélérateur de protons pour transmuter les déchets restent un obstacle majeur à la faisabilité du couplage réacteur-accélérateur.

Quelle solution privilégier entre « l'amélioration de centrales à uranium tirant parti d'investissements consentis dans le passé » et « l'invention de nouvelles centrales au thorium » ? Les incertitudes de développement et le coût de la seconde feraient pragmatiquement pencher pour la première.

Pistes d'avenir...

En 2000, pour réduire la charge financière supportée par les pays intéressés par l'amélioration des technologies uranium, le Department of Energy américain a lancé le Forum Génération IV, une plateforme d'échanges et de coopération internationale sur les technologies nucléaires du futur. Aujourd'hui, 13 entités y participent : 2 pays observateurs (Argentine et Brésil), 9 pays membres actifs (Afrique du Sud, Canada, Corée du Sud, États-Unis, France, Japon, Suisse, ainsi que la Chine et la Russie entrées fin 2006) et Euratom.

En 2002, une première étude d'orientation technologique *(Technology Roadmap)* publiée par le Forum Génération IV sélectionnait six systèmes nucléaires jugés réalistes, « *porteurs d'avancées notables en matière de compétitivité économique, de sûreté, de réduction des déchets radioactifs à vie longue, d'économie des ressources en uranium, ainsi que de résistance à la prolifération et à la malveillance*[1] ». Chaque pays, suivant ses moyens et ses acquis technologiques, peut choisir de participer au développement de l'un ou l'autre de ces systèmes nucléaires du futur.

Ceux qui suscitent aujourd'hui le plus d'intérêt sont le réacteur à neutrons rapides refroidi au sodium (SFR), le réacteur à très haute température (VHTR) dont des prototypes ont été construits dans les années 1960-80, ainsi que le réacteur rapide à gaz (GFR) qui pourrait allier les atouts des deux précédents. Parmi leurs attraits : meilleure utilisation du combustible (neutrons rapides pour brûler l'uranium-238) et élargissement des applications à la fourniture de chaleur haute température pour l'industrie (dont production d'hydrogène par électrolyse à haute température ou par décomposition thermochimique).

---

1. *Les systèmes nucléaires du futur*, présentation par Frank Carré, 2005.

Glossaire nucléaire

Actinides : éléments chimiques dont le numéro atomique* est situé entre 89 et 103 inclus (entre l'actinium et le lawrencium dans la classification périodique des éléments de Mendeleïev). On qualifie d'actinide mineur les actinides produits dans le combustible nucléaire irradié en quantité bien moindre que les actinides principaux (uranium et plutonium). Les principaux actinides mineurs sont les isotopes* du neptunium, de l'américium et du curium.

Activation : différente de la contamination (pollution de surfaces non radioactives par des atomes radioactifs), l'activation consiste en la transmutation* des atomes d'un matériau soumis au bombardement de particules accélérées (dont notamment les neutrons émis lors des réactions de fusion et de fission). Fait plus particulièrement référence à la formation d'atomes radioactifs par l'activation.

Activité : nombre de désintégrations radioactives par seconde dans un échantillon (voir encadré 4, p. 83).

Atome : constituant fondamental de la matière, il est composé d'un noyau entouré d'un nuage d'électrons. Dans un atome non excité, il y a autant d'électrons (charge négative) que de protons (charge positive) : il est électriquement neutre. (voir encadré 2 p. 78).

Scientific Breakeven ou **faisabilité scientifique** : point de fonctionnement où l'énergie produite par les réactions de fusion est égale à l'énergie apportée au combustible (ce qui équivaut à un gain unitaire).

Commercial Breakeven ou **faisabilité économique** : point de fonctionnement où l'énergie produite par les réactions de fusion est égale à l'énergie nécessaire pour faire tourner la centrale (ce qui nécessite un gain nettement supérieur à 1).

Cogénération : production simultanée de chaleur et d'électricité (voir encadré 2 du chapitre 16, p. 308).

Combustible usé : barres de combustible nucléaire après leur utilisation dans un réacteur nucléaire. Elles contiennent uranium-235 et uranium-238 non brûlés, plutonium, produits de fission* et actinides* mineurs.

Confinement : voir Temps de confinement.

Compteur Geiger : détecteur radiosensible qui capte les particules émises par la désintégration d'un noyau et en signale la détection par un bip sonore ou la déviation d'une aiguille.

Cœur : « lieu » du combustible nucléaire dans la cuve du réacteur. Dans les réacteurs à eau légère, il est fait d'un ensemble de longs tubes fins appelés crayons combustibles.

Demi-vie ou période radioactive : temps caractéristique à chaque isotope* et au bout duquel la moitié des noyaux présents dans un échantillon auront subi une décroissance radioactive (voir encadré 2 p. 78)

Deutérium : isotope* de l'hydrogène (Z = 1) à un neutron (N = 1, A = 2) de symbole chimique D. Réactif de la réaction de fusion la plus prometteuse (D + T He + n + 17,6 MeV).

Eau lourde : oxyde de deutérium* (D_2O). Chimiquement identique à la molécule d'eau (H_2O), l'eau lourde a des propriétés physiques différentes : les atomes d'hydrogène (H) sont remplacés par des atomes de deutérium (D).

Électron-volt (eV) : l'électron-volt est l'unité d'énergie utilisée à l'échelle de l'atome et de ses constituants. Par définition, 1 eV, c'est l'énergie potentielle d'une particule de charge élémentaire dans un champ électrique d'un volt. Ordres de grandeur : l'éviction de l'unique électron de l'atome d'hydrogène requiert 13,6 V, la fusion d'un noyau de deutérium et d'un noyau de tritium émet 17,6 millions eV (MeV), la fission d'un noyau d'uranium émet près de 200 MeV en moyenne.

Élément : ensemble des entités (isotopes*) de même numéro atomique. Exemple : hydrogène (Z = 1), oxygène (Z = 8), fer (Z = 26), uranium (Z = 92).

Fertile : se dit d'un noyau susceptible d'être transformé, directement ou indirectement, en un noyau fissile par capture de neutrons. Exemples : thorium-232, uranium-238.

Fissile : se dit d'un noyau dont les noyaux sont susceptibles de subir une fission sous l'effet de la capture de neutrons de toutes énergies, aussi faibles soient-elles. Exemples : uranium-233, uranium-235, plutonium-239.

Ignition ou **inflammation** : point de fonctionnement où les réactions de fusion sont auto-entretenues sans apport d'énergie extérieur (gain infini dans un tokamak, gain au moins égal à 1 en fusion inertielle).

Isotopes : atomes qui ont même numéro atomique* Z mais des nombres de masse* A différents. Ils ont les mêmes propriétés chimiques, mais des propriétés physiques différentes (masse, radioactivité). Exemples : deutérium (A = 2) et tritium (A = 3) sont deux isotopes de l'hydrogène (Z = 1) (voir encadré 2 p. 78).

Numéro atomique : nombre de protons dans un noyau. Noté Z, il varie suivant les éléments chimiques (voir encadré 2 p. 78).

Nombre de masse : nombre total de nucléons* dans un noyau. Noté A, il varie suivant les isotopes d'un même élément (voir encadré 2 p. 78).

Nucléon : constituant élémentaire du noyau. Il désigne un proton (charge électrique positive) ou un neutron (absence de charge électrique). Proton et neutron ont des masses très proches et 1 800 fois plus élevées que celle d'un électron.

Plasma : état de la matière constitué de particules chargées (électrons et atomes ionisés)

Produits de fission : noyaux atomiques résultant de la fission d'un atome nucléaire, très radiotoxiques.

Rayon alpha : noyau d'hélium ionisé accéléré (« particule alpha » constitué de deux protons et de deux neutrons) éjecté d'un noyau lourd instable (voir encadré 2 p. 78).

Rayon bêta : électron (bêta -) ou positron (bêta +) accélérés, produits par des transitions nucléaires, dont notamment la mutation d'un neutron en proton ou l'inverse) (voir encadré 2 p. 78).

Rayon gamma : rayonnement électromagnétique de haute énergie (longueur d'onde très courte, inférieure à 5 picomètres [1 pm = 10^{-12} m]), produit par des transitions nucléaires, plus pénétrant mais moins ionisant que les rayonnements alpha et bêta. Pour s'en protéger, ils requièrent des épaisseurs de blindage plus importantes (voir encadré 2 p. 78).

Rayons X : rayonnement électromagnétique de haute énergie (longueur d'onde très courte, entre 5 picomètres et 10 nanomètres [1 nm

= 10^{-9} m]) produit par des transitions électroniques provoquées en général par la collision d'un atome par un électron à très grande vitesse.

Stellarator : type de machine de fusion à confinement magnétique (de forme hélicoïdale).

Temps de confinement : Temps pendant lequel le combustible est suffisamment dense et chaud pour fuser.

Tokamak : type de machine de fusion à confinement magnétique (en forme de tore).

Transmutation : changement d'un élément chimique en un autre par changement du nombre de protons dans le noyau.

Transuraniens : éléments à numéro atomique plus élevé que celui de l'uranium (Z = 92).

Tritium : isotope* de l'hydrogène (Z = 1) à deux neutrons (N = 2, A = 3) de symbole chimique T. Réactif de la réaction de fusion la plus prometteuse (D + T He + n + 17,6 MeV).

Z-pinch ou **striction axiale** : source de rayonnements X* générés par la soumission à très hautes intensités d'une cage métallique. Ce rayonnement X pourrait être utilisé dans une centrale de fusion à confinement inertiel.

Thème 3

LES ÉNERGIES RENOUVELABLES

5

Itaipu,

un géant des eaux
au service de l'homme

*Toujours plus grands, toujours plus larges : est-ce bien rai-
sonnable ? Barrages et retenues équipent près des trois quarts du
potentiel hydraulique des pays industrialisés, mais seulement un
cinquième de celui des pays en voie de développement : pas
étonnant qu'ils y poussent comme des champignons, aujour-
d'hui que les avancées techniques permettent de réaliser des
prouesses de construction ! Les impacts sociaux et environnementaux de ces projets titanesques sont-ils toujours correctement pris en compte ?*

Projets :

- Barrage d'Itaipu, Foz de Igauçu, Brésil
- « Rios Vivos », campagne anti-barrages par l'association
Ecosistemas, Santiago, Chili

Une construction de titan

Si vous prenez un jour l'avion entre Santiago et Sao Paulo, demandez un siège côté hublot. Vous apercevrez la cordillère des Andes, spectacle féerique où des glaives de roche transpercent un monde de coton. Un peu plus loin, les méandres des fleuves brésiliens. Du ciel, le formidable potentiel hydraulique de ces vastes étendues se laisse à peine deviner : 190 GW seraient encore inexploités, ce qui représente plus du double de la puissance aujourd'hui installée au Brésil. L'essentiel des sites concernés sont situés dans le bassin de l'Amazonie, au nord, c'est-à-dire bien loin des centres de consommation et de Sao Paulo où nous atterrissons.

Quelques jours – et une bonne dizaine d'heures de bus ! – plus tard, nous retrouvons les latitudes d'Itaipu. Sculptées naturellement par deux serpents d'eau, se rejoignent ici les frontières de trois pays. Le rio Iguaçu s'écoule d'est en ouest et fait office de frontière brésilo-argentine tandis que le large rio Paraná longe le Paraguay, qu'il sépare du Brésil par une ligne nord-sud.

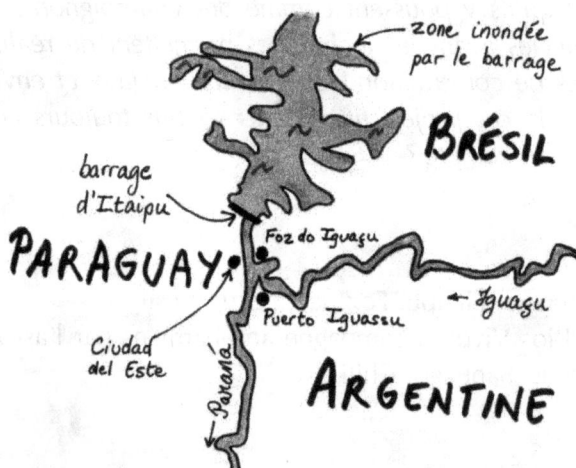

C'est sur le Paraná, entre le Paraguay et le Brésil, qu'est assis le barrage d'Itaipu : destin polyglotte prémonitoire pour la « pierre qui chante », comme l'appelaient les Guarani ?

17 août – Le parking réservé aux bus des voyages organisés ne désemplit pas. *« Le tourisme industriel est donc à la mode ? »* s'étonne tout haut Blandine. Signalisation, guichets, boutique de souvenirs, guides prêts à décrire le fonctionnement du gigantesque ouvrage : tout est en place pour accueillir les 1 500 visiteurs quotidiens du barrage !

Au fait, à quoi sert un barrage ? *« À produire de l'électricité, bien sûr ! »* Bien sûr ? Si vous êtes comme nous tombés dans le piège, vous serez étonnés d'apprendre que, dans le monde, seuls 4 barrages sur 10 sont dédiés à cet usage. Les autres servent surtout à l'irrigation des cultures (4 sur 10), à l'approvisionnement en eau des villes, et à la protection contre les risques de crues et de sécheresse.

Encadré 1 – Le potentiel hydroélectrique mondial et son exploitation

En 2004, l'énergie hydraulique a produit près de 2 900 TWh d'électricité. Cela correspondait à près d'un cinquième de l'électricité, et aux neuf dixièmes de l'électricité d'origine renouvelable produites la même année dans le monde. D'après l'UNESCO, seul un tiers du potentiel hydroélectrique économiquement réalisable est aujourd'hui exploité ; d'abondantes ressources sont encore disponibles en Amérique latine, en Afrique centrale, en Inde et en Chine.

Le potentiel mondial total serait de l'ordre de 14 000 TWh, soit près de cinq fois le gisement exploité actuellement.

Notre visite débute par une vidéo qui retrace les moments forts de l'histoire de la grande « dam[1] » et décrit les retombées positives pour la région. Un partenariat remarquablement équitable entre le Brésil et le Paraguay stipule depuis 1973 que cha-

---

1. Qui signifie « barrage » en anglais.

que pays possèdera la moitié de l'énergie produite par le barrage. Il laisse néanmoins ouverte la possibilité que l'un vende à l'autre une partie de ce qu'il aurait de trop (sous-entendu : le Paraguay peut revendre au Brésil son trop-plein). En 2004, le barrage a fourni 90 TWh qui ont assuré 97 % des besoins électriques du Paraguay et 22 % de ceux du Brésil.

Les travaux de construction débutèrent en 1975. Le premier générateur d'électricité fut mis en service en 1984. En 2007, la mise en eau de deux nouvelles turbines porte à 14 000 MW la capacité installée. Les présentations sont faites !

Encadré 2 – Des chiffres et des lettres : du W au Wh (1)

Le Watt, unité de puissance

Les puissances[1] se mesurent en Watt (noté W), et en ses multiples de mille (kilo k, méga M, giga G, tera T).

La **puissance installée** donne une indication de la puissance maximale des centrales électriques. En général, celles-ci sont dotées de plusieurs unités, qui peuvent être de puissances différentes. Le barrage d'Itaipu possède 20 turbines identiques, de 700 MW chacune : sa puissance installée est donc de 20*700 = 14 000 MW.

Les turbines sont rarement toutes utilisées simultanément : la puissance maximale du barrage ne sera mobilisée qu'en cas de fonctionnement « à plein régime », ce qui explique pourquoi la **puissance effective** (moyenne de la puissance mobilisée sur une période donnée) peut différer de la **puissance installée**.

Quelques ordres de grandeur
1 lampe de poche = 1 W
1 aspirateur = 1 000 W = 1 kW
1 moteur de TGV = 1 000 000 W = 1 MW
1 centrale électrique = 1 000 000 000 W = 1 GW

Cette introduction terminée, nous apprenons de Gorete, notre guide, quelques mots de *portugnol*, la langue d'Itaipu qui mêle portugais brésilien et espagnol du Paraguay avant de lui poser *« la question qui fâche »* : le barrage des Trois Gorges, achevé en 2006, a-t-il volé à Itaipu son titre de plus grosse usine

---

1. Quantités d'énergie par unité de temps.

Encadré 3 – Des chiffres et des lettres : du W au Wh (2)

Le Wattheure, unité de travail

De la même façon qu'il est souvent plus utile de connaître la quantité de carburant consommée par une voiture sur une distance donnée que sa consommation instantanée, il est souvent plus pratique de connaître la consommation énergétique d'un appareil que la puissance qu'il utilise.

Pour mesurer la consommation électrique, on utilise une unité simple : le « **Wattheure** » (noté Wh). 1 Wh correspond à l'énergie consommée par un appareil d'1 Watt utilisé pendant 1 heure. Le même appareil utilisé pendant 2 heures consommera deux fois plus d'énergie, c'est-à-dire 2 Wh. Simple, non ?

On utilise la même unité pour mesurer l'énergie produite par un générateur d'électricité. Un calcul très simple permet alors de comprendre pourquoi une centrale électrique de 1 000 MW en moyenne à 50 % de sa puissance installée fournit moins d'électricité qu'une centrale de 800 MW qui tourne 80 % du temps à plein régime. Puisqu'il y a 8 760 heures dans un an, on constate en effet qu'elles fournissent respectivement 4 380 000 MWh (= 1 000 MW * 50 % * 8 760 h) et 5 606 400 MWh (= 800 MW * 80 % * 8 760 h) par an.

Ne tombez pas dans le panneau !

Parler de « Watt / heure » n'a pas de sens ! On trouve fréquemment écrites les expressions W/h ou kW/h dans des articles de presse, mais attention : si la puissance (en W) est bien une énergie par unité de temps (Wh/h), parler de puissance par unité de temps ne veut rien dire du tout ! Que signifierait en effet une énergie par heure par heure ?

Jonglez avec les unités !

Vous connaissez probablement d'autres unités de mesure de l'énergie. Par exemple : la calorie alimentaire (notée Cal ou kcal, elle vaut 1 000 calories), qui compte parmi les anciennes unités et n'a plus cours que dans quelques industries ; le Joule (noté J), utilisé en physique ; le kWh de votre facture électrique (qui vaut 1 000 Wh)... Elles sont toutes interchangeables, mais l'habitude veut que l'une soit utilisée plutôt que l'autre dans tel ou tel contexte.

1 Joule = 1 Watt pendant 1 seconde
1 kWh = 1 000 W pendant 1 heure
1 kWh = 1 000 W pendant 3 600 secondes = 3 600 000 J
1 cal = 4,18 J et 1 Cal = 4 186 J

hydroélectrique au monde ? *« Le barrage des Trois Gorges ?*, reprend malicieusement notre guide, *il est encore second ! »* Ce serait mal connaître la fierté nationale que de croire que le Brésil cède sans heurts sa couronne ! Nous lui faisons part de notre étonnement, car les chiffres ne mentent pas : 18 200 MW (et 22 400 MW en prévision pour 2008) dans les Gorges du Yangzi contre 14 000 MW à Itaipu, *« y'a pas photo ! »* Et pourtant, il en faudra plus pour que le Brésil abdique : si la capacité du barrage chinois dépasse significativement celle du brésilien, il produit moins d'électricité ! Comment est-ce possible ? Comme le débit d'eau est plus régulier à Itaipu, l'installation brésilienne fonctionne plus souvent à plein régime que son challenger chinois. Foi de Brésilienne !

Gorete nous emmène à un point de vue qui embrasse l'installation sur toute sa longueur. Ce tête-à-tête avec le colosse gagne en perspective quand une voiture, minuscule, traverse l'imposant barrage. Celui-ci s'étend sur près de 8 kilomètres, mesure 350 mètres de large et 196 de haut : autant de dimensions que ne savent pas représenter les clichés que nous prenons, insensibles à l'échelle de l'ouvrage.

Notre accompagnatrice nous assomme de chiffres déments : la construction du barrage a nécessité 500 000 tonnes d'acier et près de 13 millions de m^3 de béton ; il a fallu creuser près de 55 millions de m^3 de terre et de roche, dont 21,5 millions ont ensuite servi de remblais. Vous non plus, vous ne voyez pas la différence entre 100 et 500 000 tonnes d'acier, entre 10 et 13 millions de m^3 de béton ? Gorete est là pour vous, elle qui s'empresse d'imager ses propos : l'acier utilisé aurait pu servir à édifier 380 tours Eiffel ; quant au béton, il aurait pu faire naître 210 stades Maracana[1] ou 15 tunnels sous la Manche. Dame ! La « dam » de béton et d'acier a des proportions généreuses, qui expliquent probablement l'admiration que lui porte le magazine américain *Popular Mechanics*, qui en fait l'une des sept merveilles du monde moderne[2].

---

1. Stade légendaire de football à Rio de Janeiro, qui fut conçu pour accueillir 200 000 spectateurs (il en accueille 103 000 aujourd'hui).
2. Avec le tunnel sous la Manche, les polders hollandais (Pays-Bas), l'Empire State Building (New-York, États-Unis), la Tour nationale du Canada

Avant de nous approcher des turbines qui voient passer 62 200 m³ d'eau par seconde (c'est-à-dire près de 125 fois le débit moyen de la Seine à Paris), nous montons sur la digue pour nous pencher sur le lac artificiel. *« Que d'eau ! que d'eau ! »* se ré-exclamerait MacMahon[1]. Ce lac d'une profondeur moyenne de 120 mètres couvre de ses 170 kilomètres de longueur une surface légèrement supérieure à celle du Val d'Oise (1 350 km²). Converti en centre de villégiature, il fait aujourd'hui le bonheur de vacanciers qui ont l'embarras du choix entre ses 65 plages.

Qu'a-t-il englouti ? Des hectares de terre et un gracieux ballet de sept chutes d'eau connu sous le nom de Salto Grande das Sete Quedas. Le barrage a surtout chamboulé tout un écosystème... *« mais il a généré tant d'emplois,* nous confie notre guide, *qu'on ne peut s'en plaindre ! »* La région prospère dans l'ombre du géant de béton : sa construction, ses besoins de maintenance quotidiens et ses attraits touristiques sont une bénédiction pour la population locale. Mais à quel coût ?

Questions sociales et environnementales

9 août – 808 mètres de digues et 65 kilomètres de remblais relient, au sud d'Itaipu, l'Argentine au Paraguay : c'est le barrage Yacyreta, lui aussi campé sur le puissant Paraná. Sa mise en eau a entraîné le déplacement de 40 000 personnes, la disparition d'un riche écosystème, et l'extinction d'espèces endémiques : les géants dont il est ici question sont myopes ; ils écrasent sans mot dire les plaines et les vallées qui les accueillent. C'est ce qu'affirme avec conviction l'association chilienne Ecosistemas que nous avons rencontrée à Santiago.

(Toronto, Canada), le Golden Gate Bridge (San Francisco, États-Unis) et le Canal de Panama.

1. Alors président de la République Française, il n'aurait su que répéter ces trois mots devant les inondations causées par la crue de la Garonne en 1875.

La justification de sa campagne Rios vivos ? Empêcher la construction d'un barrage hydroélectrique en Patagonie. Son credo ? « *L'homme ne peut toujours défier la nature, surtout quand l'impact social et environnemental est indéniablement sous-estimé par des entreprises profitant de contrats juteux.* »

Amusante coïncidence, c'est la nature qui défia l'homme ce jour-là en bloquant chez lui notre interlocuteur, coincé par la neige qui, pour la première fois depuis 1983, est tombée sur Santiago. Faute de rencontrer notre « homme des neiges », nous nous entretenons avec Mitzi Urtubia Salinas qui accepte avec enthousiasme de le remplacer. Revigorées par la boisson chaude qu'elle nous sert (thé pour Blandine, café pour Élodie, comme d'habitude !), nous lui proposons de commencer par un bref exposé des informations que nous avons glanées au cours de précédents entretiens.

70 % de la puissance installée chilienne est d'origine hydroélectrique. La puissance effective dépend donc beaucoup des précipitations : quand elles sont trop faibles, ces installations ne peuvent fournir que 40 à 50 % de l'électricité dont le pays a besoin. Les dernières grandes sécheresses (1968/1969 puis 1998/1999) ont accru le recours aux centrales thermiques, qui fonctionnent pour la plupart au gaz. Comme le pays importe l'essentiel du gaz naturel qu'il consomme, il a été touché de plein fouet par la fermeture des robinets boliviens.

Ce contexte explique la course aux solutions qui permettraient de pallier tout défaut d'approvisionnement. Le gouvernement et les compagnies électriques ont lancé d'ambitieux programmes d'efficacité énergétique[1] tant à destination des particuliers que des industries[2]. Mais dans un pays où une

---

1. Chilectra (filiale d'Enersis, contrôlée partiellement par l'entreprise espagnole Endesa) a ainsi été distinguée par le prix de l'Efficacité énergétique décerné en 2006 par le Comité chilien du Conseil international des grands réseaux électriques [Comité Chileno del Consejo Internacional de Grandes Redes Eléctricas ou CIGRE].
2. Le Programa Pais Eficiencia Energética ou PPEE a été lancé en 2005 sous la tutelle du ministère de l'Économie.

croissance économique de 5 % se traduit encore par une augmentation de 6 % de la consommation énergétique, cela ne suffira pas : il faut construire de nouveaux moyens de production,
en tirant autant que possible parti des ressources nationales.
D'où le renouveau d'intérêt pour le formidable potentiel
hydraulique de la Patagonie, estimé à plusieurs milliers de MW.
Le projet « Rio cuervo[1] » propose ainsi l'installation d'un barrage de 600 MW dans la région très peu peuplée d'Aysen.

Nous lançons la discussion en posant une question qui
pique au vif notre interlocutrice *« Puisque le projet déplace si
peu de personnes, pourquoi s'y opposer ? »* Mitzi nous regarde,
interloquée. Quelques secondes, le temps de mettre ses idées
en ordre, et elle commence. Nos stylos ont peine à la suivre,
car les arguments fusent !

Le premier est écologique. Sur ce bout de monde préservé
des activités humaines, une faune et une flore uniques se sont
développées. Mitzi propose de mettre au goût du jour le tourisme vert, d'aventure et de grand air qui permettrait de préserver ces grands espaces.

Le deuxième argument est propre au contexte chilien. Le
potentiel hydroélectrique en jeu est situé à l'extrême sud du
pays, alors que l'activité économique et les centres de consommation sont concentrés bien plus au nord, entre Santiago et Val-
paraiso. L'électricité produite devrait donc être transportée sur
près de 2 000 kilomètres. Un petit Paris-Vilnius, rien que ça. De
un, c'est fort coûteux : il faut installer pylônes et ligne à haute
tension, et une partie de l'électricité est perdue en cours de
route puisqu'elle est dissipée sous forme de chaleur par « l'effet
Joule ».

---

1. Littéralement « Rivière corbeau ».

Encadré 4 – L'effet Joule

L'effet Joule est un phénomène physique dû à la résistance électrique des matériaux conducteurs. Il se traduit par leur échauffement (sauf dans les matériaux supraconducteurs) lorsqu'un courant les traverse. On parle de puissance dissipée par effet Joule pour quantifier la conversion de l'énergie électrique en énergie thermique.

Dans le cas du transport de l'électricité par des câbles électriques, les pertes par effet Joule sont d'autant plus importantes que la tension du courant transporté est faible : aussi le transport des courants sur longue distance se fait toujours en haute tension.

Ordre de grandeur de ces pertes en ligne
En France, 5 % de l'électricité produite est perdue par effet Joule.

N'allez pas croire pour autant que l'on cherche toujours à minimiser l'effet Joule ! C'est lui qui fait chauffer la résistance des bouilloires, sèche-cheveux et autres radiateurs électriques.

De deux, ce n'est pas beau : les lignes haute-tension qui traverseraient le pays de part en part défigureraient montagnes, plaines et bourgades. Et de trois, les ondes électromagnétiques au voisinage des lignes haute-tension seraient potentiellement nocives pour la santé.

Enfin, l'association conteste l'argumentaire économique présenté par Endesa et Colbún, les entreprises porteuses du projet. L'annonce de la création de 4 000 emplois est présentée comme mensongère puisque ceux-ci ne survivront pas à l'achèvement de la construction du barrage ; son exploitation ne nécessitera qu'une poignée d'emplois qualifiés qui seront en toute probabilité importés d'autres régions. D'autre part, les activités de loisir qu'hébergent les barrages sous des latitudes plus tempérées semblent hautement improbables dans cette région reculée. Enfin, la promesse d'une électricité meilleur marché pour les populations locales n'est que poudre aux yeux : un projet doté de lignes de transmission à courant continu[1] vise,

---

1. Moindres pertes que sur des lignes de courant alternatif.

**Encadré 5 – Transmission de courant et santé :
quel impact des champs magnétiques ?**

L'exposition à des champs magnétiques dont l'intensité pourrait se révéler dangereuse est limitée par un ensemble de recommandations et directives tant nationales qu'internationales. La question qui fait actuellement débat est de savoir si une exposition faible mais prolongée est susceptible de susciter des réponses biologiques, et de nuire au bien-être de la population.

Au cours des trente dernières années, environ 25 000 articles scientifiques ont été publiés sur les effets biologiques et les applications médicales de ces rayonnements non ionisants[1]. S'appuyant sur un examen approfondi de la littérature scientifique et bien que certaines études épidémiologiques font état d'une augmentation des leucémies chez les enfants exposés à leur domicile à des champs électromagnétiques importants (sans pouvoir pour autant établir de relation de causalité certaine), l'OMS a conclu en 1998 que les données disponibles ne confirmaient pas l'existence d'effets sanitaires résultant d'une exposition à des champs électromagnétiques de faible intensité.

Deux axes de recherche sont aujourd'hui suivis pour mieux comprendre ces phénomènes. D'une part, l'étude de la relation entre l'exposition aux champs électromagnétiques et les incidences de cancer, pour lever l'ambiguïté soulevée. D'autre part, l'étude des effets sanitaires à long terme de l'utilisation des téléphones portables (bien qu'aucun effet sanitaire indésirable imputable à une faible exposition à des radiofréquences n'ait jusqu'à présent été mis en évidence).

Source : Organisation Mondiale de la Santé (OMS)

sans équivoque, l'envoi de tout le courant généré au nord du pays. L'étendue de la zone touchée par le projet laisse songeur. Aller chercher l'électricité aussi loin, rayer d'une balafre immense des paysages sauvages et perdre inévitablement une partie de la production dans les lignes de transmission semble bien cher payé.

---

1. Un rayonnement non ionisant désigne un type de rayonnement pour lequel l'énergie électromagnétique transportée est insuffisante pour provoquer l'ionisation d'atomes ou de molécules, il peut cependant avoir des effets biologiques.

Quelques jours plus tard, Luis Arqueros nous accueille chez PacificHydro[1]. D'une voix calme et posée, il met à plat les ressorts du projet : « *Regardons de plus près ce que propose Ecosistemas. Le tourisme "authentique" qu'ils appellent de leurs vœux ne profiterait qu'à une poignée de vacanciers privilégiés.* » Il préfère le barrage, dont la production d'électricité bénéficiera à un bien plus grand nombre de personnes. « *Pourquoi ? D'abord, parce que c'est la moins onéreuse des solutions, malgré le coût de la transmission. Considérons le scénario "sans barrage" : que se passerait-il ?* » Les entreprises en mal d'électricité construiraient leurs propres centres de production, cette fois-ci au charbon. Plus chers, ils sont aussi plus préjudiciables à l'environnement en termes de gaz à effet de serre. « *D'ailleurs,* poursuit-il, *quelles alternatives proposent-ils pour répondre à la crise énergétique chilienne ? Lancer des programmes massifs dans l'efficacité énergétique et les énergies renouvelables. À la bonne heure ! Est-ce pragmatiquement suffisant ?* »

Si l'issue semble ici ne pas faire de doute, ces positions tranchées et radicalement opposées nous font réfléchir au rôle des associations, en particulier dans les pays émergents. Peuvent-elles se faire entendre, quand les décideurs souhaitent la croissance économique et un développement rapide ? Disposent-elles des ressources techniques, financières et humaines nécessaires à la réalisation de contre-expertises rigoureuses ? Ont-elles les moyens de mettre en forme des propositions alternatives sérieuses ? Et puis, lorsqu'elles ne peuvent plus s'opposer à un projet d'infrastructure, parviennent-elles à renforcer les clauses environnementales et sociales des cahiers des charges ? Nous ne pouvons nous empêcher de songer à la décision du gouvernement chinois de construire le barrage des Trois Gorges. Les alarmes sonnées avant son édification furent-elles entendues ?

---

1. Compagnie australienne (spécialisée en hydraulique et éolien), installée depuis 2004 au Chili (www.pacifichydro.com.au).

Encadré 6 – Le barrage des Trois Gorges

Dès 1919, le site des Trois Gorges intéresse les responsables chinois. En aval du site, à Sandouping, le débit du Yangzi Jiang est de 14 300 m/s : c'est près de 44 fois le débit moyen de la Seine à Paris ! Reprise en 1944 puis en 1955, l'idée d'y construire un barrage hydroélectrique met du temps à être acceptée. Bien qu'un moratoire de cinq ans ait été décidé en 1989, une décision est prise en 1992 : avec seulement deux tiers des suffrages, le Congrès national chinois lance le projet.

La construction du barrage de 2 335 mètres de long et 180 mètres de haut débute en 1994. Officiellement achevé en mai 2006, il ne commencera à produire de l'électricité qu'en 2008. Entre temps, un lac de 1084 km² a été créé là où 15 villes et 16 bourgs étaient installés. 1,2 million de riverains du « long fleuve » anciennement connu sous le nom de « fleuve bleu » ont été déplacés.

Qualifié de barrage le plus grand du monde, il sera surtout le plus puissant d'entre eux. Les 32 turbines qui y seront installées à terme auront une capacité de 22,5 GW et devraient produire 84,7 TWh d'électricité par an, c'est-à-dire autant que 12 réacteurs nucléaires[1]. Le facteur de capacité annuel du barrage ne serait donc que de 43 %.

Sa construction a contribué au développement du Hubei, l'une des régions intérieures de ce pays où la croissance bénéficie essentiellement aux populations côtières ; le barrage permet de lutter plus efficacement contre les crues du fleuve et fournit 2 % des besoins électriques du pays évalués en 2009.

Par contre, sa présence modifie significativement l'écosystème du fleuve, notamment en bloquant le flux des sédiments de l'amont vers l'aval : l'environnement est fragilisé. D'autre part, les conséquences d'une potentielle rupture toucheraient quelque 75 millions de personnes en aval de Sandouping, dont les citadins de Shanghai et Wuhan.

Malgré des atouts économiques importants et l'existence de projets où les composantes sociales et environnementales ont été consciencieusement prises en compte, la « grande hydraulique » est probablement des énergies renouvelables celle qui a la plus mauvaise presse !

---

1. Supposés fonctionner avec un facteur de capacité de 80 %.

Encadré 7 – Récapitulatif des avantages et inconvénients d'un barrage hydroélectrique

Inconvénients	Avantages
— Conséquences environnementales en amont et en aval : * En zone tropicale : importante émission de méthane par décomposition de la végétation noyée. * Disparition d'écosystèmes noyés par le lac de retenue. * Système d'eau courante transformé en système d'eau dormante. En amont : eutrophisation entraînée par la sédimentation des limons ; importantes pertes d'eau par évaporation (le lac Nasser du barrage d'Assouan perd chaque année 10 milliards de mètres cubes d'eau par évaporation). En aval : disparition des zones humides ; fin des crues fertilisantes ; perturbation des régimes hydrologiques par les vidanges ; érosion accélérée par le non remplacement des sédiments ; salinisation des nappes phréatiques côtières par diminution des apports d'eau douce. — Déplacement de populations. — Variabilité de la production électrique du fait de la dépendance vis-à-vis des précipitations. — Accidents : Entre 1959 et 1987, trente accidents de barrages ont été recensés dans le monde. Ils ont fait 18 000 victimes.	— Réserve d'eau : * Régulation des crues et lutte contre la sécheresse. * Meilleure irrigation des terres agricoles. * Alimentation des populations en eau. * Création d'aires touristiques et d'activités piscicoles. — Usage énergétique : * Qualité de l'air : pas d'émission de SOx et NOx. * Faibles émissions de gaz à effet de serre, hors situation d'anoxie (en zone tropicale). * Stockage d'énergie (association possible avec énergies intermittentes). * Longévité des ouvrages et faible entretien : investissement initial étalé sur de longues périodes et donc faible coût de l'électricité générée. * Efficacité : conversion de 90 % de l'énergie de l'eau en électricité. * Produit entre 45 et 250 fois plus d'énergie que celle nécessaire à sa construction.

Pourtant n'oublions pas que si barrage ne veut pas uniquement dire production électrique, il ne rime pas non plus forcément avec lac de retenue : il en existe aussi « au fil de l'eau ». Campés sur un fleuve ou une rivière, ces centrales hydroélectriques en exploitent le courant, ainsi que le faisaient les moulins à eau de nos ancêtres. La production d'électricité dépend donc du débit du cours d'eau – et ne peut être ajustée à la demande, comme c'est le cas dans les barrages à réservoir[1]. Ces deux hydroélectricités sont donc utilisées à des fins très différentes : le fil de l'eau offre un « courant de base », tandis que les réservoirs servent de variable d'ajustement lors des pics de consommation (« courant de pointe »). Plus respectueuse de l'environnement, l'hydroélectricité « au fil de l'eau » est moins connue que sa cousine de réservoir, et ceci alors qu'elle produit en France autant d'électricité qu'elle.

Enfin, quand les débits d'eau sont trop faibles et que les besoins sont limités – pensons micro-hydro ! Ces toutes petites centrales au fil de l'eau permettent d'électrifier une famille, voire un village en réduisant l'atteinte à l'environnement.

Des super-barrages à la micro-hydro, le saut est extrême ! Une solution intermédiaire existe cependant : préférer à la prouesse technologique plusieurs barrages de taille moyenne. C'est une option moins glorieuse, bien souvent possible et qui diminue l'impact environnemental. Malheureusement, ces réalisations plus sages n'attirent pas les feux de l'actualité, et donc rarement l'attention de ceux qui pourraient les décider. La planète se porterait probablement mieux si l'homme, enclin à graver son nom dans l'histoire, n'était pas si souvent tiraillé entre la gloire et la raison...

---

1. Quand le taux de remplissage des réservoirs le permet.

6

Un océan de promesses

Partir en mer à la pêche aux idées – c'est la démarche d'un nombre croissant d'industriels qui font le pari de donner un nouveau rôle aux flots : celui de fermes énergétiques. C'est que la ressource est abondante : houle, courants et marées abritent d'importantes quantités d'énergie à moissonner. Idées d'hurluberlus ? Plus vraiment. Si les prototypes restent onéreux, des installations commerciales voient déjà le jour chez nos voisins nordiques et méridionaux. Prenez garde à l'or bleu, il pourrait bien faire des vagues !

Projet : Hydroliennes Hammerfest Strøm, détroit de Kvalsund (Norvège)

Planter des hydroliennes sur le plancher océanique

29 janvier – Un tour du monde, oui, mais dans quel sens ? Un départ au cœur de l'hiver aurait pu nous conduire dans l'autre hémisphère, et nous faire goûter aux douceurs estivales. Nous en avions décidé autrement : comment résister à la tentation de faire connaissance avec les trolls des neiges nordiques ? Cap donc sur la Norvège et l'hospitalité scandi-

nave, fraîche première étape avant de rallier des contrées plus lointaines.

En préparant notre voyage, nous avions appris l'existence de drôles d'éoliennes sous-marines qui tournent au gré des courants pour alimenter en électricité une trentaine de maisons du petit village de Kvalsund, non loin d'Hammerfest. Découvrir les côtes du Finmark ? Ce rêve nourri de terres polaires prendra chair... une autre fois peut-être. Car si le monde autour duquel nous inventions notre voyage est vaste, la Norvège est, elle, toute en longueur : 1 750 km s'étirent entre la mer du Nord et celle de Barents, séparant de plusieurs jours de train Hammerfest des villes du Sud. Nous décidons donc de consacrer notre semaine norvégienne à la variété des projets glanés entre Bergen et Oslo, mais n'hésitons pas une seconde à saisir l'occasion qui s'offre par hasard de rencontrer, à Stavanger, l'inventeur de ces hydroliennes !

En 2000, Bjørn Bekken choisit d'être détaché de la compagnie pétrolière norvégienne Statoil pour rejoindre Hammerfest Energi où il serait chargé d'un projet atypique : domestiquer les courants de marée, pour alimenter en électricité une trentaine d'habitations isolées qu'il était trop onéreux de raccorder au réseau. L'étroit bras de mer qui sépare l'île de Kvaloya Fala de l'extrême Nord de la Norvège est traversé par des courants rapides ; il offrait donc d'intéressantes perspectives au développement de cette idée.

Situé au nord du cercle polaire arctique, le chenal de Kvalsund est pris par les glaces plusieurs mois par an : impossible d'y exploiter les différences de niveaux de mer entre marée haute et basse, comme on le fait en France à l'usine de la Rance.

Encadré 1 – L'usine marémotrice de la Rance

L'usine marémotrice de La Rance (construite en 1966 en Bretagne) est à ce jour la seule installation au monde capable de convertir à grande échelle l'énergie des marées en électricité. Elle ferme l'estuaire de la Rance par un barrage de 750 mètres de long et 13 mètres de haut. 24 turbines de 10 MW chacune s'y activent pour produire 600 GWh par an (soit un facteur de charge de 28 %). Après quarante ans d'opération, le projet, qui a considérablement modifié l'écosystème de l'estuaire, est considéré comme un succès : il approvisionne 250 000 ménages en électricité. Saviez-vous qu'il s'agit du site industriel le plus visité de France ? Il accueille environ 400 000 visiteurs par an.

Ainsi que le rappelle l'Ifremer dans un rapport publié en 2004, très peu de sites peuvent accueillir ce type d'installation. Les sites actuellement équipés d'installations expérimentales au Canada (20 MW dans la baie de Fundy), au Royaume-Uni, en Australie, en Russie (0,4 MW à Mourmansk) etc., représentent un potentiel de production annuelle de 100 TWh – qui ne peut contribuer que de façon très limitée aux besoins d'énergie primaire (~131 400 TWh).

Source : Ifremer 2004

En revanche, puisque les glaces ne se forment qu'en surface, rien n'empêche de tirer partie de l'énergie des courants de marée sous-marins : une turbine submergée peut tourner au gré des courants toute l'année. Sur le site choisi par Bjørn, ces courants circulent à environ 2 m/s (7,2 km/h).

2 m/s, pour alimenter des turbines sous-marines ? C'est deux à trois fois moins que le seuil minimal habituellement retenu pour évaluer la rentabilité des sites éoliens (4 à 5 m/s soit 14,5 à 18 km/h) ! Comment cela est-il possible ? C'est tout simplement que l'eau étant 800 fois plus dense[1] que l'air, un petit volume d'eau qui se déplace à la même vitesse contient 800 fois plus d'énergie cinétique que le même volume d'air. C'est cette énergie, transmise aux pales des éo- et hydroliennes qui sera transformée en électricité.

---

1. Exprimée en kg/m³, la densité mesure la masse volumique du fluide ; les fluides moins denses (l'huile par exemple) flottent au dessus des fluides plus denses (le vinaigre). Si l'eau est salée, elle devient plus dense : il est beaucoup plus facile de flotter à la surface de la mer Morte qu'à la piscine !

Encadré 2 – Une affaire de densité !

La puissance produite par l'éo- ou l'hydrolienne est égale à un pourcentage (coefficient Cp < 1) de l'énergie cinétique du fluide transférée à la turbine par unité de temps. En équation, cela donne :

$$Puissance = 1/2 \; \rho \times A \times V^3 \times C\rho$$

Soit le produit du volume d'air qui traverse la surface de la turbine par unité de temps [AV] par l'énergie cinétique du fluide par unité de volume [1/2 ρV].

Avec : : densité de l'eau de mer (d'autant plus élevée que l'eau est froide et salée, environ 1 025 kg/m³)
ou de l'air (d'autant plus élevée que l'air est froid et humide : 1,2 kg/m³ à 20 °C et 70 % d'humidité)
A : surface des pales de la turbine de l'hydrolienne ou de l'éolienne
V : vitesse du courant ou du vent
C_p : coefficient de puissance (mesure de l'efficacité de la turbine)

En résumé : plus la vitesse du fluide est importante et plus le fluide est dense, plus la puissance d'une éolienne est importante.

Petit exercice pour les curieux : quelle vitesse de vent permettrait à la turbine d'Hammerfest de produire (dans l'air) autant d'électricité qu'avec des courants marins de 2 m/s ?
Réponse : 19 m/s, c'est-à-dire 68 km/h, vitesse proche du maximum acceptable par les éoliennes.

Premier avantage : on ne les voit guère, ces « éoliennes sous-marines » ! Alors que l'argument « NIMBY[1] » se développe face à l'expansion rapide des fermes éoliennes, l'hydrolienne, noyée sous les eaux, n'en subira pas les foudres.

De plus, les courants de marée sont prévisibles. Bien que fluctuant au cours de l'année, leur intensité dépend de cycles solaires et lunaires connus. Les efforts de planification de production électrique s'en trouvent simplifiés car les hydroliennes sont donc, en moyenne, plus souvent en fonctionnement que,

---

1. *Not In My Backyard* (pas dans mon jardin), se dit de l'attitude de qui proteste contre l'installation d'infrastructures dans son voisinage, sans s'opposer a la réalisation de tels équipements loin de chez lui.

par exemple, les capteurs d'énergies solaires et éoliennes. Comme pour tout système de production industrielle, l'important n'est pas tant la capacité maximale des appareils que leur capacité moyenne dans le temps.

Encadré 3 – Centrales électriques et facteur de charge

Une centrale de 100 kW opérationnelle 5 mois et demi par an à pleine puissance (puissance réelle annuelle de 100*5.5/12 = 46 kW) fournit moins d'électricité qu'une installation de 50 kW qui fonctionne toute l'année (puissance réelle annuelle de 50*12/12 = 50 kW). On dit que le « facteur de charge » de la première centrale est de 45,8 % (= 5,5/12), tandis que celui de la seconde serait de 100 %.

Ordres de grandeur pour la France

Facteur de charge d'une centrale nucléaire : entre 70 et 80 %
Facteur de charge d'une centrale thermique : environ 40 %
Facteur de charge d'une éolienne : entre 20 et 30 %

Le facteur de charge, qui indique le degré d'utilisation des appareils à puissance maximale, dépend de contraintes techniques (fiabilité de la technologie, obligations de maintenance) et tient compte, dans le cas des énergies renouvelables, des variations naturelles de la source d'énergie. Ainsi, la présence de nuages ou les humeurs du vent affectent le facteur de charge des panneaux solaires et des éoliennes : il n'est classiquement que de 20 à 30 % alors que celui des hydroliennes à marées est de l'ordre de 40 à 50 % (soit presque le double[1]). Il est déterminant pour le calcul de rentabilité d'un projet car plus on produit, plus on vend : plus le facteur de charge est grand, plus le projet génèrera de revenus.

Enfin, contrairement au vent – qui prend un éventail de directions que les éoliennes doivent suivre, quitte à en perdre le nord –, les courants sous-marins se déplacent sur des autoroutes

---

1. Elles fonctionnent à pleine puissance environ 4 000 heures par an [Ifremer 2004]. Le record maritime est atteint par les hydroliennes exploitant les courants océaniques (plus réguliers que les courants de marée, ils se déplacent dans un sens constant) : leur facteur de charge serait de 80 %.

immuables. Le Gulf Stream, par exemple, circule toujours dans la même direction et dans le même sens. Les courants de marées suivent eux aussi une direction fixe, mais leur sens varie suivant la montée ou la descente des flots. Dans ces conditions, nul besoin de se doter d'une nacelle coûteusement mobile ! Il « suffit » que les pales de l'hélice puissent s'orienter selon les deux sens de courant possibles. On pourrait donc croire la conception des hydroliennes plus aisée que celle de leurs cousines à girouettes. Non ?

Encadré 4 – D'où viennent les courants marins ?

Le long des côtes européennes, les marées donnent naissance à des courants dont l'Ifremer souligne qu'ils représentent une ressource énergétique considérable. L'énergie dissipée annuellement dans le monde par les marées est évaluée à 22 000 TWh (courants mais aussi marnage [1]). Cela correspond à la combustion d'un peu moins de 2 milliards de tonnes de pétrole, à comparer aux 10 milliards de tonnes équivalent pétrole d'énergie primaire que l'humanité consomme actuellement tous les ans. (Rappel : 100 TWh seraient exploitables par des usines marémotrices).

Les courants de marées sont principalement causés par l'attraction de la Lune, dont ils suivent le cycle. L'attraction du Soleil module la force des courants suivant des cycles de 14 jours ; les équinoxes (moments auxquels le centre du Soleil est dans le plan de l'Équateur) correspondent, deux fois par an, à des périodes de très forte intensité de marée.

La configuration de certains littoraux permet d'amplifier ces phénomènes. On trouve ainsi en Bretagne et en Normandie plusieurs sites où les courants atteignent des valeurs importantes : la Chaussée de Sein (3 m/s), le Fromveur à Ouessant (4 m/s), les Héaux de Bréhat, le Cap Fréhel (2 m/s) ou encore le Raz Blanchard (5 m/s).

Alors, pourquoi les fonds marins ne sont-ils pas couverts de ces machines tandis que l'éolien a aujourd'hui le vent en poupe ?

Ne nous enthousiasmons pas trop vite. Les problèmes techniques liés à l'environnement marin sont pléthore. Étanchéité

---

1. Différence de hauteur entre haute mer et basse mer.

des installations électriques et hydrauliques, corrosion saline, encrassement par les algues et coquillages susceptible de réduire l'efficacité de la turbine immergée, accessibilité réduite des installations pour leur maintenance, interférences possibles avec la navigation nécessitant une profondeur suffisante et/ou une signalisation adaptée... la liste des contraintes à prendre en compte est longue !

Il faut croire qu'elle a stimulé l'imagination des ingénieurs : les idées les plus diverses ont vu le jour pour exploiter les courants marins. Bjørn et ses collègues ont su intégrer les récents progrès de l'électronique de puissance, de l'industrie offshore notamment pétrolière et des technologies éoliennes pour donner à leur idée les ailes de la réussite !

Ils ont imaginé un système nouveau. Bjørn nous expose avec passion leurs choix, en les comparant à ceux de ses concurrents. Et de critiquer le concept prévoyant l'installation d'hélices sur d'astucieux poteaux qui permettraient de faire coulisser les hydroliennes pour les remonter hors de l'eau lors des maintenances : les risques de collision avec les bateaux sont accrus, et le poteau ne peut être installé que par bas-fonds.

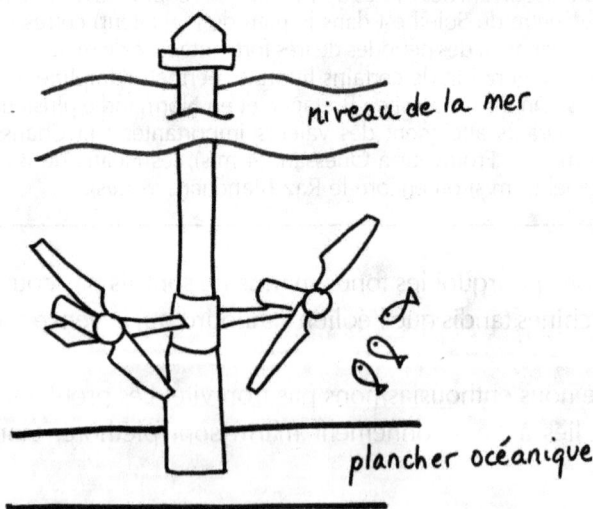

Et de dénigrer cet entonnoir en forme de sablier horizontal :
l'accélérateur de courant par « effet Venturi »[1] se ferait surtout
aspirateur fatal de poissons...

Bjørn leur a préféré de grosses hélices posées au fond de
l'océan, suffisamment profondément pour permettre la navigation. À quarante-cinq mètres de profondeur, elles restent accessibles aux plongeurs pour les activités de maintenance légère et,
pour les travaux plus lourds, elles peuvent être treuillées par des
bateaux grues. Enfin, ces structures rotatives de 20 mètres de
diamètre respectent la faune locale : leurs 6 à 12 rotations par
minute laissent passer les poissons sans les réduire en hachis !

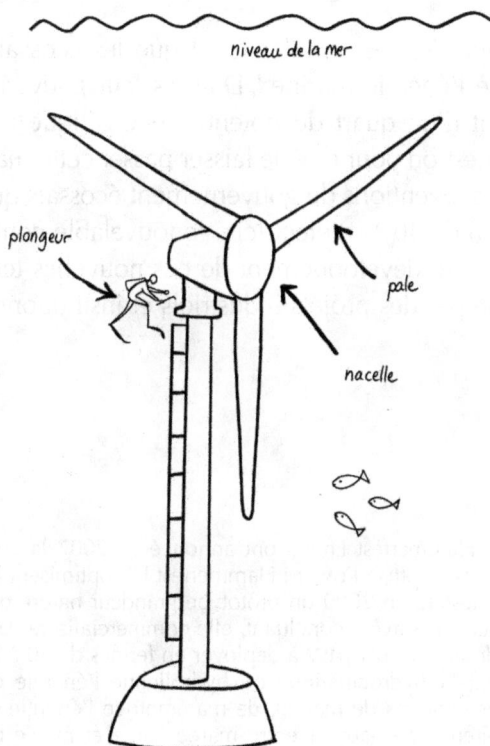

niveau de la mer

plongeur

pale

nacelle

_____

1. Nom du phénomène physique selon lequel la vitesse d'un fluide (gazeux
ou liquide) est accélérée par le rétrécissement de sa section d'écoulement.

Les premiers résultats sont encourageants. Le fonctionne-ment des prototypes de 300 kW installés en janvier 2004 donne pleine satisfaction à leur inventeur qui cherche aujourd'hui à commercialiser ses *Hammerfest Strøms*. Il nous confie avoir été approché pour électrifier la petite île d'un milliardaire, et être en contact avec des équipes britanniques intéressées par des installations de plus grande taille[1].

Quel potentiel de développement pour l'énergie hydrocinétique[2] ?

Des hydroliennes en kilt ? C'est que les Écossais en ont à revendre, de l'énergie marine ! D'après leur gouvernement, ils disposeraient d'un quart du potentiel énergétique marin euro-péen. Pas question pour eux de laisser passer cette manne ! Sou-tenu par les subventions du gouvernement écossais qui s'est fixé la production de 40 % d'électricité renouvelable comme objec-tif pour 2020, le développement de ces nouvelles technologies se concrétise par des projets industriels et institutionnels[3].

---

1. Statoil et Hammerfest Energi ont annoncé en 2007 la création d'une joint-venture avec Scottish Power : Hammerfest UK optimisera les *Hammer-fest Strøms*, et testera en 2009 un prototype grandeur nature dans les eaux écossaises. Si ce test s'avère concluant, elle commercialisera dans le monde entier des hydroliennes d'1 MW à déployer en fermes de 50 à 100 MW.
2. On qualifie d'hydrocinétique ou hydrolienne l'énergie des courants (dont celle des courants de marée), de marémotrice l'énergie exploitant le marnage (différence de hauteur entre marée haute et marée basse), et de houlomotrice l'énergie mécanique résultant des vagues.
3. Création du Centre européen pour l'énergie marine. Dans le Sud-Ouest de l'Angleterre, « Wave Hub » a pour sa part vocation à devenir le premier centre britannique d'expérimentation pour les convertisseurs d'énergie hou-lomotrice.

Encadré 5 – Le potentiel hydrocinétique : les chiffres

Le rapport *Phase II UK Tidal Stream Energy Resource Assessment* (Black & Veatch) évalue comme suit, et en précisant qu'il s'agit d'estimations optimistes, la ressource hydrocinétique liée aux marées :
- des 110 TWh/an (110 milliards de kWh/an) naturellement dissipés autour des côtes britanniques, 18 TWh/an (production de 2 réacteurs nucléaires) pourraient être apprivoisés par les technologies actuelles. Une étude technico-économique plus récente (juillet 2007) menée par ABPmer fait plutôt état de 28 TWh ;
- le potentiel européen total exploitable serait de 35 TWh/an ;
- le potentiel mondial, beaucoup plus incertain, est estimé à 120 TWh par an. D'après le gouvernement écossais, l'équiper nécessiterait un investissement d'environ 60 milliards d'euros. En supposant un facteur de charge de 40 %, cela correspond à 34 GW de puissance installée – c'est-à-dire à ce que génèreraient un peu moins de 34 réacteurs nucléaires.

L'Angleterre talonne de près son bouillonnant voisin. Sur le même créneau que l'Hammerfest Strøm, Marine Current Turbines développe depuis 1994 une technologie concurrente. En avance sur les Norvégiens, elle teste depuis 2003 et dans le détroit de Bristol un prototype de 300 kW : *Seaflow*. Ils sont nombreux à croire au succès de celle qui installe aujourd'hui une ferme de 1 MW baptisée *Seagen* dans le Stangford Lough en Irlande du Nord : EDF Energy y a même investi !

La France dispose du deuxième plus important potentiel hydrocinétique européen. La PME quimpéroise Hydrohélix est le cœur du projet *Marénergie*. Elle a conçu une hydrolienne, elle aussi posée sur le plancher océanique mais sans mât. La Sabella D03 mesure 3 mètres de diamètre, et 5,5 mètres de haut. Seule réalisation française sur ce terrain, elle sera installée en avril 2008 dans l'estuaire de l'Odet, pour une période d'essai de 6 semaines. Ce petit prototype (10 kW, trente fois plus petit que les prototypes anglais et norvégiens) a vu le jour grâce au soutien de collectivités locales et d'industriels locaux. Une modestie qui témoigne de la frilosité française à s'engager dans cette voie ?

Encadré 6 – À chacun son hydrolienne !

Plus de mille brevets auraient été déposés à travers le monde pour exploiter l'énergie des courants : difficile de tous les recenser !

L'*Hammerfest Strøm*, *Seagen* et *Marénergie* sont toutes des hydroliennes à axe horizontal. D'autres concepts hydrocinétiques ont vu le jour :
• hydroliennes mouillées entre deux eaux : sortes de grosses torpilles à hélices contra-rotatives dimensionnées pour une utilisation dans le Gulf Stream (Atlantic Florida University ou Ocean Energy Inc.).
• hélices à axe vertical (projet italien *Enermar*) : turbines Darrieus du projet HARVEST du Laboratoire des écoulements géophysiques et industriels de l'Institut polytechnique de Grenoble, turbines Davis développées par Blue Energy, ou turbines Gorlov.
• profils oscillants : *Stingray* britannique.
• descendants des moulins à aubes : *Hydro-gen*, un concept français.

La houle aussi est exploitable... et exploitée !

Notre panier contient potentiellement près de 34 GW d'énergie hydrocinétique. Pas mal, mais que dire des centaines de GW que pourraient nous livrer les vagues ?

Encore une fois, nos voisins outre-Manche sont les mieux lotis : quelque 120 GW leur seraient disponibles, ce qui leur permettrait de couvrir quatre fois leur demande électrique ! En France, le potentiel énergétique annuel de la houle est estimé à 417 TWh, soit près des quatre cinquièmes de la consommation électrique totale de notre pays (450 TWh en 2000). Il n'est pas question de tout exploiter – mais ces chiffres témoignent de l'intérêt de mobiliser ne serait-ce qu'une fraction de cet important potentiel !

C'est d'ailleurs une drôle de bête qui va s'y essayer : le monstre du Loch Ness serait sorti de son lac ! On l'aurait aperçu dans les brumes de la baie d'Orkney et à proximité des rivages portugais.

Un serpent de mer ? Imaginez une succession de quatre cylindres d'acier semi-immergés, accrochés les uns aux autres en un collier long de 120 mètres. Rouge vif, il ressemble à un

Encadré 7 – Pelamis : histoire d'un serpent de mer

Idéalement installé sur des eaux de 50 à 60 mètres de fond pour que l'énergie des vagues y soit maximale, chaque convertisseur *Pelamis* pèse 700 tonnes, mesure 3,5 mètres de diamètre et produit 750 kW. Une ferme de production électrique pourrait consister en quarante boudins rouges disposés perpendiculairement aux vagues ; occupant 1 km² d'océan, elle produirait 30 MW d'électricité tout à fait propre (alimentation de 20 000 foyers).

Comment le système fonctionne-t-il ? Des vérins hydrauliques situés dans les articulations qui relient les cylindres sont comprimés sous l'action de la houle. L'huile à haute pression qu'ils contiennent est alors envoyée vers un moteur hydraulique. En fin de chaîne, le moteur actionne un alternateur générateur d'électricité qu'il suffit d'amener au continent par un câble.

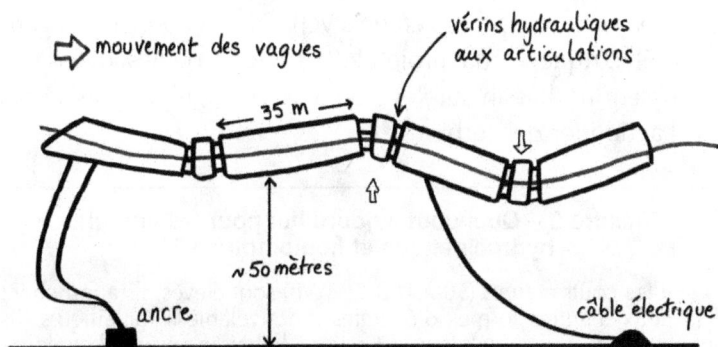

Inspiré de : http://www.cdnm.info/news/science/pelamis_wave_power_system 510455.gif

Après avoir été testé dans le fief écossais de Pelamis Wave Power (près d'Islay), l'engin a dès 2006 pris le large pour gagner le Portugal. Son petit frère s'est installé en 2007 au Centre européen pour l'énergie marine d'Orkney (Écosse).

Près de Póvoa de Varzim (Portugal). La ferme marine d'Aguçadoura sera la première à exploiter commercialement la production de trois *Pelamis*. La contre-attaque médiatique du gouvernement écossais ne s'est pas fait attendre : la création d'une ferme de quatre Pelamis a été annoncée le 22 février 2007, pour un montant de 4 millions de livres Sterling [5,6 M€] !

dragon de nouvel an chinois qui serait mu par les vagues de l'océan. Ce sont ces mouvements que Pelamis Wave Power a eu l'idée d'exploiter pour en faire de l'électricité.

La houle, comme les courants, a stimulé la créativité des inventeurs de toutes les eaux du monde (Japon, Inde, Portugal, Royaume-Uni, Norvège). Les systèmes dits de première génération ont vu le jour à proximité des côtes. Ces chambres d'eau oscillantes présentaient le double inconvénient d'accaparer le littoral et de ne pouvoir tirer pleinement parti de l'énergie de la houle puisque celle-ci se dissipe à mesure que les vagues se rapprochent de la grève[1]. Les systèmes de deuxième génération ont, eux, fait le pari de la haute mer (40-60 mètres de fond). C'est le cas de *Pelamis*, mais aussi de la plateforme flottante *Power buoy* dont les mouvements verticaux actionnent un générateur électrique et du projet *Wavedragon* où les déferlantes remplissent un bassin surélevé dont la vidange par gravité permet d'actionner des turbines.

Encadré 8 – Quel coût aujourd'hui pour les énergies hydrocinétique et houlomotrice ?

Si les coûts actuels (50 à 100 €/MWh) sont élevés, ils approchent déjà ceux d'autres formes d'énergies renouvelables. Par ailleurs, ils ont un plus fort potentiel de progression à la baisse puisque l'exploitation des énergies hydrocinétique et houlomotrice ne fait que commencer.

L'Ifremer a estimé en 2004 que le coût de ces énergies pourrait tomber entre 30 €/MWh et 60 €/MWh quand la capacité installée atteindra 700 MW.

NB : le tarif de rachat fixé pour encourager le développement de l'électricité d'origine marine est de 15 €/MWh en France [avril 2007], de 22 €/MWh au Royaume-Uni et de 25 €/MWh au Portugal.

Entre courants et houle, les ingénieurs ont l'embarras du choix pour développer une technologie marine économiquement viable.

---

1. Système Wavegen en Polynésie française, autres prototypes aux Açores [0,4 MW, depuis 2001] et à Islay, en Écosse [0,5 MW].

Pionnière dans l'exploitation des marées, la France s'est laissée distancer par son voisin anglo-saxon. C'est comme à l'école : « avoir du potentiel » ne suffit pas. Il faut aussi investir. Les « boîtes à idées » sont en quête permanente de financement pour des projets de recherche, de démonstration et de développement. Nombre d'entre elles n'attendent qu'un peu d'argent pour se lancer à pleine vitesse dans les fureurs de la course à l'innovation. *Business angels* ou super investisseurs ? À vous de jouer !

Éclairage sur...

... l'énergie éolienne

Projets :

- Les 5 000 éoliennes de Tehachapi, Californie (États-Unis)
- Les éoliennes et la cimenterie, Tétouan (Maroc)
- Vent domestiqué : la Réunion (France) et Dakar (Sénégal)
- Stocker l'énergie du vent, île d'Utsira (Norvège)

Introduction à l'énergie éolienne

Une éolienne en bref

L'énergie cinétique du vent est transférée aux pales de l'éolienne. Leur mise en mouvement entraîne la rotation d'un rotor à l'intérieur du stator de la nacelle, ce qui permet de générer du courant électrique.

La puissance d'une éolienne

Une éolienne sera d'autant plus puissante :
- que la vitesse du vent est importante ;
- que la surface couverte par les pales de l'éolienne est grande ;
- que le fluide déplacé est dense.

La vitesse du vent augmente quand on s'éloigne du sol[1] : les nacelles se perchent donc sur des mâts de plus en plus hauts pour capter des vents plus rapides.

L'aire décrite par les pales est proportionnelle au carré de la longueur des pales (aire du disque de rayon R est πR^2). Plus les pales sont longues, plus la puissance potentielle de l'éolienne sera grande.

La gamme de puissance des éoliennes sur le marché s'étend de 900 kW à 2 voire 3 MW ; le record actuel est de 7 MW par aérogénérateur (hauteur totale : 135 m !).

---

1. Sauf effet de cisaillement inverse du vent qui peut exister au sommet des collines.

Éléments de compréhension...

... globaux sur la technologie

L'énergie du vent créé par des différences de pression dans les couches basses de l'atmosphère est une énergie renouvelable au cycle entraîné par le Soleil. Utilisée depuis plus de 5 000 ans pour pousser les voiles de nos bateaux ou faire voguer les cerfs-volants, elle a ensuite pompé l'eau des abreuvoirs en plein champ, et est apprivoisée depuis trente-cinq ans pour générer de l'électricité (fin 2007 : 94 GW installés dans le monde dont 3 GW en France, croissance annuelle de 30 %).

Aujourd'hui, la bataille fait rage entre opposants et partisans des éoliennes.

Les premiers **(anti)** mettent en avant :

— l'atteinte au paysage par ces installations de grande taille ;

— la nuisance engendrée par le bruit régulier de la pénétration des pales dans l'air ;

— la menace qu'elles représentent pour les oiseaux qui seraient tentés d'y nicher, et pour les espèces migratoires sur le chemin desquelles elles seraient implantées ;

— l'intermittence de leur production électrique qui se traduit par un faible facteur de charge (aux alentours de 20 %) et, surtout, la difficulté de prévoir les mises hors ligne ;

— la fatalité d'une production qu'on ne peut appeler quand on en a besoin et qui s'ilote rapidement en cas de fragilité du réseau, aggravant les possibles crises de production électrique et nécessitant de compenser leur présence par une puissance plus disponible – en général thermique et donc polluante ;

— le coût supporté par la collectivité par le subventionnement jugé éhonté d'une technologie qui n'est pas à la hauteur de ses promesses environnementales (obligations d'achat de l'électricité éolienne par le réseau).

Les seconds **(pro)** se défendent en s'appuyant sur :
— l'absence d'émissions localement et globalement polluantes ;
— le vaste potentiel éolien disponible ;
— la subjectivité du jugement esthétique et la possibilité d'implanter les éoliennes dans des zones moins disputées (notamment : éolien offshore en pleine mer) ;
— l'édiction de dispositions réglementaires qui imposent des distances minimales entre éoliennes et installations pour minimiser la pollution sonore ;
— la prise en compte du risque de collision avec les oiseaux par la mise au point d'éoliennes à rotation lente et à tours en forme de tubes (plutôt qu'en treillis propice à la nidation) ainsi que par l'implantation des éoliennes hors des couloirs de migration ;
— la pluralité des zones de vent à l'échelle du territoire français ou du réseau européen, grâce à laquelle il est toujours un endroit où le vent souffle et les éoliennes tournent ;
— le couplage de la production éolienne avec les stations de transfert d'énergie par pompage (STEP) pour stocker l'énergie du vent dans des réservoirs hydrauliques et la libérer suivant les besoins ;
— le transfert de revenus aux communautés rurales qui acceptent l'installation de champs d'éoliennes.

... propres aux projets visités

• Les 5 000 moulins de Tehachapi, Californie (États-Unis)
Le col de Tehachapi, entonnoir qui relie l'extrémité ouest du désert du Mojave (nord-est de Los Angeles) à la vallée de San Joaquin, abrite 5 000 aérogénérateurs de tous âges et formats (les premiers ont été installés dans les années 80) : 760 MW d'éoliennes produisent l'électricité utilisée par 500 000 ménages américains (1 400 GWh par an). Paysages déserts et peu pittoresques, vents forts, production conséquente : une combinaison gagnante.

• **Les éoliennes et la cimenterie, Tétouan (Maroc)**

Des éoliennes pour alimenter la cimenterie Lafarge située sur les hauteurs de Tétouan ? Cette initiative prise dans le cadre de la politique de développement durable du groupe Lafarge avait pour objectif avoué la valorisation de l'image du groupe : il combinait les atouts médiatiques d'un projet vert – avec ceux d'un projet pionnier (premier projet de Mécanisme de développement propre validé en Afrique). Contre toute attente, il s'est aussi avéré très rentable ! Depuis leur mise en service en mai 2005, les 12 éoliennes situées dans un site particulièrement favorable (vents de 9 à 11 m/s) fournissent 40 à 50 % des besoins électriques de la cimenterie, dans un contexte de manque de capacité électrique sur le réseau marocain et donc de coûts d'approvisionnement croissants. Ce n'est pas le seul projet qui témoigne du dynamisme de l'énergie éolienne au Maroc : le gouvernement prévoit d'en installer 2 000 MW d'ici 2010.

• **Adapter la technologie à son contexte : cyclones et ruralité**

En 2002, et alors qu'elle importe 86 % de ses besoins en énergie sous forme de pétrole et de charbon, la région Réunion s'est lancée dans un ambitieux plan d'autonomie énergétique : le PRERURE[1]. Transports en commun, solaire, géothermie et éolien seront de la partie. Sur les hauteurs de Sainte-Suzanne, 14 éoliennes bipales de 275 kW tournent déjà. Bipales ? De dimensions modestes, elles n'ont que deux pales pour gagner en légèreté et pouvoir être couchées au sol à l'annonce des cyclones, fréquents dans le sud d'océan Indien.

Au Centre international de formation et de recherche sur l'énergie solaire de l'université Cheikh Anta Diop de Dakar, Cheikh Mohamed Fadel Kebe et Vincent Sambou ont mis au

---

1. Plan régional pour les énergies renouvelables et l'Utilisation rationnelle de l'énergie.

point une éolienne robuste et très bon marché. Avec ses 3 mètres de diamètre, elle tourne aux faibles vitesses de vents sénégalais, et fournirait, si certaines atteignaient 8 m/s, une puissance électrique de 500 W. C'est bien peu – aussi n'est ce pas l'intérêt de ce prototype fait à 95 % de matériaux locaux (bois pour les pales, poteau de récupération pour le mât...) et à la batterie sous-dimensionnée. Il privilégie, pour stocker l'énergie, les activités mécaniques rurales (pompage de l'eau, concassement du grain...) au stockage chimique de l'électricité dans la batterie.

Qu'en penser aujourd'hui ?

Bien que les prévisions météorologiques s'améliorent, l'éolien ne coupera jamais à l'intermittence de sa production. Suivant les mix énergétiques nationaux (importance de l'hydraulique, part du nucléaire et du thermique), il pourra permettre d'accroître l'offre électrique en réduisant la signature carbone, dans des proportions limitées par la capacité du système électrique à accommoder une production fatale qui, de plus, s'isole du réseau quand celui-ci en a le plus besoin (baisse de fréquence quand crise de production).

Une solution ? Le stockage de l'énergie éolienne

Parvenir à stocker l'énergie du vent couperait court aux handicaps de l'intermittence. Stocker l'électricité étant aujourd'hui coûteux et polluant (batteries plomb/acide), il serait heureux de trouver un vecteur énergétique qu'il serait plus aisé de stocker.

Pourquoi pas l'hydrogène ? Il peut être produit à partir de l'électricité éolienne, et stocké dans des bonbonnes de gaz.

C'est le couplage que teste avec succès l'entreprise Statoil-Hydro à Utsira, petite île norvégienne au large d'Haugesund où deux éoliennes de 600 kW ont été installées en 2004. Elles alimentent une dizaine de maisons de la communauté insulaire en électricité et stockent l'excédent électrique sous forme d'hydrogène produit par hydrolyse de l'eau. Quand le vent est en panne, l'hydrogène est brûlé dans des piles à combustible ou un moteur à hydrogène pour produire l'électricité à injecter dans le réseau local. Les coûts de maintenance et d'installation de ce prototype restent élevés, mais l'idée est prometteuse.

7

Sushis froids et bains chauds :

au pays des *onsens*, la géothermie !

*La géothermie ? C'est le « voyage au centre de la Terre »
par excellence ! Ses applications cherchent à tirer parti d'un
phénomène naturel : quand on s'enfonce dans la croûte terrestre, la température augmente de quelque 3,3 °C tous les
100 mètres. Cette moyenne à l'échelle du globe ne doit toutefois
pas cacher les disparités observées. Si elles ne sont pas les seules
concernées, on imagine sans peine les régions volcaniques être
« prédisposées » à une activité géothermique plus importante.*

*L'archipel japonais, par exemple. Planté sur l'extrémité
orientale de la plaque eurasienne, il est proche d'une zone de
subduction et est donc soumis à de fréquents tremblements de
terre. Née d'une intense activité volcanique pendant l'ère quaternaire, l'île méridionale de Kyushu regorge de sources d'eau
chaude célébrées par le savoir-vivre japonais... et parfois utilisées à des fins moins récréatives.*

Projet : Centrale électrique géothermique, Hacchobaru (Japon)

Initiation aux douceurs de la géothermie

4 juillet, 5 h 15 – « *Tu veux vraiment aller au marché aux poissons ?* » bâille Blandine, d'habitude plus matinale que sa comparse. La réponse fuse du lit voisin : « *Ça fait deux jours qu'on essaie de se lever à 5 h, cette fois-ci sera la bonne !* »

Trajet rapide dans le métro : à cette heure matinale, on ne voit pas encore s'arc-bouter contre le dos des passagers les pousseurs gantés de blanc chargés de maximiser l'occupation des wagons. Arrivées à destination, nous attrapons les dernières enchères de Tsukiji. D'ovales cocons blancs sont traînés à travers la salle par des manutentionnaires armés de longs crochets ; adjugés, ils sont estampillés d'un pictogramme et parés d'un ruban de couleur passé dans la gueule abîmée de ces thons congelés. La salle, rapidement, se vide ; la journée, ici, est déjà terminée.

Quelques heures plus tard, nous atterrissons à Oïta. La différence d'atmosphère entre cette préfecture de l'île méridionale de Kyushu et Tokyo l'hyperactive est radicale : nous croyons avoir rêvé Tsukiji !

En bus, nous rejoignons Beppu. Au Japon, le paradis terrestre se décline en gastronomie raffinée – et en art du bain. Dans l'archipel volcanique où elles abondent, les eaux thermales sont très prisées, et celles de Beppu la fumante, particulièrement renommées. Nous décidons d'une balade touristique aux « enfers de Beppu », ces sources chaudes aux couleurs étonnantes. Après avoir essuyé un échec à la première porte, nous sommes surprises de n'avoir qu'à pousser la seconde, qu'un étourdi aura oublié de fermer. Au milieu des parterres savamment entretenus du petit parc désert, les sources dont l'oxyde de fer teinte de rouge l'eau chaude et boueuse nous accordent un tête-à-tête bruyant et odorant. La Terre éructe vapeurs et bulles dans un théâtre de fumerolles qui masquent par instant une surface mouvante et rouge sang.

Quittant les rives du Styx, nous nous dirigeons vers notre Olympe : le *ryokan*. La petite auberge qui nous accueille ce soir-là est équipée d'un ensemble de bains d'eau et de sable : de quoi nous initier aux délices des *onsens*... et à la géothermie. Des mots grecs *gê* (la Terre) et *thermos* (chaleur), la science ainsi nommée étudie les phénomènes thermiques du sous-sol et les techniques qui visent à en tirer chaleur et/ou électricité. Fumerolles, sources chaudes et geysers sont les plus connues de ces manifestations naturelles, dont les bienfaits thérapeutiques sont vantés depuis la nuit des temps !

Un nouvel usage de l'eau chaude

5 juillet – La journée de la veille fut un songe délicieux. Tôt ce matin, nous commençons une course de quarante-huit heures qui nous fera traverser le Japon d'est en ouest avant de nous catapulter de l'autre côté du Pacifique, aux États-Unis. En attendant, le train nous dépose à Bungomori, petit bourg où nous retrouvons Hakim. « Post-doc » en géothermie à l'université d'Oïta, il a très aimablement accepté de nous accompagner aujourd'hui et, précieux présent, de s'essayer pour nous au métier d'interprète.

La centrale géothermique d'Hacchobaru, encaissée dans les vallées voisines, n'est accessible qu'en voiture. Nous profitons du voyage pour admirer le paysage et mitrailler Hakim de questions sur la géothermie, Hacchobaru, ses études, son acclimatation au Japon... Il en vient à nous conter l'histoire des montagnes environnantes. Les volcans de la région d'Oïta datent de l'ère quaternaire ; ils sont aujourd'hui éteints mais les températures souterraines y restant plus élevées qu'ailleurs, ils abritent de nombreuses sources chaudes.

**Encadré 1 – D'où vient la chaleur exploitée
par la géothermie ?**

La température augmente avec la profondeur suivant un **gradient
géothermique** : lorsqu'on s'enfonce de 100 mètres sous terre, l'élévation de la température est en moyenne de 3,3 °C. Il existe toutefois de
fortes disparités géographiques : ce gradient prend des valeurs beaucoup plus élevées dans certaines zones géologiquement instables, et
peut varier significativement à travers les zones continentales stables.
Ainsi, s'il est de 4 °C tous les 100 mètres en moyenne en France, il
peut y prendre des valeurs aussi variées que 2 °C/100 m au pied des
Pyrénées ou 10 °C/100 m dans le nord de l'Alsace.

D'où vient cette chaleur ? Serait-ce du centre de la Terre où la
température du noyau frise les 4 200 °C, lointain souvenir de la formation de la planète il y a 4,55 milliards d'années ? Cette hypothèse de
« flux profond » ne suffit pas car les roches qui constituent les quelques dizaines de kilomètres d'épaisseur de l'écorce terrestre condui-
sent très mal la chaleur.

90 % de la chaleur du sous-sol provient en fait des éléments
radioactifs présents dans ces roches (il s'agit essentiellement d'uranium, de thorium et de potassium) : leur décroissance radioactive
dégage de l'énergie convertie par le milieu environnant en chaleur.
L'intensité du gradient dépend donc de la concentration des éléments
radioactifs présents, c'est-à-dire de la composition chimique des
roches : elle est environ trois fois plus élevée dans les granites que
dans les basaltes.

Dans les zones où le magma se rapproche de la surface, les gradients géothermiques peuvent atteindre 30 °C/100 m.

Source : www.geothermie-perspecitives.fr

La géothermie, nous rappelle Hakim, est connue depuis
aussi longtemps que les thermes et bains alimentés par des sources d'eau chaude. Il a néanmoins fallu attendre le XXe siècle
pour en obtenir du courant : la légende raconte qu'en 1904, à
Larderello, ville italienne, le prince Ginori Conti parvint à produire assez « d'électricité géothermique » pour éclairer cinq
ampoules ! Cet exploit, qui serait le premier du genre, passa
inaperçu.

Les chocs pétroliers des années 70 et le renchérissement
des prix de l'énergie ont modifié le regard porté sur cette idée :
la puissance électrique géothermique installée dans le monde

est passée de 400 MW en 1960 à 8 000 MW à la fin du siècle dernier.

Hirotaka Matsuoka nous accueille à Hacchobaru, où Kyushu Electric Power a installé une centrale géothermique. Il a la charge de l'usine dont les colonnes de vapeur signalaient depuis la route la présence. Après l'échange codifié de nos cartes de visite et l'offre de *moogi-cha*[1], un film nous présente le site que nous allons visiter. Il nous apprend qu'une première unité de production a été mise en opération en 1977, après trois ans de forage des puits et installation des équipements. Une seconde unité a suivi en 1990. À elles deux, elles représentent une capacité installée de 110 MW, qui permet d'approvisionner approximativement 37 000 foyers en électricité : Hacchobaru est la plus grosse centrale géothermique japonaise.

L'eau est puisée entre 1 500 et 2 200 mètres sous terre, là où sa température avoisine les 230 °C[2]. À ces profondeurs, malgré la température ambiante, l'eau reste liquide car sa pression y est élevée (voir encadré). Lorsqu'elle remonte jusqu'à la surface, la pression diminue et l'eau des profondeurs se transforme en *vapeur humide*, mélange d'eau liquide et de vapeur d'eau.

1. Ce café de blé grillé est, servi frais, la boisson de l'été japonais.
2. En comparaison, le magma se situe en général entre 30 et 50 kilomètres de la surface, et sa température avoisine plutôt les 1 000 °C.

Encadré 2 – Liquide ou vapeur ?
Une histoire de température et de pression

Aller se faire cuire un œuf (dur) en montagne prend plus de temps qu'en bord de mer. La pression y est plus faible (en altitude, la colonne d'air sus-jacente étant moins haute, elle « appuie » moins fort) : l'eau bout à une température inférieure à celle qu'elle devrait atteindre au niveau de la mer (100 °C), car elle a, en altitude, « moins d'effort » à fournir pour le faire. L'œuf étant plongé dans un liquide moins chaud, il lui faudra plus de temps pour cuire !

Les diagrammes de phase permettent de qualifier l'état de la matière (solide, liquide, gaz) en fonction de la température et de la pression. Voici celui de l'eau.

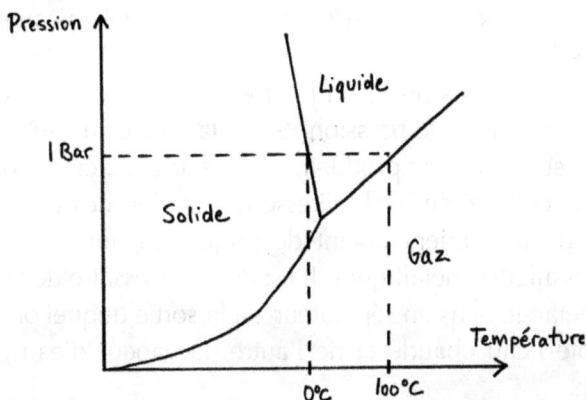

La pression atmosphérique au niveau de la mer est de 1 bar. À cette pression, on constate que la glace fond quand la température atteint 0 °C, et que l'eau bout quand sa température atteint 100 °C. Jusque-là, rien de nouveau !

À des pressions supérieures à 1 bar, il faut porter l'eau à plus de 100 °C pour la faire bouillir (de liquide, elle devient vapeur). Ainsi, à l'intérieur de réservoirs naturels ou artificiels où l'eau est maintenue sous des pressions de plusieurs centaines de bars, elle peut y être liquide, bien qu'à des températures bien supérieures à 100 °C.

Au-delà de la température du point triple (où les trois états liquide, solide et gaz coexistent), l'eau se vaporise si on abaisse suffisamment sa pression : c'est ce qui se passe lorsque l'eau remonte à la surface de la Terre.

Note : on regroupe les états « gaz » (ou vapeur) et « liquide » sous la dénomination commune de « fluide ».

15 puits ont été creusés pour puiser l'eau chaude souter-raine, 14 puits supplémentaires réinjectent l'eau après son utili-sation par la centrale. *« C'est amusant comme l'univers géothermique ressemble à celui du pétrole »*, remarque Élodie. Simulations informatiques pour évaluer les quantités de fluide exploitables, études géologiques, forage de puits de production, réinjection de substances dans le réservoir pour en maintenir la pression, nécessité de purifier le liquide en sortie de puits... les analogies sont nombreuses !

Cette centrale fut la première au monde à posséder un sys-tème à double séparation (*double flush*). Hirotakan-san nous en explique le principe.

À la sortie des puits, on récupère un mélange d'eau et de vapeur d'eau à haute pression. Seule la vapeur d'eau peut être envoyée sur la turbine productrice d'électricité : étant donné les pressions considérées et la vitesse de rotation des turbines, les gouttes d'eau seraient autant de projectiles qui endommage-raient les ailettes métalliques. Il est donc nécessaire de faire pas-ser le mélange dans un séparateur[1], à la sortie duquel on obtient d'un côté l'eau chaude et de l'autre, la vapeur d'eau à haute pression.

Le *double flush* permet d'extraire, de l'eau chaude, une quantité supplémentaire de vapeur. Soumise à des pressions plus faibles, l'eau chaude récupérée en sortie du premier sépa-rateur est partiellement vaporisée. Cette vapeur, après être pas-sée dans un nouveau séparateur, peut, elle aussi, être envoyée sur la turbine électrique. Davantage de vapeur d'eau, davantage d'électricité ! Mais ce système est-il rentable ? S'il est vrai que l'utilisation de ce second flux de vapeur requiert un investisse-ment supérieur, elle permet d'augmenter le rendement de la centrale de 15 à 25 %. À Hacchobaru, il a cru de 20 % ! Soit

---

1. Simple cuve dont le volume est suffisamment grand pour « tranquilli-ser » le mélange et séparer, par gravité, l'eau de sa vapeur.

près d'un cinquième de production supplémentaire, sans révolution technologique. Et si ces optimisations techniques étaient les leviers les plus efficaces pour limiter le changement climatique[1] ?

Une exploitation géothermique émet très peu de gaz à effet de serre. D'après une estimation faite sur 73 % du parc mondial, la quantité moyenne de CO_2 émise par les centrales géothermiques est de 55 g/kWh, soit dix fois moins qu'une centrale thermique au gaz naturel. Elle peut encore être réduite par la réinjection des fluides géothermiques dans les réservoirs, une pratique aujourd'hui courante.

Mais alors, pourquoi ne voit-on pas plus de centrales géothermiques ? S'il est important, leur potentiel de développement a peu de chance d'être saturé, et ceci, pour plusieurs raisons. Au Japon par exemple, plus de la moitié des ressources géothermales exploitables se trouvent dans l'enceinte ou à proximité de parcs nationaux, et très souvent dans le voisinage de l'une des 27 000 sources thermales du pays. La volonté de préserver les paysages, le désir de ne pas annihiler les atouts touristiques et la compétition des acteurs économiques pour les usages électriques et thermaux ont conduit à l'édiction d'un certain nombre de restrictions techniques qui ont sensiblement augmenté les coûts de développement des projets électriques : l'électricité ainsi produite est aujourd'hui deux fois plus chère que celle produite par une centrale thermique classique.

---

1. Voir chapitre 16 (« Faire mieux, avec moins »), p. 304.

Encadré 3 – Lorsque la géothermie provoque des séismes...

Dans les régions à géothermie sèche où les réservoirs hydrauliques ne sont pas suffisants pour alimenter en fluides une usine électrique, de l'eau sous pression est injectée dans les puits de « production ». La pression peut être si forte qu'elle fracture la roche, ce qui risque de provoquer de véritables séismes locaux, comme en témoignent les habitants de Bâle en Suisse (séismes de 3,2 à 3,4 degrés sur l'échelle de Richter en décembre 2006 et janvier 2007 dans le cadre du projet *Deep Heat Mining*).

Ces grosses centrales à cœur de vallée ne sont donc probablement pas le futur de la géothermie de puissance. Il est grand temps de faire la connaissance du système binaire !

Le système binaire : creuser moins pour produire plus ?

Puiser à 3 000 mètres une eau à 200 °C ? C'est possible techniquement, mais pas nécessairement très attrayant d'un point de vue économique. Ne pourrait-on pas produire de l'électricité à partir de températures moins élevées, et donc d'eaux moins profondes ? Impossible à première vue : la production de l'électricité nécessite une vapeur haute pression. Il faut donc des températures élevées, à trouver dans les profondeurs de la Terre.

« *Hé hé, haute pression oui, mais pas nécessairement vapeur d'eau* », s'amuse Hirotaka-san. D'autres liquides ont des températures de vaporisation[1] plus basses que l'eau : l'alcool par exemple, bout et s'évapore bien avant d'atteindre 100 °C. Il en est de même du pentane, qui bout dès qu'il atteint 36 °C.

Eurêka ! Il « suffirait » donc d'utiliser des turbines à vapeur de pentane plutôt qu'à vapeur d'eau ! À haute pression, le pentane devient vapeur aux alentours de 70 °C : des températures d'eau voisines de 90 °C suffiraient alors à le chauffer.

---

1. Dans des conditions normales de pression (pression atmosphérique).

**Encadré 4– Comment chauffer le pentane ?
Vivent les échangeurs thermiques !**

Les échangeurs thermiques permettent le passage de la chaleur d'un fluide chaud vers un fluide froid, sans qu'il soit nécessaire de les mélanger. Il faut pour cela leur offrir une surface d'échange, étanche à l'un et l'autre, et conductrice de chaleur. Ainsi par exemple d'un tuyau dans lequel circulerait le fluide chaud, et qui baignerait dans une cuve pleine du fluide froid.

Plus le tuyau est long pour une même quantité de fluide froid, plus la quantité de chaleur transmise à ce dernier sera importante et plus sa température augmentera au détriment de celle du fluide chaud. D'où l'idée de fabriquer des serpentins : à volume de cuve constante, ils offrent un maximum de surface de contact avec le fluide froid.

Toujours dans l'idée d'accroître la surface d'échange entre les deux fluides, on aura tendance à préférer l'utilisation de plusieurs tuyaux fins en parallèle (multi-tubes) à celle d'un tube large – le meilleur exemple n'est-il pas votre radiateur ?

Le pentane est plus coûteux que l'eau ; il a aussi le défaut d'être toxique. Un système « fermé » a été imaginé pour le récupérer après son passage dans la turbine, le refroidir pour le préparer à un nouveau cycle, et éviter tout contact avec le milieu extérieur.

Hirotaka-san nous présente un prototype de 2 MW de ce *système binaire*. Il repose sur l'utilisation astucieuse de deux caloporteurs, l'eau et le pentane. Grâce à cette technique aujourd'hui largement diffusée et particulièrement bien adaptée aux petites puissances, on peut produire de l'électricité à partir de sources chaudes d'à peine 90 °C.

Géothermie haute, moyenne et basse énergie : kesako ?

Géothermie, géothermie... le mot vous avait-il fait penser aux centrales électriques ici décrites ? Probablement pas, car chez nous, on s'intéresse plutôt à la géothermie basse énergie.

Encadré 5 – De quelle géothermie parle-t-on ?			
Géothermie haute énergie	Géothermie moyenne énergie	Géothermie basse énergie	Géothermie très basse énergie
T > 150 °C Entre 1 500 et 3 000 mètres de profondeur. Zones géographiques au gradient géothermal anormalement élevé : (régions volcaniques) « ceinture de feu » du Pacifique, arc des petites Antilles, arc méditerranéen ou encore grand rift africain.	T entre 90 et 150 °C Même configuration géologique que la géothermie haute énergie mais à une profondeur moindre (<1 000 m), ou jusqu'à 2 000 à 4 000 mètres de profondeur dans les bassins sédimentaires.	T < 90 °C Bassin de l'Amazone et du Rio Plata en Amérique du Sud, région de Boise (Idaho) et bassin du Mississipi-Missouri aux USA, bassin pannonien en Hongrie, bassins parisien et aquitain en France, bassin artésien en Australie, région de Pékin et Asie centrale...	Chaleur emmagasinée dans les couches superficielles du sous-sol. En tout point de la planète, à quelques mètres de profondeur. Utilisé pour le chauffage des habitations (pompes à chaleur géothermiques).
Source : www.geothermie-perspecitives.fr			

Un peu plus de 350 installations géothermiques à haute et moyenne énergie sont actives dans le monde. En 2007, elles représentaient une puissance installée d'environ 9,7 GW soit à peine 0,3 % de la puissance électrique mondiale. Ceci dit, l'électricité n'est que l'un des produits de la géothermie. On peut également l'utiliser pour produire de la chaleur[1].

---

1. La production d'électricité géothermique est souvent couplée à un système de récupération de la chaleur, qui peut être injectée dans un réseau de chaleur. À Hacchobaru, la valorisation de sa chaleur « basse température », permet d'obtenir des rendements globaux de l'ordre de 80 %.

Le premier réseau moderne de chauffage géothermique (basse et moyenne énergie) a vu le jour en 1930, à Reykjavik en Islande. 95 % des habitations de l'île sont aujourd'hui chauffées grâce aux 700 km d'un réseau de chaleur. En 2005, plus de 70 pays déclaraient utiliser la géothermie pour produire 70 TWh de chaleur par an.

Quid de la géothermie très basse énergie ? Les températures en jeu sont assez faibles, mais particulièrement bien adaptées aux besoins domestiques. Les puits provençaux peuvent être qualifiés de systèmes géothermiques passifs. Avant de pénétrer dans la maison, une partie de l'air destiné à la ventilation de la bâtisse passe dans des tuyaux enterrés dans le jardin (à 1 à 2 mètres de profondeur). En hiver, la terre est à cette profondeur plus chaude que l'air ponctionné en surface, qui sera donc réchauffé lors de son passage dans les tuyaux. En été, le sol est au contraire plus froid que la température extérieure : notre astucieux « puits » va donc puiser la fraîcheur relative du sol pour tempérer l'air entrant dans le logement. Les pompes à chaleur, ses cousines, tirent, elles aussi, parti de cette différence d'inertie thermique du sol et de l'air, mais de façon active.

À la chasse aux gradients !

Les réservoirs géothermiques sont des sources chaudes. Aussi évident que cela puisse paraître, une source chaude n'est utile que si le milieu environnant est plus froid, puisque, avant tout, ce sont les différences de température qui nous intéressent et non des températures absolues élevées.

Ainsi, dans des environnements chauds, ce sont les sources froides qui s'avèrent indispensables aux processus industriels reposant sur des cycles thermiques : les centrales thermiques, dont la vapeur basse pression doit être refroidie et condensée, sont souvent construites en bordure de mer ou à proximité de rivières qui pourront absorber leur surplus de chaleur[1]. À Hac-chobaru, c'est l'air ambiant qui joue ce rôle.

Puisque c'est de différence de températures dont il s'agit, piquons une tête dans l'eau. Faisons de la surface des mers notre source chaude, et utilisons l'eau des fonds océaniques comme source froide. En rejouant le coup du pentane avec un fluide qui s'évapore à température ambiante et se condense aux alentours de 4 °C (température du fond océanique), on peut produire de l'électricité suivant le même principe que celui que nous avons découvert à Hacchobaru – avec une contrainte supplémentaire : produire plus d'énergie qu'il n'en est besoin pour pomper l'eau des grands fonds...

Encadré 6 – Exploiter l'énergie thermique des océans

De le même façon que la géothermie peut alimenter un réseau de chaleur, pourquoi ne pas alimenter un réseau de climatisation par une source froide ?

La climatisation du centre de Stockholm tourne à l'eau de la mer Baltique ; en Amérique, depuis 2000, le campus de l'université de Cornell utilise l'eau du lac Cayuga, une quarantaine de bâtiments du centre ville de Toronto puisent depuis 2006 la fraîcheur du lac Ontario...

L'Hôtel Intercontinental de Bora Bora (Polynésie française) serait, depuis mai 2006, le premier établissement privé équipé d'un tel système. La rentabilité des investissements proviendrait tout autant des économies réalisées (90 % par rapport à un système de climatisation conventionnel) que de l'exploitation marketing des eaux puisées dans les profondeurs de l'océan (dont thalassothérapie).

---

1. Dans certaines limites, variables suivant le milieu concerné – et son état. En période de sécheresse, il peut être nécessaire de réduire l'activité des centrales dont le refroidissement dépend de ces sources froides. Ces rejets de chaleur sont contrôlés par les autorités environnementales.

Les différences thermiques ne sont pas les seuls gradients exploitables : on peut aussi récupérer l'énergie provenant du mélange d'eaux de différentes teneurs en sel (à l'embouchure des fleuves par exemple), de différences d'altitudes, de pression, de potentiel chimique... la chasse aux gradients est ouverte !

8

Gérer durablement la forêt :
une arme contre la désertification

Près de la moitié du bois utilisé dans le monde sert de bois de chauffe ou de cuisson dans les pays en voie de développement. Menaçant les couverts arboricole et forestier, cet usage met en péril l'équilibre des sols et accélère la désertification des écosystèmes les plus fragiles. Cette tendance est difficile à inverser car sa cause est profonde. La déforestation n'est en effet que l'un des maillons d'une longue chaîne économique grâce à laquelle vivent de très nombreuses familles. Pourtant, des solutions existent, preuve en est ce projet de « banque verte » mis en œuvre à Nganda, dans la région sahélienne de Kaolack, au Sénégal. Grâce à lui, le désert ne passera pas dans ce village d'irréductibles !

Projet : Lutte contre la déforestation, Nganda, région de Kaolack (Sénégal)

Encadré 1 – Bilan mondial de la déforestation : mars 2007

Près de 4 milliards d'hectares, soit environ 30 % des surfaces émergées mondiales, sont couverts de forêts. De 1990 à 2005, la planète a perdu 3 % de sa surface forestière totale, soit une diminution moyenne de 0,2 % par an. En Asie et dans le Pacifique, en Europe, en Amérique du Nord, aux Caraïbes et en Afrique du Nord, certaines régions ont réussi à s'affranchir de plus d'un demi-siècle de déforestation, affichant même un accroissement des superficies boisées. Toutefois, les pertes nettes de forêts s'établissent à 7,3 millions d'hectares l'an. Cela correspond à 200 km² de forêts perdues par jour, une superficie égale à deux fois celle de la ville de Paris. L'Afrique, qui représente environ 16 % de la superficie boisée totale, a perdu plus de 9 % de ses forêts entre 1990 et 2005.

Source : *Situation des forêts du monde 2007 Organisation des Nations unies pour l'alimentation et l'agriculture (FAO), mars 2007*

Vous avez dit Touba ?

3 mars – Depuis que nous sommes arrivées au Sénégal, pas un jour ne passe sans qu'on nous parle de Touba. « *Jeudi, c'est Touba* », « *Vous avez vos billets pour Touba ?* » Avertissement ou invitation, ces deux syllabes, qui expliqueraient pourquoi le vol Casablanca-Dakar était plein à craquer, sont dans toutes les bouches.

Nous ne doutons pas qu'au détour d'une conversation, Touba nous livrera ses secrets. Depuis deux mois que nous voyageons, nous apprenons, petit à petit, à nous imprégner de nos rencontres et des rebondissements de nos aventures pour tenter de deviner les territoires et leurs secrets...

Kéba et Moune Dao nous hébergent à Ouakam, un ancien village de pêcheurs planté au nord de la presqu'île du Cap-Vert et que l'extension urbaine a rattaché à la capitale. S'ils parlent wolof [1]

---

1. Le wolof est la langue la plus parlée au Sénégal. Elle l'est tant par les membres de l'ethnie wolof (environ 45 % de la population sénégalaise) que par ceux des autres groupes.

en famille, nos hôtes ont la gentillesse de s'exprimer devant nous en français. Chez eux, l'animation est garantie : Fatou Sybille profite de ses trois ans pour attirer l'attention de tout ce qui la dépasse d'une tête, Florent, le jeune coopérant français qui habite ici, la fait danser sur ses genoux, tandis qu'Abdou-Florent, âgé d'à peine un mois et confortablement installé dans les bras de sa mère, s'émerveille encore de sa venue au monde. Nous sommes accueillies comme en famille ; c'est la *teranga*[1] sénégalaise. Les dîners sont l'occasion d'en apprendre plus sur les coutumes du pays et ses traditions culinaires. Ils nous permettent surtout d'assaillir nos hôtes des multiples questions que les péripéties de nos journées nous amènent à nous poser. Touba ? C'est à 200 km de Dakar un important centre religieux. Berceau de l'une des deux plus grandes confréries musulmanes sénégalaises, elle accueille tous les ans trois millions de pèlerins à l'occasion d'une grande fête religieuse... qui tombe ce jeudi : « *Vous tombez mal : les jours qui entourent Touba sont quasiment fériés !* »

    90 % des Sénégalais sont musulmans. La plupart d'entre eux se considèrent, de près ou de loin, disciples d'un guide spirituel. Ce marabout entretient en général des liens avec l'une ou l'autre des confréries religieuses. Luc Hoang Gia, le consultant chez qui nous avons glané moult adresses et plusieurs verres de *bissap*[2] rafraîchissant, nous indique que la Tidianiyya regroupe les tidjanes (50 % de la population) et la Mouriddiya, les mourides (près de 30 % des Sénégalais). Au-delà de leurs identités religieuses, ces confréries exercent leur influence sur des sphères différentes. Ainsi, les mourides, dont Touba est la principale fête – et démonstration de puissance majeure – ont le secteur des transports bien en main.

---

1. En wolof, « teranga » signifie « accueil ». Ce terme est souvent utilisé pour qualifier la tradition d'hospitalité sénégalaise.
2. Boisson fraîche à base de fleurs d'hibiscus, au goût acidulé.

Voilà qui ne nous arrange pas ! Bien que nous ne soyons au Sénégal que pour dix jours, des vacances forcées pour chômage technique nous semblent inéluctables : jeudi prochain, « c'est Touba », mercredi, les pèlerins sont sur la route et vendredi-samedi-dimanche, ils font le pont. Que faire ? Nous envisageons de prendre, nous aussi, la route de Touba. L'expérience, quoique épuisante, serait unique !

L'aménagement forestier contre la déforestation de l'Afrique sub-saharienne

Aussi impensable que cela puisse paraître, nous dénicherons une offre encore plus attrayante : loin des foules religieuses mourides, la visite d'un petit village de la région de Kaolack.

5 mars, trois jours avant Touba – Dans les bureaux de la GTZ [1], Jörg Bauer et ses collègues nous présentent le PERACOD. Ce programme pour la Promotion de l'électrification rurale et de l'approvisionnement en combustibles domestiques a été créé en 2004 au sein du ministère de l'Énergie sénégalais. Pendant les douze ans que durera le projet, il sera question de poursuivre les activités de projets lancés au milieu des années 90 qui visaient la planification et l'éducation à l'aménagement participatif forestier d'un côté, et la diffusion de systèmes photovoltaïques en milieu rural de l'autre.

Actuellement, le PERACOD intervient en tant que prestataire de services dans trois régions (bassin arachidier, Casamance et région de Saint-Louis). Son objectif ? Améliorer la gestion des ressources naturelles et encourager la mise en œuvre des lois de décentralisation qui ont, entre autres, donné aux collectivités locales compétence pour la gestion forestière.

---

1. Deutsche Gesellschaft für Technische Zusammenarbeit (société allemande de coopération technique).

Car si le Sénégal est celui des pays d'Afrique occidentale qui présente l'expérience la plus ancienne en matière d'aménagement forestier[1], ses arbres tombent toujours trop : défrichements agricoles, sécheresse et exploitation du bois auraient amputé les formations forestières naturelles de près de 80 000 hectares par an entre 1981 et 1990, dont environ 30 000 pour la production de combustibles domestiques (charbon de bois et bois de chauffe). Bien que le rythme de déboisement ait ralenti pour tourner aujourd'hui autour de 45 000 hectares[2] par an, il reste préoccupant.

D'autant plus préoccupant que la déforestation accentue la désertification du Sahel, cette frange de savane arborée qui tient tête au Sahara. Les arbres disparus, leurs racines ne fixent plus ni la terre ni l'eau, leurs troncs ne font plus obstacle au vent, leur feuillage ne fournit plus d'humus aux sols. L'érosion éolienne s'en donne à cœur joie pour réduire la productivité des terres et la désertification résultante pousse les populations dépendantes des ressources forestières et agricoles à quitter leurs terres.

D'autre part, plus on coupe de bois (pour le transformer en charbon), plus on engendre de bénéfices (en vendant le charbon en ville), mais plus on hypothèque la capacité future de la forêt à se régénérer, et donc à produire du charbon. Préserver la forêt étant perçu comme une perte immédiate de revenus immédiats, comment espérer que les codes forestiers soient respectés ?

La stratégie sénégalaise part d'un constat simple : ce n'est qu'en responsabilisant les habitants des campagnes et en leur proposant des schémas économiques alternatifs que la déforestation pourra être ralentie. Le PERACOD travaille donc à l'éla-

---

1. Aménagement de la forêt de Bandia (1954) et programme national d'aménagement des peuplements forestiers naturels (1963-1972).
2. Source : FAO, citant M. Lamine Thioune, directeur de l'Énergie du Sénégal (janvier 2008).

boration de plans d'aménagement forestier qui impliquent directement les collectivités locales et leurs populations.

Allassane Ndiaye est le coordinateur national du PERA-COD. Il nous décrit l'expérience menée depuis le milieu des années 90 dans le bassin arachidier. L'objectif est de faire assimiler la forêt à une « banque verte », de faire comprendre aux populations que le maintien de la forêt peut rapporter gros. Les villageois sont donc formés à des activités sylvicoles lucratives. L'apiculture, la production du buy (fruit du baobab aussi appelé pain de singe), la culture de plantes médicinales et l'exploitation de la gomme arabique sont autant de sources de revenus alternatives à la vente de charbon de bois, qui ne peuvent prendre racine qu'à l'ombre des sous-bois. L'apprentissage de techniques forestières durables, la diffusion de foyers de combustion économes, produits localement, et l'introduction d'un nouveau combustible complètent le dispositif mis en place pour préserver cet habitat fragile. Les revenus tirés de cette gestion intelligente seraient supérieurs à ceux des activités charbonnières ! Une visite de terrain s'impose. C'est décidé, foin de Touba, nous partons à Nganda (département de Kaffrine), l'un des seize villages où tourne le PERACOD.

Reste à convaincre la GTZ de la faisabilité d'une visite s'affranchissant de préavis. La réponse tombe mardi soir et nous ravit : « *Vous pouvez venir si vous trouvez un moyen de transport* » ! Ne reste donc qu'à régler quelques détails logistiques. Comme notre emploi du temps est serré, date et durée de séjour sont choisies sans peine : départ à l'aube et retour de nuit pour passer toute la journée de jeudi à Nganda.

Le transport de Dakar à Kaolack : une véritable odyssée !

C'était, bien sûr, compter sans Touba. C'est une fête mouride et la confrérie mouride a la main mise sur les transports. Logique, donc, que minibus et taxis soient réquisitionnés pour transporter les millions de fidèles pendant leur pèlerinage. On nous indique à la gare routière que quelques taxis assureront tout de même la course le lendemain. Si nous partons suffisamment tôt, nous finirons bien par arriver !

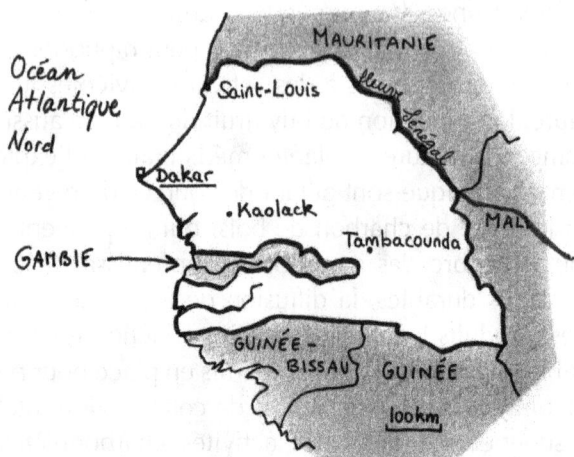

8 mars – Nous quittons Ouakam aux aurores. Objectif : trouver un taxi collectif pour la capitale de la cacahuète. Nous sommes les premières, celui-ci partira quand il sera plein. Un, deux, trois... onze passagers (auxquels il reste à ajouter le chauffeur), on ferme les portières et *« c'est parti ! »* Nous sommes quatre par banquette, la voiture n'a plus de revêtement intérieur, la carrosserie est trouée, le pare-brise fêlé, les rétroviseurs cassés, les ceintures de sécurité absentes, les pneus à moitié dégonflés... et le break, à peine surchargé ! Pas d'inquiétude, les chapelets du rétroviseur sont là pour nous protéger. Notre fatigue est telle que nous nous écroulons, Élodie sur la vitre, Blandine sur Élodie, et ne voyons pas filer les trois heures de route.

À Kaolack, nous faisons une étape express au bureau de la GTZ tenu par Lamine Bodian, l'expert forestier et responsable local. Il nous met au parfum des techniques sylvicoles, et nous confie les précieuses coordonnées d'Ousmane Cissé qui sera notre guide à Nganda. Lamine, de permanence, ne peut nous y emmener. Nous optons donc pour les transports en commun. Bus, mobylette et vieux pick-up s'improvisant taxi-brousse, nous voilà incollables sur les modes de transport africains.

Instruire, une façon de lutter contre la déforestation

« *Hello !* » Notre guide est, surprise inattendue, anglophone. C'est tout juste si Ousmane, revenu au pays après avoir vécu vingt ans aux États-Unis, et sa casquette style « Gavroche vendeur de journaux à Chicago » ne sortent pas d'un film de Charlie Chaplin. Il est onze heures du matin, et déjà le soleil tape. Le village est organisé autour d'une place d'où s'échappe la rue principale bordée de bâtiments en dur ; des cases aux toits de paille s'éparpillent un peu plus loin ; près de 1 000 personnes vivent ici.

Ousmane sait captiver son auditoire. Nous racontant comment le sommet de Rio lui a fait prendre conscience en 1992 des enjeux environnementaux et climatiques mondiaux, il nous explique son désir d'alors de rentrer, de faire quelque chose pour aider son pays. Ousmane s'est lancé avec beaucoup d'énergie dans le PERACOD ; « the American » a mis ses compétences linguistiques au service de son village et s'est progressivement imposé comme un correspondant local fiable pour la GTZ.

Si la déforestation peut être causée par le défrichement de nouvelles parcelles agricoles pour la culture de mil et d'arachide nous rappelle Ousmane, pour autant, elle est ici principalement due au commerce du bois. Le bois coupé est non seulement utilisé comme combustible dans les villages, mais c'est également la source d'énergie la moins onéreuse pour les populations urbaines, dont la demande a fait naître une véritable industrie du bois – et plus précisément, du charbon de bois, un combustible plus dense en énergie et plus facile à transporter. Bûcherons, charbonniers, transporteurs, revendeurs, intermédiaires divers et variés gagnent leur vie à participer à ce commerce artisanal très informel. Difficile, a priori, de détruire tant d'emplois pour un motif écologique ! Le succès du PERACOD tient à l'éducation des populations et à la formation initiale de professionnels qui deviennent autant de relais de diffusion du savoir et des savoir-faire. Deux apiculteurs ont par exemple été formés dans chacun des villages participant au PERACOD ; ils sont chargés de partager les compétences acquises dans leur village et chez leurs voisins. Le transfert de connaissances et de technologie est ainsi assuré.

**Encadré 2 – Le secteur forestier au Sénégal :
des revenus, des emplois**

Bien que le secteur forestier soit reconnu comme essentiel dans le développement économique du pays (fourniture de plus de la moitié des besoins énergétiques nationaux, source de divers produits non ligneux, maintien de la fertilité des sols, alimentation du cheptel, conservation de la biodiversité...), la part qu'il occupe officiellement dans l'économie sénégalaise ne dépasserait pas 1 % du PIB et 5 % du secteur primaire.

Ces statistiques ne prennent en compte qu'un quart environ de la production forestière, les trois quarts restants échappant encore au contrôle officiel. On estime que l'exploitation forestière directe représente un chiffre d'affaires annuel de 20 milliards de francs CFA (soit environ 30 millions d'euros), et fournit 20 000 emplois.

Source : GTZ-Ministère de l'Énergies et des Mines, ministère de l'Environnement et de la Nature, document PERACOD (septembre 2005)

Ousmane nous présente différentes méthodes introduites à Nganda pour réduire les besoins domestiques en bois et charbon. Parmi celles-ci, les fours améliorés. Traditionnellement, les marmites chauffent sur des foyers rudimentaires : la combustion étant incomplète, la consommation de combustible pour préparer un repas est importante et, surtout, les fumées noires de résidus mal brûlés sont la source d'une importante pollution domestique aux conséquences sanitaires néfastes. Les fours améliorés, comme leur nom l'indique, améliorent la qualité de la combustion. Ils ressemblent à des pots de fleurs en terre cuite où auraient été aménagés un trou pour optimiser l'arrivée d'air et une cheminée d'échappement pour les fumées. Ousmane nous avoue que ces foyers améliorés sont encore peu utilisés, et que leur diffusion doit être accélérée.

Sur la route qui mène aux autres installations du village, nos questions fusent. La forêt, située à quelques kilomètres, est-elle vraiment mieux gérée qu'auparavant ? Ousmane nous répond que les cours de sylviculture ont permis aux villageois de mieux comprendre le cycle de la forêt. Comme celui-ci est de huit ans, un huitième de la forêt peut être coupé tous les ans sans qu'elle souffre de surexploitation. N'ayant pas le temps de faire un petit tour en forêt, nous quittons l'enceinte du village pour nous diriger vers le pré craquelé où sont récoltés entre 350 et 700 kilogrammes de plantes médicinales pendant la saison sèche. Nous y arrivons escortés d'une ribambelle d'enfants avec lesquels nous faisons très rapidement connaissance.

Retour au village, où Ousmane nous montre les ruches entretenues par l'apiculteur formé par le PERACOD. Plus loin, c'est l'atelier où l'on produit le combustible de paille et de boue qui peut être utilisé à la place du bois. Les autres filières ne sont pas localisées en un endroit particulier, mais disséminées en forêt : récolte de fruits (20 à 30 tonnes/an), collecte de gomme (8 à 9 tonnes/an), ramassage de fourrage pour le bétail et de paille pour les toitures.

Non seulement la diversification des activités accroît l'indé-pendance des populations rurales, mais, grâce à un marketing ambitieux, les revenus qu'elles génèrent se sont avérés supérieurs à ceux provenant de la vente de charbon de bois. Des filières de conditionnement ont, par exemple, été développées pour la clientèle des hôtels, prête à acquitter un prix plus élevé que ceux ayant cours sur les marchés locaux (miel, poudre de buy).

Ousmane termine ce tour d'horizon en nous invitant à rejoindre, dans la salle communale, les membres du comité de gestion de la coopérative au sein de laquelle sont organisées toutes ces activités. C'est une assemblée de femmes qui tient ici les cordons de la bourse communautaire. L'argent issu de la vente des produits agricoles lui est confié : il finance les salaires des villageois impliqués dans le projet et différentes initiatives au bénéfice de la collectivité. Ces femmes nous font part de la satisfaction que leur apporte leur « banque verte » : les revenus additionnels apportés au village permettent d'améliorer les équipements collectifs, des emplois sont créés qui évitent à leurs enfants de partir chercher du travail en ville.

Malheureusement, ce succès est difficile à multiplier. D'une part, le village se garde bien de diffuser les clés de sa réussite à ses voisins ; d'autre part les revenus générés reviennent essentiellement aux personnes actives dans le projet (une dizaine par village). Dès lors, l'interdiction de déforestation devient difficile à assurer à l'échelle de la communauté – d'autant que la « mal exploitation » des ressources forestières est souvent le fait d'étrangers à la région. Malgré cela, la forêt se maintient dans ce coin du bassin arachidier, et les hommes s'y portent mieux : c'est un beau progrès.

Changement d'activité économique et plans de redressement social

Retour en taxi-brousse sur la piste de latérite. Pendant que le soleil se couche sur la savane et les baobabs solitaires, nous laissons libre cours à nos pensées. La déforestation est une externalité négative[1] du commerce de charbon de bois. Personne

---

1. Nuisance causée par une activité économique dont le coût du dommage associé n'est ni compensé ni traduit dans le prix.

n'est verbalisé pour ce dommage, car il n'a pas de prix. Sans possibilité d'indemniser ceux qui perdraient à réduire leur sur-consommation de bois, les pratiques non durables perdurent.

La clé du succès du PERACOD fut de mettre en place des mécanismes de compensation grâce auxquels environnement et villageois étaient gagnants à court et long terme. Dans ce but, il a modifié durablement l'économie de plusieurs villages sans en bouleverser l'ordre social, en proposant une solution combinant la diminution des besoins en bois combustible (via la diffusion de foyers améliorés) et l'évolution de leur économie vers des activités plus rentables et plus durables. Localement, il a ainsi été possible de passer d'une économie informelle du bois à une gestion raisonnée de la forêt associée au démarrage d'activités économiques structurées.

L'approche transverse du PERACOD s'est révélée particu-lièrement adaptée aux problèmes qu'elle voulait résoudre. On peut toutefois s'interroger sur l'aisance avec laquelle ce modèle peut être généralisé. En d'autres termes, comment créer des solutions bénéfiques à tous les acteurs quand il est question de réduire l'impact environnemental de filières économiques socia-lement très importantes ?

C'est la question que se pose le Programme des Nations unies pour le développement (PNUD) en Zambie. Il souhaite en effet y substituer le gaz de pétrole liquéfié (GPL) au charbon de bois. Des politiques similaires dites de « butanisation » ont été lancées dans plusieurs pays d'Afrique ; nous les avons rencon-trées dans tous ceux que nous avons traversés : au Sénégal, elles visent à réduire la déforestation ; en Afrique du Sud et en Zam-bie, ce sont leurs bienfaits sanitaires qui sont mis en avant. On estime à 1,6 million le nombre de décès annuels dus à l'utilisa-tion de combustibles solides à l'intérieur des habitations (bois, charbon). Leurs fumées entraînent en effet infections aiguës des voies respiratoires chez les jeunes enfants et diverses maladies pulmonaires chez les adultes. Le GPL est une alternative propre et pratique, que souhaiterait diffuser le PNUD.

Total Zambia, de son côté, ne sait que faire du GPL produit par sa raffinerie et dont les coûts de conditionnement en font une énergie trop chère pour concurrencer le bois combustible. Ainsi, Total Zambia et le PNUD sont confrontés au défi d'un changement de modèle social pour les milliers de personnes qui travaillent dans la chaîne du bois-énergie. S'ils échouent à le relever, ils courent le risque que là où la fabrication du charbon de bois permettait la survie des plus pauvres (ces milliers de personnes dont les revenus dépendent de la production, du transport ou de la vente du charbon de bois), ces personnes deviennent de farouches opposants au GPL.

Les modèles économiques durables ne manquent pas pour remplacer les systèmes informels qui privilégient la survie à court terme à la gestion raisonnée des biens publics. La restauration d'un équilibre ne semble envisageable qu'au travers de projets qui responsabilisent et impliquent les populations locales. Ce remède à la gestion des externalités est classique dans la théorie économique ; il consiste à créer des droits de propriété sur les biens publics. L'éducation aux dangers liés à la disparition du couvert forestier et la réponse au besoin de développement rural est un préalable indispensable à la réussite de ces projets. Les gérer localement permet d'assurer l'appropriation de ces enjeux par les populations qu'elles concernent et la mise en œuvre de véritables alternatives économiques pour les classes les plus démunies qui seraient les premières à souffrir d'une transition économique trop rapide.

9

La biomasse fait feu de tout bois

Une personne sur trois n'a accès qu'à des formes très rudimentaires d'énergie pour cuisiner et se chauffer : bois, bouses séchées, résidus agricoles ou charbon de bois. L'utilisation énergétique de la biomasse est pourtant loin d'être synonyme de faible niveau de développement. Sa combustion complète, sa pyrolyse, sa gazéification, mais aussi son utilisation en remplacement de matières premières[1] sont explorées en détail par les industriels, qui lui découvrent deux atouts : cette ressource est renouvelable, et son impact sur le climat limité. Magique, non ? Essentielle aux ménages les plus pauvres, prisée par les industriels des pays développés, la biomasse est de plus en plus courtisée !

Projets :

- Un éco-quartier alimenté au bois, Ostfildern (Allemagne)
- Gazéification de la biomasse, Institut technologique de Bombay, Mumbai (Inde)

---

1. Bois de construction, plastiques d'amidon, isolation en chanvre ....

• Crémation des corps par du gaz de biomasse, cimetière de Pondichéry (Inde)

Un quartier entier chauffé et électrifié au bois

9 février – C'est la première fois que nous débarquons sur un projet avec notre barda de voyageuses. Imaginez deux bouts de femme emmitouflés de tout ce qui n'est pas rentré dans leurs bagages, qui avancent d'une démarche chaloupée, le dos chargé d'un « conteneur » les dépassant d'une tête et l'équilibre assuré par un sac ventral particulièrement dodu. Vous aurez une idée du tableau qui se présenta à nos interlocuteurs d'Ostfildern, un spectacle qui fait sensation, et dissipe la réserve imposée par la recommandation du consul général de France à Stuttgart !

Nous emboîtons le pas d'Ursula Pietzsch, la chargée de communication de l'antenne allemande de Polycity. Polycity est l'un des neuf projets du programme européen CONCERTO (voir encadré) ; il promeut économies d'énergie et recours aux énergies renouvelables dans la conception et la réhabilitation des espaces urbains et propose à trois métropoles européennes de donner l'exemple : construction de quartiers nouveaux dans l'ancienne zone militaire du Scharnhauser Park d'Ostfildern (10 000 habitants, près de Stuttgart), projet de développement à Cerdanyola del Valles (qui accueillera 50 000 habitants au nord de Barcelone) et rénovation de l'ancien quartier ouvrier d'Arquata, à Turin (2 500 habitants).

Frank Hettler est le responsable municipal chargé de faire des 150 hectares de Scharnhauser Park le temple urbain de l'optimisation énergétique. Autour de la maquette préfigurant les résidences, commerces et espaces verts bientôt achevés, il nous explique quelques spécificités de ce projet. Les architectes retenus pour concevoir les quartiers résidentiels ne devaient pas se contenter de respecter des standards de consommation énergétique plus stricts que les normes nationales, ils devaient aussi inté-

---

Encadré 1 – L'initiative européenne CONCERTO

CONCERTO a été lancé en 2005 par la Commission européenne. Placé sous l'égide de la direction du Transport et de l'Énergie, ce programme de recherche très appliquée regroupe, au sein de 9 projets différents, 28 communautés qui travaillent à instaurer une gestion durable de l'espace urbain en associant représentants des collectivités locales, partenaires industriels et équipes universitaires.

Le projet Polycity (« réseaux d'énergie dans des villes durables ») vise à démontrer par l'exemple que les collectivités ont intérêt (d'un point de vue environnemental, mais aussi économique et social) à intégrer sources d'énergies renouvelables et projets d'économies d'énergie à la planification de leurs ressources énergétiques.

CONCERTO constitue une plateforme d'échange d'idées et d'expériences. Vitrine des expériences européennes les plus avancées dans le domaine de l'énergie urbaine durable, son portail fourmille d'exemples inspirants !

www.concertoplus.eu

---

grer à leurs propositions des critères économiques et sociaux. À première vue, on pourrait reprocher aux ambitions énergétiques des résidences de ne pas être suffisamment élevées, aujourd'hui que les maisons « à énergie zéro » fleurissent à tout bout de terrain. Ceci dit, le surcoût que leur caractère superéconome engendre les met hors de portée des foyers modestes, habitants « classiques » des banlieues européennes et de la municipalité d'Ostfildern. Dans la lignée des objectifs de Polycity (démonstration de la faisabilité d'innovations énergétiques à l'échelle d'une ville) et sans grande subvention, il a fallu identifier les gisements d'économies aux meilleurs rapports qualité/prix. Matériaux et plans de masse ont ensuite été définis : habitations collectives d'un côté, zones pavillonnaires aux maisons individuelles mitoyennes (réduction des déperditions thermiques) de l'autre. Chaque construction est entre 30 et 38 % plus économe que les standards nationaux allemands, eux-mêmes plus exigeants que les français[1].

---

1. Voir encadré 2 du chapitre 18, p. 339.

L'innovation ne se limite pas à la construction de bâtiments moins voraces en énergie ; elle est aussi faite du suivi des consommations et l'amélioration du bilan environnemental de la production d'énergie. Climatisation solaire, recours à la cogénération et aux énergies renouvelables, informatisation de la gestion énergétique, exemplarité des bâtiments publics... autant de gageures réalistes à Ostfildern où une centrale à biomasse cogénère électricité et chaleur[1], 70 kW de panneaux photovoltaïques sont intégrés aux bâtiments, 200 m² de panneaux solaires thermiques seront prochainement installés. Bilan : 80 % de l'énergie consommée à Scharnhauser Park sera d'origine renouvelable.

L'air est froid et sec ; le soleil d'hiver ne compte plus les efforts qu'il dépense depuis ce matin pour réchauffer le paysage engourdi. Un temps de ski, rêve Élodie... temps qui s'avère idéal pour se promener dans le quartier. Direction : la centrale. Elle nous attend un peu à l'écart des habitations. Installée dans un cube décoré de panneaux de bois dont seules une façade de panneaux photovoltaïques et une cheminée brisent la symétrie, elle n'a rien du colosse industriel fumant, crachant, bruyant que nous pensions rencontrer.

La réserve de combustible occupe la moitié du bâtiment. Une odeur d'herbe coupée et de terre humide, des tas noirâtres qui n'ont rien des stères de bûches bien alignées que nous pensions trouver : bois d'élagage, feuilles mortes et résidus agricoles trouvent le chemin de la centrale, qui les achète pour une somme modique et permet aux collectivités et agriculteurs de se débarrasser de volumes encombrants.

---

1. Voir encadré 2 du chapitre 16, p. 308.

Encadré 2 – Qu'est-ce que la biomasse ?

Le terme « biomasse » désigne, au sens large, l'ensemble de la matière vivante. Depuis le premier choc pétrolier, ce concept s'applique aux produits organiques végétaux et animaux utilisés à des fins énergétiques ou agronomiques.

www.tenerrdis.fr

Ces déchets ont des taux d'humidité variables. Jochen Fink, le jeune ingénieur chargé de l'exploitation de la centrale, nous explique qu'afin de passer outre le problème de cette hétérogénéité, on a fait le choix de régler les paramètres et débits d'air de la chaudière pour qu'elle puisse brûler des matières très humides. Ainsi, il suffit aux brumisateurs d'arroser régulièrement les monticules pour obtenir un combustible à l'humidité bien calibrée.

Quelques grincements nous font lever la tête. Le plafond est le royaume d'une araignée mécanique ; gueule béante, elle coulisse sur les rails qui lui servent de toile, s'immobilise, et plonge planter ses crocs dans le tas humide – exactement le même principe que les pinces des fêtes foraines qu'on actionne pour attraper une montre en plastique ou une peluche fluo ! Quelques secondes plus tard, c'est l'ascension, alourdie d'une cargaison volumineuse à livrer au silo de stockage de la salle voisine. Celui-ci approvisionne la chaudière en continu, déversant la matière à brûler sur la grille de combustion qualifiée de glissante.

Nous suivons le chemin de la biomasse et passons à l'étape suivante : la chaudière. Jochen ouvre une lucarne qui nous permet d'entrevoir le foyer. La vitre est épaisse, mais ne peut faire écran à la chaleur dégagée par la combustion du bois : la température intérieure avoisine les 500 °C. Jochen nous rappelle que le monstre, qui engouffre 63 000 m³ de combustible par an (plus de 170 m³ par jour), n'est qu'un gros poêle sophistiqué. La chaleur produite dans cette fournaise est transférée à une huile

qui la véhicule jusqu'à un réservoir dont l'eau est alors vaporisée. La vapeur ainsi formée actionne une turbine pour produire
de l'électricité[1]. La chaleur latente de l'eau peut encore être
récupérée ; elle alimente le réseau urbain de chaleur. Au total,
ce sont 1 MW électrique et 5,3 MW thermiques que la centrale
fournit au quartier.

   Revenus à l'air libre, nous discutons environnement. Frank
et Jochen nous expliquent que les fumées sont filtrées des goudrons et particules polluantes émises par la combustion du bois.
En quoi brûler du bois serait-il plus « écologique » que brûler
du gaz naturel, combustible moindre émetteur de particules polluantes ? En termes climatiques, la réponse est évidente : les
plantes pompent du gaz carbonique de l'atmosphère pendant
leur croissance ; les brûler ne fait qu'y rejeter le gaz carbonique
qu'elles avaient auparavant absorbé. Moins d'un côté, plus de
l'autre : de la graine à la cendre, la plante ni n'émet ni n'absorbe
de CO_2 atmosphérique. En d'autres termes et de façon simplificatrice[2], le cycle de la biomasse est « neutre en gaz à effet de
serre » alors que la combustion du gaz naturel fait passer dans
l'atmosphère un flux positif de carbone auparavant fossile. La
centrale à biomasse d'Ostfildern évite ainsi l'émission de 10 000
tonnes de CO_2 par an.

---

1. Voir encadré 3 fonctionnement d'une centrale thermique, chap. 2
p. 64.
2. De façon simplificatrice seulement, parce que d'autres sources d'émission de gaz à effet de serre doivent être prises en compte dans le cycle de
vie de ces plantes : oxydes d'azote dégazés par les engrais, émissions des
véhicules utilisés pour leur transport, émission des machines qui les transforment en briquettes utilisables à la maison... Bien que plus compliqué, ce
bilan reste positif – ouf !

Encadré 3 – Le poêle à bois, une solution écologique ?

Contrairement à une croyance assez répandue, poêles et foyers à bois ne sont pas toujours bons pour l'environnement. Quoique la ressource qu'ils utilisent soit naturelle, abondante et renouvelable, la fumée qui se dégage de sa combustion peut être très polluante. Elle contient entre autres du monoxyde de carbone (CO), des composés organiques volatils, des oxydes d'azote, des hydrocarbures aromatiques polycycliques et des particules fines auxquelles se fixent les polluants de l'air. Certaines de ces émissions sont cancérigènes.

Selon le ministère de l'Environnement canadien, un poêle à bois non certifié émet autant de particules fines en neuf heures qu'un poêle certifié fonctionnant pendant soixante heures, ou qu'une berline qui parcourt 18 000 km. Si la certification des poêles permet de limiter la pollution, il est beaucoup plus difficile de contrôler la qualité des cheminées individuelles, dont l'utilisation peut avoir des conséquences désastreuses sur la qualité de l'air : pendant l'hiver 2007, la région Rhône Alpes a attribué le dépassement pendant dix jours consécutifs des seuils acceptables de particules fines dans l'air à la hausse de l'utilisation des cheminées.

En bref : un poêle à bois moderne est une option écologique ; une cheminée traditionnelle, beaucoup moins !

Pourrait-on voir fleurir cette centrale à biomasse à tous les coins de rues ? La technologie n'est ni très complexe, ni très coûteuse. Seul l'approvisionnement en bois ou déchets verts pourra s'avérer problématique. Il doit être fiable, régulier, en volume suffisant, à un prix peu fluctuant, et de qualité homogène. Cela impose de disposer de réseaux de collecte dédiés et efficaces, mais aussi de s'assurer que la génération locale de déchets sera suffisamment importante pour approvisionner la centrale[1]. La centrale à biomasse « urbaine », reposant sur des collectes de déchets verts géographiquement dispersés, nécessite un réseau de collecte particulièrement bien organisé, et, en ceci, semble aujourd'hui une technologie surtout adaptée aux pays industrialisés ! Pour électrifier les campagnes les plus pau-

---

1. Par exemple, grâce à un partenariat avec un industriel aux sous-produits valorisables, voir exemple de la bagasse sucrière développé au chapitre 16 p. 306.

vres, on lui préfèrera des générateurs alimentés par de la bio-masse gazéifiée.

Le gaz de synthèse pour électrifier les campagnes

Dans la banlieue sud de Delhi, l'Institut pour la recherche sur l'énergie (TERI) accueille ses visiteurs dans un complexe conçu de façon remarquable en énergie : le « RETREAT Center ». Le peu d'énergie qu'il consomme est généré sur place, par une armée de panneaux solaires et un groupe électrogène qui carbure au gaz de biomasse. Si nous connaissions déjà le principe de la pyrolyse qui permet de faire le charbon de bois, c'est en Inde que nous nous familiarisons avec cette autre technique de combustion incomplète : la gazéification.

Encadré 4 – Obtention d'un gaz de synthèse par Gazéification

La gazéification est une oxydation partielle à haute température (~800 °C). Si l'utilisation d'oxygène pur comme oxydant permet d'obtenir un gaz très dense en énergie, il est beaucoup moins coûteux – et donc plus commun – d'utiliser de l'air (21 % d'oxygène, mais surtout 78 % d'azote qui diluera l'énergie du gaz produit). Toute l'astuce du procédé consiste à introduire l'oxydant en quantité suffisante pour casser les liaisons carbone-carbone, mais en quantité suffisamment faible pour éviter d'oxyder complètement la matière organique (ce qui n'aboutirait qu'à la formation de gaz carbonique, un gaz énergétiquement inerte).

Le gaz de synthèse obtenu est très différent du gaz naturel. Il contient 18-20 % d'hydrogène (noté H_2), 18-20 % de monoxyde de carbone (CO), 8-10 % de gaz carbonique (CO_2), 2-3 % de méthane (MH_4), de l'eau, de l'azote (dans le cas d'une oxydation par l'air), et des impuretés (particules non brûlées, cendres, goudrons et hydrocarbures lourds). Un procédé efficace parviendra à rendre gazeuse entre 55 et 85 % de l'énergie chimique initialement contenue dans la biomasse.

---

3 mai – Comme on nous l'explique patiemment à l'Institut de technologie de Bombay (IIT Bombay), il s'agit de transformer

un produit à forte teneur en carbone (biomasse, mais aussi charbon) en gaz encore suffisamment réactif pour être brûlé ou donner lieu à des synthèses chimiques.

Quels sont les usages du gaz de synthèse ainsi obtenu ? Si le procédé Fischer-Tropsch, décrit dans le chapitre consacré au charbon [1], permet d'en faire des hydrocarbures liquides (filière « CtL » – *coal to liquid* – ou « BtL » – *biomass to liquid*), le gaz est aujourd'hui surtout brûlé pour produire chaleur et électricité. Pourquoi brûler du gaz de synthèse plutôt que le produit dont il est issu (biomasse ou charbon) ? Un tiers de l'énergie qu'il contient étant perdu lors de la première transformation, quelle logique gouverne un tel gaspillage ?

La question du rendement est pertinente. Elle ne décrit cependant pas toutes les qualités attendues d'une source d'énergie. À y regarder de plus près, on constate en effet que le gaz peut être considéré comme supérieur aux énergies solides.

Encadré 5 – Avantages du gaz de synthèse par rapport aux énergies solides

• on peut le « nettoyer » de ses impuretés bien plus facilement que les combustibles solides ;
• de nombreux équipements fonctionnant au gaz naturel peuvent être facilement adaptés à l'utilisation de gaz de synthèse : un moteur à gaz, ça existe, un moteur à biomasse, c'est plus compliqué !
• le gaz de synthèse se produit à partir de n'importe quelle source à forte teneur en carbone : pétrole lourd, charbon, biomasse. Cette flexibilité d'approvisionnement est un atout significatif ;
• s'il peut être brûlé, il peut aussi servir de matière première à l'industrie chimique ;
• les rejets les plus polluants sont concentrés dans les résidus solides de la combustion incomplète et dans les effluents de lavage du gaz. Concentrés, ils seront plus faciles à traiter et gérer [2].

---

1. Encadré 2 du chapitre 2, p. 62.
2. Une logique similaire préside aux projets de capture du gaz carbonique. Se référer au chapitre Éclairage consacré à la séquestration de carbone p. 68.

Au TERI comme à Mumbai, ce gaz est nettoyé de ses goudrons avant d'alimenter un moteur à gaz qui, couplé à un alternateur, produira de l'électricité. Ces descendants des gazogènes qui couraient les rues françaises privées d'essence pendant la Seconde Guerre mondiale servent aujourd'hui à sortir les campagnes indiennes du sous-développement.

Encadré 6 – Gaz de synthèse et moteur à gaz

Bien que l'utilisation de gaz de synthèse dans les moteurs ne soit pas récente, des progrès technologiques restent à faire Le marché du gaz de synthèse est, pour l'instant, une niche trop étroite pour encourager les constructeurs de moteurs à mettre au point des systèmes capables de digérer un gaz pollué. Pour améliorer le rendement des équipements actuels, les efforts se portent donc sur le lavage du gaz, étape qui doit permettre d'en éliminer proprement les goudrons qui sinon encrassent les moteurs.

En effet, une unité génératrice d'électricité décentralisée ne se résume pas au courant qu'elle produit : elle apporte activités économiques et revenus dans les villages où elle encourage la constitution de coopératives pour gérer l'installation électrique. La puissance (électrique) se met au service des villageois ; elle donne à leur travail et à leur inventivité les moyens de les sortir de la précarité.

Notre initiation aux rudiments de la gazéification à Mumbai, nous permet d'apprécier les recherches menées sur le sujet à l'université de Pondichéry (*Pondicherry Engineering College*), sans qu'il nous soit nécessaire d'en interrompre à tout bout de champ la présentation par nos questions de novices ! Nous retrouvons les trois étapes de la gazéification : fabrication de gaz de synthèse, lavage du gaz, combustion dans un moteur de 100 kW. Ici, les chercheurs ne visent pas seulement à optimiser le rendement de ces étapes, mais à caractériser les différents combustibles qui peuvent nourrir le procédé. Tous passent dans

le ventre de la machine, des plus classiques aux plus exotiques :
charbon, feuilles et coques de noix, bogues de châtaignes, noix
de coco, sciures de bois... L'objectif ? Construire une base de
données qui permette d'arbitrer entre les différents combustibles
en fonction de leur rapport coût/qualité. Preuve, s'il en fallait,
de « l'omnivorie » de ces équipements !

Du gaz de biomasse, vers un mieux sanitaire et environnemental ?

12 mai, Pondichéry – L'Inde aura été, pour nous, le pays
de la gazéification. N'allez pas croire que nous ne l'avons rencontrée qu'en milieu universitaire. Sauriez-vous qui en fait un
usage sidérant ? Le croque-mort de Pondichéry. Faire des économies d'énergie au cimetière, l'idée paraît saugrenue. C'est
pourtant celle que nous a recommandé d'investiguer l'agence
chargée de promouvoir les énergies renouvelables à Pondichéry. En route donc... pour le cimetière !

Quelques pierres tombales. Elles sont rares. 85 % de la
population indienne pratique l'hindouisme, une religion dont le
rite funéraire demande la crémation des corps sur un bûcher.
Quelques semaines plus tôt, lors de notre escapade touristique
à Agra, d'épaisses colonnes de fumée et les flammes cuivrées
d'un bûcher nous avaient fait deviner la tenue d'une cérémonie
de crémation traditionnelle. Nous étions arrivées par le train de
Delhi l'après-midi même – impossible de résister à la tentation
d'un coucher de soleil sur le Taj Mahal, ce somptueux chant
d'amour construit sur les ordres d'un empereur au deuil incon-
solable. « VK », notre chauffeur de rickshaw, nous en promettait
une vue imprenable (et gratuite) sur les rives de la Yamuna. Le
soir tombait. Sous la lumière changeante du crépuscule, la fasci-
nation qu'exerçait sur nous le tombeau marmoréen se trouvait
renforcée par ce que nous imaginions de la cérémonie de crémation et des peines qui l'accompagnaient. Nous n'étions pas

assez près pour entendre les chants, mais, de l'autre côté de la rivière, le vacillement des flammes revigorées par instant par la brise de fin de journée nous offrait un spectacle envoûtant.

Les explications rigoureuses du responsable technique du crématorium nous ramènent des rives boueuses de la Yamuna. En pleine journée, sous un soleil de plomb, finis les mystères de l'au-delà : il s'agit ici de brûler quelques kilogrammes de chair, de graisse et d'os. Dans les grands centres urbains, la crémation traditionnelle est en perte de vitesse. Ses exigences d'espace (installation du bûcher) et de temps (durée de crémation du corps) ne sont plus en phase avec les rythmes de vie modernes. Comme dans d'autres villes, de plus en plus nombreuses, quatre des services funéraires de Pondichéry proposent une crémation *in situ* qui ne dure que deux heures. Le système moderne fonctionne en deux temps : un gaz de synthèse est produit à partir de bois sec, puis le corps est incinéré avec le gaz produit. Le gaz se répartissant de façon homogène dans la chambre de combustion, la crémation est accélérée. Résultat : trois à quatre fois moins de temps et moitié moins de bois que pour une crémation traditionnelle.

Encadré 7 – Crémation et environnement : les chiffres

Le rite funéraire hindou impose la crémation du corps ; le bûcher traditionnel brûle pendant six heures et consomme 400 kg de bois. On estime qu'en Inde, les 8,5 millions de crémations annuelles aboutissent à la combustion de 50 millions d'arbres, ce qui libérerait 8 millions de tonnes de CO_2 dans l'atmosphère.

Impossible de croire que ces gains de temps suffisent à rendre attrayante cette nouvelle manière de dire adieu aux morts. Les traditions, en effet, ont la peau dure. D'après notre guide, 50 % de la population s'en tient encore au bûcher de ses ancêtres. Si la crémation au gaz synthétique se répand néanmoins, c'est parce que son bilan énergétique et sanitaire est bien meilleur que celui des bûchers (la combustion de bois émet de nombreuses toxines). Leur désir de réduire la pollution engendrée localement par la croissance des villes et l'évolution des modes de vie poussent les autorités à promouvoir les technologies plus économes des ressources et plus respectueuses de l'environnement. Ainsi, c'est le ministère indien des Énergies nouvelles et renouvelables (MNRE) qui a pris à sa charge les 800 000 roupies (environ 14 000 euros) qu'a coûtées le projet que nous avons visité.

Ce thème délicat nous aura offert une fois de plus l'occasion de réfléchir aux conditions d'acceptabilité des « nouvelles » technologies : rien de moins évident que de s'opposer à des pratiques parfois millénaires...

Éclairage sur...

... des plantations d'arbres
pour sauver le climat ?

Le principe ?

Nombreux sont les organismes qui incitent à « planter des arbres » pour combattre le réchauffement climatique. Multitude n'est pas raison – que penser de ces actions ?

Tirer parti de la capacité naturelle des plantes à stocker le CO_2 dans la matière organique qu'elles synthétisent au cours de la photosynthèse, l'idée est d'autant plus séduisante, que planter un arbre n'est pas bien compliqué. C'est aussi un acte concret, qualité inestimable qui répond au désarroi qu'on peut sinon éprouver face à l'ampleur d'un changement climatique contre lequel on ne sait individuellement que faire.

Éléments de compréhension

Arguments pour

• L'arbre absorbe du gaz carbonique pendant sa croissance et le stocke sous forme de matière organique : il contribue donc à la diminution de la quantité de gaz carbonique présent dans l'atmosphère.

• Il est aisé de convaincre de l'utilité de la reforestation tant l'arbre est doté d'une symbolique positive (vie, nature, longé-

vité) : on pourra générer l'adhésion d'un très grand nombre
d'acteurs économiques à ces actions.

Argument contre

Lorsqu'on remplace une surface cultivable par une forêt,
l'absorption des rayons du soleil devient plus importante (l'indice de réflexion du sol, appelé albédo, varie suivant la couleur
et la texture de la surface terrestre) et la Terre convertit une plus
grande partie du rayonnement solaire en rayonnement infra-
rouge qui entretient l'effet de serre. Certains scientifiques avancent que la plus-value climatique apportée par la baisse de la
concentration atmosphérique de carbone serait annihilée par la
hausse de l'albédo.

Incertitudes et précautions

• La notion d'utilisation des terres est essentielle. Suivant
l'usage des sols que la forêt remplace (prairie ou terre cultivée
par exemple), les conséquences sur le climat de sa présence
seront différentes (bilan respectivement nul et positif). Il faut en
effet comparer le stock de carbone total (carbone contenu dans
le sol + dans la végétation) avant et après la plantation, et s'assurer qu'il sera plus important après qu'avant. En ce sens, et
n'étaient les contraintes en eau, l'idéal serait de planter des
arbres dans les zones désertiques.

• La connaissance du cycle du carbone est incomplète : on
ne sait quel pourrait être le comportement des arbres en cas de
stress climatique. Ils pourraient très bien devenir émetteurs nets
de CO_2 comme ce fut le cas en France lors de la sécheresse de
2003.

À ces arguments physiques s'ajoute l'incertitude de ce que
deviendront ces plantations. En effet, qu'un incendie se déclare
ou qu'on décide de récupérer les terres boisées pour d'autres

usages, et les efforts consentis se font fumée carbonée ! Même sans cela, l'arbre, le papier ou les meubles qu'on en aura faits pourriront bien un jour. Or, ce processus biologique dégage, lui aussi, des gaz à effet de serre. Planter un arbre, c'est donc stocker du gaz carbonique, mais pour une durée nécessairement limitée.

Qu'en penser aujourd'hui ?

Il est difficile de trancher aujourd'hui cette question de la plus-value climatique des projets forestiers qui agite agronomes, experts forestiers et climatologues.

Ce manque d'unanimité se traduit dans les décisions institutionnelles. Dans le cadre des Mécanismes de développement propre (MDP) du protocole de Kyoto[1], l'obtention de crédits carbones pour les projets de foresterie est ainsi soumise à l'atteinte d'objectifs non-climatiques, qui comprennent la conservation de la biodiversité, la préservation des ressources naturelles et la durabilité du projet ; ces crédits ne sont d'ailleurs attribués que pour une durée limitée, qui peut être prolongée après évaluation du maintien de la plantation. L'Union européenne a, pour sa part, écarté les projets liés à la foresterie de son système d'échange de permis de gaz à effet de serre.

Tous s'accordent néanmoins sur le fait que la déforestation doit être évitée. Cela ne contribue pas forcément à baisser le stock atmosphérique de carbone, mais cela protège la biodiversité, fixe et enrichit les sols, ralentit la désertification et stabilise les ressources aquifères en facilitant la pénétration des sols par l'eau.

---

1. Voir encadré 3 chapitre 10 p. 216.

Et pourquoi pas ? Compenser ses émissions de carbone

En 2006, l'Ademe recensait 31 organismes qui, dans 10 pays du monde, proposent aux particuliers et aux entreprises de « compenser leurs émissions de carbone » en finançant des projets visant la réduction des émissions de gaz à effet de serre (programmes d'efficacité énergétique, déploiement d'énergies renouvelables, plantations d'arbres [1]).

Par un calcul moyenné sur l'ensemble des actions menées, ils évaluent le coût de la réduction d'une tonne de gaz carbonique. Parallèlement, ils quantifient l'impact de vos activités en tonnes équivalentes de gaz carbonique. En leur rachetant ces émissions au coût de leur réduction, vous « compensez » vos émissions dans l'objectif de neutraliser votre impact sur le réchauffement climatique.

Les détracteurs de la compensation carbone avancent que ce retour aux indulgences fustigées par Luther au XVIe siècle retarde la révolution des comportements qui seule pourra éliminer la menace du réchauffement climatique. Peut-être. Ceci dit, les projets d'économies d'énergie et de développement d'énergies renouvelables permettent réellement de diminuer les émissions de gaz à effet de serre, et accroissent souvent le bien-être des populations auprès desquelles ils sont mis en œuvre. De plus, même s'il faut regretter que la compensation ne soit le fait que des pollueurs les plus vertueux, il vaut mieux polluer et compenser que polluer sans se soucier [2].

Aussi louable que soit la démarche de compensation (qui peut même donner lieu à un crédit d'impôt), elle ne peut se passer de la traçabilité et de la responsabilité qui accompagnent toute transaction commerciale légitime. Les émissions évitées par les projets encouragés par ces organisations pourraient ainsi être certifiées par des tiers... une transparence que l'Ademe, par la mise en place en 2008 d'une « charte des opérateurs de la compensation », aide à construire en France.

---

1. Ces derniers sont néanmoins en net recul. Les deux entreprises britanniques leaders du secteur, Climate Care et Future Forests, ont réduit leur participation à des projets de boisement en réaction aux violentes critiques qu'ils leur attiraient de la part d'associations de protection de l'environnement. Ces projets ne représentent aujourd'hui plus que 20 % de leur portefeuille, proportion qui doit tomber en dessous de 5 %.

2. Nous avons choisi de compenser les émissions liées aux déplacements du Tour des Énergies : un total de 54.4 tCO_2e pour 159 100 kilomètres-personne parcourus.

10

Le biogaz en odeur de sainteté

Méthanisation, digestion anaérobie, fermentation méthanique : trois noms pour un seul processus biologique, la réaction utilisée par certaines bactéries pour transformer les déchets organiques en gaz. Ce biogaz contient une forte proportion de méthane, l'un des principaux composants du gaz naturel qui a l'avantageuse qualité d'être très énergétique. Il a aussi le fâcheux défaut d'être à fort effet de serre : son pouvoir d'échauffement est très supérieur à celui du gaz carbonique.

Technologies mûres et accroissement des préoccupations sanitaires et environnementales dans les régions urbaines font du biogaz un « business » à forte perspective d'évolution, en particulier dans les pays émergents. Valorisation dans les décharges ou installation domestique rudimentaire : et si le biogaz n'était qu'élémentaire, mon cher Watson ?

Projets :

• Décharge municipale, Nova Iguaçú, État de Rio de Janeiro (Brésil)

• Méthanisation de déchets organiques, Pondicherry Engineering College, Pondichéry (Inde)

Récupérer le gaz de décharge pour en faire de l'électricité

23 août – À Rio de Janeiro, nous retrouvons Luiza. Le raffinement de sa tenue souligne le laisser-aller des nôtres : depuis notre départ en janvier, notre style vestimentaire en a vu de toutes les couleurs. En Europe, les acrobaties requises pour nous changer dans consignes de gare et toilettes d'hôtels étaient la contrepartie de l'hommage que nous payions encore à l'élégance française. Par touches successives, nous nous sommes autorisé quelques écarts : après six mois et demi de voyage, c'est sans complexe que nous assumons notre étiquette « tour du mondiste » et affichons nos combinaisons jeans-T-shirts au Brésil...

Après quarante minutes de route, nous atteignons l'entrée d'Adrianópolis, le centre d'enfouissement technique de Nova Iguaçu. Ouvert en 2003, il reçoit en moyenne 1 000 tonnes de déchets par jour. D'où viennent-ils ? Des poubelles du million d'habitants, des 600 industries et des 2 400 commerces que la proximité de Rio de Janeiro a attirés à Nova Iguaçu.

Eduardo nous fait visiter le site qu'il connaît particulièrement bien : ce trentenaire est l'ingénieur responsable des opérations du centre. Avant de faire signe aux trois grâces qui le suivent (nous, bien sûr !) de prendre place dans sa voiture, il nous décrit brièvement la genèse de Novagerar.

En 2001 le groupe SA Paulista a remporté une concession de vingt ans pour la gestion des décharges de Marambaia et d'Adrianópolis (État de Rio de Janeiro). Le contrat de concession imposait l'évaluation du potentiel de biogaz qui pourrait être exploité : Novagerar la joint-venture brésilo-irlandaise, aujourd'hui chargée de tout ce qui a trait à la collecte de gaz et à son exploitation (thermique et électrique) était née.

Nous explorons le site en voiture. Adrianópolis est une décharge neuve, ouverte sur un site totalement équipé du *nec plus ultra* de la modernité. Pour mieux nous expliquer le fonctionnement du centre dont la première phase [1] s'étend sur près de 16 hectares, Eduardo nous explique que les déchets y sont amenés par camions. Le site ne disposant pas de grues, impossible d'empiler les cargaisons en une gigantesque tour ! Chaque étage est constitué d'un ensemble de dix couches, elles-mêmes composées d'une couche de détritus recouverts d'une couche de terre. L'étage achevé, il faut aménager la route qui permettra aux camions de transporter et de décharger les ordures sur ce qui deviendra l'étage supérieur : la colline artificielle d'Adrianópolis ressemblera davantage à une pyramide égyptienne qu'à une barre d'immeuble rectangulaire. Logique, logique...

Le centre que nous visitons est utilisé depuis plus de quatre ans : la première couche est déjà finalisée. Nous roulons jusqu'au point où les camions déversent leurs chargements. Eduardo arrête le moteur pour nous laisser observer le spectacle : à chaque versement, une équipe de bulldozers s'active pour mettre en forme et répartir correctement les déchets. L'ensemble est réglé comme du papier à musique ! Les camions enregistrés et pesés à l'entrée du centre déchargent leur cargaison avant de faire le même chemin en sens inverse pour prendre livraison d'une nouvelle provision de déchets. Toutes les dix minutes, un nouveau camion arrive – l'activité est intense.

« *Et le biogaz, dans tout ça ?* », demande Élodie. « *On y vient, on y vient* », répond Eduardo, qui relance la visite guidée. En passant, nous observons de près une couche de déchets quasiment achevée : d'énormes bâches noires la recouvrent, attendant d'être éclipsées à leur tour par une dernière couche de terre. « *Les bâches noires,* précise Eduardo, *sont en polyéthylène. Elles sont étanches et très résistantes.* » Leur 1,5 millimètre

---

1. Extensions prévues jusqu'à 120 hectares.

d'épaisseur limite les infiltrations d'eau et d'air dans un sens, et l'échappement du biogaz à l'air libre dans l'autre. Elles sont l'un des maillons du système de récupération de biogaz, qui comporte aussi un réseau de puits d'extraction verticaux régulièrement espacés et connectés à un ensemble de tuyaux chargés d'acheminer le gaz produit par la décharge vers les lieux de son utilisation.

Encadré 1 – Méthanisation et biogaz : mode d'emploi

La méthanisation est la transformation, par des bactéries, de matière organique en biogaz. Ces bactéries sont aussi à l'œuvre dans nos appareils digestifs : le méthane est le gaz des flatulences (« gaz des pets ») ! On les trouve également dans les marais, la vase, le fumier... Elles ont la particularité de vivre sans oxygène, c'est pourquoi la méthanisation est parfois qualifiée de « digestion anaérobie ».

Différentes familles de bactéries sont à l'œuvre au cours de la méthanisation, qui se déroule en plusieurs étapes :
• tout d'abord, les molécules complexes (cellulose, lipides, protéines...) sont transformées en molécules plus simples (acides gras) par *hydrolyse* ;
• *l'acidogénèse* transforme ensuite ces acides gras en acide acétique, en gaz carbonique et en hydrogène par la réaction d'*acidogénèse* ;
• la *méthanogénèse*, enfin, regroupe deux réactions : la transformation de l'acide acétique en méthane et gaz carbonique, et la combinaison de gaz carbonique et d'hydrogène en méthane.

À l'arrivée : du biogaz, un mélange qui <u>contient principalement du méthane et du gaz carbonique</u>. La proportion de ces deux gaz dépend de la nature du mélange initial, et, plus précisément, de ses teneurs respectives en carbone, hydrogène, oxygène et azote du mélange (CHON). Le biogaz issu de la fermentation de la cellulose (polymère du glucose qui constitue l'essentiel des parois cellulaires des végétaux et est moyennement riche en C et H) contiendra environ 55 % de méthane et 45 % de gaz carbonique.

La mesure du quotient des quantités de méthane et de gaz carbonique (CH_4/CO_2) émis permet de suivre le déroulement de la fermentation. Ce ratio se stabilise quand la fermentation est bien établie. Dans le cas de la cellulose, sa valeur d'équilibre varie entre 1,3 et 1,4.

Où part le gaz de décharge une fois collecté ? À l'unité de traitement. Sans purification, le biogaz peut être très corrosif pour les appareils qui l'utilisent. Il contient de l'hydrogène soufré, de l'eau et du gaz carbonique (acide), et, parfois, des composés chlorés. Quand il est extrait de décharges, il peut contenir des impuretés supplémentaires. Comme l'étanchéité parfaite est difficile à obtenir sur d'aussi grandes surfaces, le biogaz se retrouve généralement mélangé à un peu d'air, dans des proportions qui varient en fonction du régime d'aspiration et des conditions météorologiques. Il est surtout très souvent contaminé par les produits chimiques présents dans la décharge (provenant des peintures, fréons, aérosols, et solvants par exemple).

Dans l'unité de traitement, le biogaz est nettoyé avant d'être brûlé. Même appauvri à 50 ou 40 % de méthane, il brûle suffisamment bien pour qu'il ne soit pas nécessaire de le débarrasser de son dioxyde de carbone : ce faible impératif de pureté rend la production de chaleur ou d'électricité par combustion de biogaz très intéressante d'un point de vue économique. « Valorise t-on le biogaz pour en faire de l'énergie ? » demande Luiza. Eduardo nous avoue que nous arrivons un peu tôt, car l'installation d'un générateur de 10 MW est attendue pour 2008. La combustion du biogaz traité permettra alors de produire de l'électricité qui bénéficiera d'un tarif de rachat attractif et alimentera le réseau électrique brésilien[1].

En attendant l'arrivée des turbines électriques, on brûle le gaz en torchère. Le méthane ayant un pouvoir réchauffant vingt-trois fois plus élevé sur une période de cent ans que le très médiatisé gaz carbonique, le transformer en gaz carbonique réduit l'impact environnemental des décharges.

---

1. On peut aussi envoyer le biogaz débarrassé de son eau, impuretés et CO_2, dans les réseaux de distribution de gaz naturel.

Encadré 2 – Les gaz et l'effet de serre : le méthane, un mauvais élève !

Le plus connu des gaz à effet de serre (GES) est le gaz carbonique, aussi appelé dioxyde de carbone ou CO_2 (son abréviation chimique). Sa médiatisation s'explique pour une raison simple : compte tenu des quantités émises et de leur durée de vie dans l'atmosphère, le gaz carbonique est le gaz d'origine humaine[1] qui contribue le plus au réchauffement climatique à long terme.

Certains des GES émis en quantités moindres ont, sur une période donnée et pour un volume émis identique, un pouvoir réchauffant bien plus important que le CO_2. Le pouvoir réchauffant d'un gaz est évalué en prenant en compte deux facteurs :

• la durée de vie du gaz considéré dans l'atmosphère : si la molécule de gaz se désintègre rapidement, son effet sur le long terme sera réduit quand bien même son pouvoir réchauffant serait important ;

• le pouvoir réchauffant « absolu » du gaz : lié aux propriétés physiques des gaz, il permet de déterminer l'ampleur de leur contribution à l'effet de serre.

La combinaison de ces deux facteurs permet de déterminer le pouvoir d'échauffement d'un volume de gaz, pour un temps de résidence dans l'atmosphère donné. Un temps de résidence donné ? Cette précision est essentielle. Si l'on émet un gaz à fort effet de serre qui s'évanouit quelques mois après avoir été émis, cela peut s'avérer moins préjudiciable à long terme qu'un gaz à effet de serre « moyen » dont la durée de vie est de plusieurs centaines – voire milliers d'années.

D'où l'intérêt de s'accorder sur une période pour parler de pouvoir d'échauffement. Comparons le pouvoir d'échauffement de quelques gaz avec celui du CO_2, pris comme référence unitaire à chacune des périodes considérées :

---

1. Les gaz à effet de serre (GES) permettent la vie sur Terre. Sans eux, notre planète aurait une température moyenne de – 18 °C, empêchant la présence d'eau liquide qui conditionne la vie. Les principaux GES naturels sont la vapeur d'eau (H_2O, responsable de 55 % de l'effet de serre), le dioxyde de carbone (CO_2), le méthane (CH_4), le protoxyde d'azote (N_2O) et l'ozone (O_3). Les GES supplémentaires émis au cours des activités humaines perturbent l'équilibre climatique naturel.

Gaz à effet de serre	Temps de vie[1] dans l'atmosphère (années)	Pouvoir d'échauffement global (20 ans)	Pouvoir d'échauffement global (100 ans)	Pouvoir d'échauffement global (500 ans)
Dioxyde de carbone (CO_2)	150	1	1	1
Méthane (CH_4)	12	62	23	7
Oxyde Nitreux (N_2O)	114	275	296	156
CFC-12	100	10 200	10 600	5 200
CF_4	50 000	3 900	5 700	8 900

Source : D. Hauglustaine

Que constate-t-on ? D'abord, que le dioxyde de carbone est loin d'être seul dans l'arène. Cela explique pourquoi le protocole de Kyoto, signé en 1997 dans le cadre de la convention des Nations unies pour le changement climatique et ratifié en 2005, propose un calendrier de réduction des émissions de six gaz à effet de serre considérés comme la cause principale du réchauffement planétaire de la seconde moitié du xxe siècle.

Ensuite, que le méthane est loin d'être un ami du climat. 100 ans après avoir été émis, un volume de méthane contribuera 23 fois plus au réchauffement de notre planète qu'un même volume de dioxyde de carbone. Après 500 ans, ce rapport est encore de 7. Cette différence de pouvoir d'échauffement explique l'intérêt de brûler le méthane pour le convertir en dioxyde de carbone avant de le relâcher dans l'atmosphère.

Enfin, on constate que les fluorocarbures (CFC, HFC, CF4), déjà responsables de l'apparition du trou dans la couche d'ozone, ont de très importants pouvoirs d'échauffement. Si le protocole de Montréal, signé en 1987 pour éviter la croissance du trou de la couche d'ozone (qui n'a rien à voir avec le réchauffement planétaire), a permis de très significativement réduire les émissions de CFC, il reste à éliminer celles des hydrochlorofluorocarbures (HFC) qui leur ont été substitués !

---

1. Par définition, le temps de vie d'un gaz dans l'atmosphère est le temps au bout duquel sa concentration a été réduite à 1/e-ième (~37 %) de sa concentration initiale. Cette notion est à comparer à la demi-vie des noyaux radioactifs (voir chapitre 3 sur les déchets radioactifs).

Sur les vingt et un ans que durera l'exploitation du centre d'Adrianópolis, brûler le méthane en torchère puis dans des générateurs d'électricité permettra d'éviter l'émission de 14 millions de tonnes équivalentes de CO_2. Cela correspondrait aux émissions générées, sur la même durée, par les activités et la consommation de 72 000 Français, ou de 133 000 Brésiliens [1] !

La gestion environnementale du site ne se limite pas à sa gestion énergétique. Eduardo nous fait remarquer qu'avant que puissent y être entreposés les détritus, les sols sont imperméabilisés pour éviter leur contamination et celle des eaux souterraines. Les fuites sont drainées et acheminées jusqu'à un bassin de traitement de l'eau. L'eau s'y évapore, et les déchets qui s'y accumulent sous forme de « boue » peuvent alors servir, après traitement, d'engrais.

Il nous parle enfin de l'impact social du projet. De nombreuses familles vivaient des 20 hectares de l'ancienne décharge carioca de Marambaia ; à sa fermeture prévue par les clauses du contrat de Nova Iguaçu, elles ont perdu leur source de revenus. L'entreprise s'est intéressée à leur sort, et si toutes n'ont pas pu trouver un emploi chez Novogerar, certaines d'entre elles sont aujourd'hui chargées de l'entretien d'une serre et de quelques travaux de maintenance.

SA Paulista, une entreprise exemplaire ? Il faut surtout voir dans ce succès l'existence d'incitations fortes à initier une démarche de développement durable : les promoteurs du centre d'enfouissement technique d'Adrianópolis ont dû répondre à un cahier des charges social et environnemental particulièrement ambitieux pour obtenir l'aide financière offerte par les

---

1. On émettait en France 9,3 tonnes de CO_2 équivalent par habitant en 2003, et 5 tonnes au Brésil en 2000.

« mécanismes de développement propre » du protocole de Kyoto. Premiers entrepreneurs brésiliens à avoir bénéficié de ce système, ils ont vu leur projet très médiatisé – et ceci, bien que leur installation de récupération du biogaz de décharge ne constitue pas une première.

> **Encadré 3 – Les mécanismes de projet du protocole de Kyoto : comment ça marche ?**
>
> Le protocole de Kyoto fixe aux pays industrialisés signataires l'obligation de limiter, entre 2008 et 2012, l'ensemble de leurs émissions de gaz à effet de serre (GES) 95 % du niveau global de leurs émissions de 1990. Chacune de ces *Parties* dites de *l'Annexe B* a négocié un engagement chiffré correspondant à un volume d'émission à ne pas dépasser ses entreprises et habitants.
>
> L'idée des mécanismes de projet, encore appelés *mécanismes de flexibilité*, est de permettre à un pays de remplir ses objectifs de réduction d'émissions au moindre coût. Les GES se répartissent uniformément dans l'atmosphère en une dizaine de jours. Une réduction d'émissions a donc le même effet sur la planète qu'elle ait lieu à Paris ou à Bangalore. Sauf qu'à Bangalore le coût marginal (coût pour une même quantité réduite) d'une opération de réduction des émissions peut être très inférieur à ce qu'il serait à Paris.
>
> Les mécanismes de projet permettent à une entreprise d'un pays de l'annexe B de mettre en œuvre des projets réduisant les émissions de GES dans un autre pays, et d'obtenir, en contrepartie, une validation de cette réduction sous forme de « crédits » qu'elle peut ensuite utiliser pour remplir ses engagements vis-à-vis de l'État dont elle dépend, ou vendre sur le marché des crédits carbone.
>
> Les mécanismes de projet s'appliquent à deux catégories de pays :
>
> • La ***mise en œuvre conjointe*** (MOC) s'applique aux pays qui ont ratifié le protocole de Kyoto et pris des engagements de réduction d'émissions. Le pays qui approuve un projet au titre de la MOC accepte de céder des « crédits » : la MOC est donc intéressante pour les pays dont les émissions sont inférieures aux quotas assignés. C'est le cas de la plupart des pays de l'Europe de l'Est (tels la Russie ou l'Ukraine) : ayant connu une forte récession économique peu après l'année de référence (1990), ils sont encore en deçà de leurs quotas d'émission.
>
> • Le ***mécanisme de développement propre*** (MDP) s'applique aux pays qui ont ratifié le protocole de Kyoto mais dont le niveau de développement à l'époque de ces négociations justifiait qu'ils soient exemptés d'engagement à réduire leurs émissions de carbone. C'est le

cas de la plupart des pays en voie de développement, mais aussi de grands émetteurs comme la Chine, l'Inde ou le Brésil.

Le projet est éligible en tant que MOC ou MDP si : 1. l'investissement se fait dans des secteurs jugés prioritaires, comme l'énergie, les transports, l'industrie ou encore la gestion des déchets ; 2. il est **additionnel**, c'est-à-dire qu'il réduit les émissions de GES par rapport au scénario d'évolution économique choisi comme référence.

Exemple : une société allemande souhaite investir dans la rénovation d'une centrale électrique en Ukraine. Elle propose d'équiper la centrale d'une turbine à gaz à cycle combiné, ce qui va augmenter le rendement d'au moins un tiers par rapport à celui des turbines utilisées à l'heure actuelle (cycle simple, en fonction depuis trente ans). Un tel investissement générera donc une réduction d'émissions par rapport au scénario de référence et sera donc éligible à la MOC.

L'intérêt des mécanismes de projet est donc triple :
• environnemental, tant local que mondial ;
• de développement économique et social, pour le pays qui accueille le projet ;
• financier, pour l'entreprise qui peut remplir ses obligations à moindre coût.

Dès les années 70, la croissance des volumes de déchets conduit à la création en Occident de centres d'enfouissement de plus grande taille, plus favorables à la fermentation des résidus organiques... et à la récupération du biogaz. À partir des années 80, la cogénération[1] de chaleur et d'électricité prend de l'ampleur, y compris pour des installations de petite capacité : 3 sites de valorisation sont recensés en 1980 en Europe, 23 en 1983. Ce développement s'accélère dans les années 90 : 423 unités de valorisation fonctionnent en 1997. Dans la plupart des cas, le biogaz est valorisé sous forme d'électricité livrée au réseau. La valorisation thermique reste limitée par le manque de débouchés locaux.

Quid de l'Amérique latine ? C'est un continent très urbanisé : 75 % de la population vit dans les villes, dont 117 comptent plus de 500 000 habitants. La production de déchets y est donc concentrée et adaptée à la construction de centres d'en-

_____
1. Voir encadré 2 du chapitre 16, p. 308.

fouissement technique comparables à celui d'Adrianópolis. Du Rio Grande à Ushuaïa, seuls 3 sites[1] recyclent aujourd'hui leur gaz de décharge en puissance électrique et, d'après Eduardo, 60 % des déchets brésiliens ne sont pas traités. Dans l'État de Rio, ce sont 17 000 tonnes par jour qui sont concernées... Eduardo nous confie que le défi le plus important à relever dans la généralisation de ce type d'exploitation n'est pas technique, mais qu'il consistera à trouver de nouvelles sources de revenus pour les nombreuses familles qui vivent aujourd'hui du recyclage informel des détritus.

Méthanisation : élémentaire, mon cher Watson !

La décharge d'Adrianópolis a réveillé en nous des souvenirs d'Inde ! Nous y avions découvert un projet qui utilisait, de façon plus rudimentaire, le même principe. Le biogaz n'est pas affaire de haute technologie, et des moyens limités peuvent s'avérer suffisants pour l'exploiter avantageusement.

12 mai – Riaz, l'un de nos deux compères cofondateurs de Prométhée, nous a rejointes en Inde ; il découvre avec Élodie un pot-pourri de projets de toutes tailles soutenus par l'agence chargée du développement des énergies renouvelables à Pondichéry (AER). Première visite : un digesteur producteur de biogaz à l'université technique de Pondichéry (Pondicherry Engineering College).

Nous voici au milieu d'une cour qu'entourent les logements défraîchis mais propres de 450 étudiants. L'installation de biogaz se situe derrière les cuisines. Qu'y faut-il voir ? Pas grand chose, à vrai dire : une grosse dalle de pierre couvre presque entièrement la fosse. On nous propose d'y passer la tête. Riaz

---

1. Monterrey (Mexique), Sao Paulo (Brésil) et Maldonado (Uruguay), respectivement d'une puissance de 7, 23 et 0,9 MW.

se contentera des impressions d'Élodie : « *Oui, oui, on ne nous a pas menti ; tout y est : couleurs et odeurs !* » La fosse est alimentée par les conduites des toilettes, ainsi que par le va-et-vient des cuisiniers qui y déversent tous les jours épluchures et déchets organiques. On nous confie que l'apprentissage n'a pas été sans peine, mais qu'aujourd'hui, la promenade quotidienne est entrée dans les habitudes. C'est que plus il y a de déchets, plus on produit de biogaz. Celui-ci est acheminé jusqu'aux cuisines, par un petit tuyau en plastique qui alimente un réchaud à gaz. Pas de prétraitement, et un simple robinet qui s'ouvre et se ferme au gré des besoins de la cuisine. Les économies sont substantielles ! 8 à 10 bonbonnes de 40 kg de gaz seraient ainsi économisées par mois.

Pour faciliter la méthanisation, on peut utiliser des cuves plus ou moins sophistiquées, appelées biodigesteurs. Les plus simples s'achètent à moins de cent euros. Plus de dix millions de digesteurs « familiaux » ont été installés en Afrique et en Asie. De la collecte des déchets à la vidange du digesteur, leur exploitation est, comme à Pondichéry, entièrement manuelle. Quand le gaz est cher et la main d'œuvre peu coûteuse, ils permettent à leurs utilisateurs de réaliser de substantielles économies. Cette économie se double d'une amélioration significative des conditions de vie, lorsque le biogaz remplace du bois qu'il faut ramasser parfois pendant de longues heures, et dont la combustion pollue l'air des logements.

Adaptées aux zones rurales des pays en voie de développement, ces installations sont beaucoup moins attrayantes pour les ménages français, qui peuvent s'approvisionner aux réseaux urbains de gaz ou facilement faire le plein de bouteilles de butane bon marché. En revanche, dès qu'un volume critique de déchets, par exemple d'origine industrielle ou agricole[1] est atteint, la méthanisation se fait d'autant plus alléchante que tous ses produits peuvent être valorisés : le biogaz énergétique, mais

---

1. La jeune entreprise française Naskeo Environnement propose aux petits et moyens sites industriels de valoriser leurs déchets par la méthanisation.

aussi les déchets solides résiduels, qui font de très bons engrais. Prenons-nous à rêver : sa généralisation permettrait peut-être d'en finir tant avec le recours aux engrais artificiels... qu'avec les épandages odorants dans les campagnes !

Encadré 4 – Quelles sont les sources exploitables de biogaz ?

Les sources les plus courantes de biogaz sont les concentrations, volontaires ou involontaires, de matière organique :
- La collecte sélective des déchets organiques. Elle permet une méthanisation plus rapide qu'en décharge, la transformation pouvant être accélérée par l'utilisation de digesteurs spécifiques à ces détritus.
- Les décharges. Leur teneur en biogaz est plus ou moins élevée en fonction de l'étanchéité de l'exploitation. En France, la récupération du biogaz de décharge est obligatoire ; sa valorisation énergétique reste optionnelle (la combustion en torchère est le plus souvent pratiquée).
- Les boues des stations d'épuration. La méthanisation permet d'éliminer les composés organiques et offre à la station l'essentiel de l'énergie qu'elle consomme.
- Les effluents d'élevages. En France, la réglementation rend obligatoire l'installation d'une capacité de quatre mois de stockage des effluents agricoles (lisier, fumier). Ce temps de stockage pourrait être mis à profit pour méthaniser déjections animales et autres déchets agricoles (résidus de culture et d'ensilage, effluents de laiteries, retraits des marchés, gazons, etc.).
- Les effluents des industries agroalimentaires.
- Le fond des lacs et les marais : le biogaz y est produit naturellement par la décomposition des sédiments organiques qui s'y accumulent. Renseignez-vous sur le potentiel énergétique que cela représente au Rwanda (lac Kivu) !

Cultures gourmandes en engrais, surexploitation des terres, élevage intensif... agriculture et environnement font parfois piètre ménage. On oublie en effet souvent que les activités agricoles et agroalimentaires peuvent être très énergivores (fabrication des engrais, transport, conditionnement des aliments et stockage des produits – dont congélation !) et fortement émettrices de gaz à effet de serre (oxydes nitreux et de méthane).

Ceci dit, les différentes sources d'alimentation ont différentes signatures climatiques. Un petit geste pour chacun, un grand pas pour l'humanité : voilà l'omelette ou l'escalope de dinde normande qui prend une longueur d'avance sur le steak frite de la cantine !

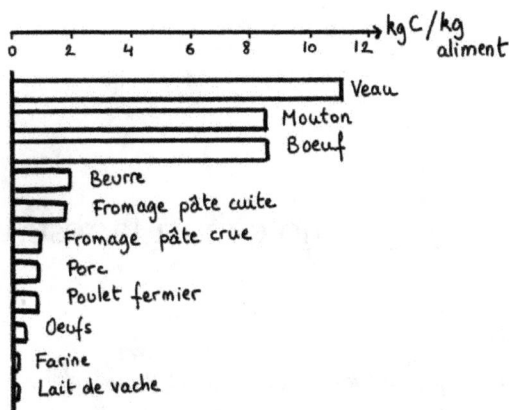

Comme souvent quand il s'agit d'environnement, beaucoup est affaire de comportement. Nous pouvons tous choisir d'être des consom'acteurs. Manger un peu moins de viande, cuisiner fruits et légumes de saison, préférer les conserves aux surgelés, ou prendre un abonnement à l'AMAP[1] de son quartier : autant de façons de redécouvrir les plaisirs de la table en prenant soin de la planète. La première étape avant de nous convertir en « nutritionnistes climatiques » ? Arbitrons, de temps à autre, notre carte gastronomique en fonction de son impact sur le climat : au quotidien, la gestion des gaz à effet de serre peut, cher Watson, être des plus élémentaires !

---

1. Association pour le maintien d'une agriculture paysanne.

Bio, clean et nanotechs à la rescousse !

Qu'est-ce que la technologie sinon le moyen pour l'homme de réduire son labeur en mettant à profit son imagination et sa connaissance de la Nature ? Ils sont nombreux à s'être lancés dans la course à l'innovation qui permettra de mettre au point les « clean technologies », des outils pour affronter les problèmes énergétiques et environnementaux du XXIe siècle. Parmi celles-ci, les bio et nano-techs sont séduisantes de futurisme. Une protéine synthétisant de l'hydrogène ? Un système captant les électrons de la photosynthèse pour en faire de l'électricité ? Rêveries d'utopistes ou projets prometteurs ? C'est la force des chercheurs que de pousser des idées d'avant-garde sans savoir si elles aboutiront... là où ils pensaient les mener !

Projets :

• Fabrication de biohydrogène par des cellules végétales, laboratoire de biochimie de l'université de Stanford, Palo Alto (États-Unis)

• Pomper l'électricité des plantes, Centre pour les systèmes intégrés de l'université de Stanford, Palo Alto (États-Unis)

Du biohydrogène solaire fabriqué par des plantes-usines

Fin juillet – Californie. Pas un nuage pour rompre l'uniformité bleue du ciel. La brise suggère la proximité du Pacifique. Notre billet est pris : nous ne resterons que deux semaines dans cet État que nous aurons parcouru de Los Angeles à San Francisco. Si le climat n'est pas le seul attrait de la côte Ouest, il contribue très certainement, avec l'attractivité des salaires proposés et la concentration d'expertise de la fameuse Silicon Valley, à fidéliser les jeunes diplômés qu'il attire par milliers.

Au cœur de ladite vallée, l'université de Stanford invite de brillants étudiants du monde entier à s'essayer à la recherche. Parmi ceux-ci, Jim, en dernière année de doctorat de biologie. Avant de nous inviter à visiter son laboratoire, il nous suggère de profiter du soleil le temps qu'il nous présente les travaux de son équipe : celle du professeur James Swartz.

« On est toujours à la recherche d'un vecteur d'énergie dense et "100 % propre" », commence-t-il. S'il existait, il pourrait être utilisé pour stocker l'énergie mieux que des batteries et faire rouler nos voitures sans pollution locale ou émissions de gaz à effet de serre. L'hydrogène, dont la combustion ne produit que de l'eau, est un candidat potentiel. Malheureusement, on ne le trouve pas dans la nature. Il faut donc le fabriquer, processus énergivore et aujourd'hui souvent « sale » puisque consommateur d'énergies fossiles [1].

Dans ce contexte, le groupe du professeur Swartz a la séduisante ambition de faire équipe avec le soleil et les plantes. La nature recèle des recettes technologiques : pourquoi ne pas apprendre aux cellules végétales à produire de l'hydrogène ?

---

1. Voir éclairage « la voiture à hydrogène » p. 388 pour une description des procédés de fabrication de l'hydrogène.

Première étape : identifier la source d'énergie qui, dans la plante, permettra de synthétiser le gaz qui nous intéresse. Les membres de l'équipe de Jim pensent que les électrons de la photosynthèse pourraient très bien tenir ce rôle (voir encadré ci-dessous).

Encadré 1 – La photosynthèse en bref

En journée, les plantes absorbent du gaz carbonique et rejettent de l'oxygène. La photosynthèse est la réaction au cours de laquelle ces échanges gazeux se font.

Plus précisément, elle est le processus bioénergétique qui permet aux plantes de pousser. Elle leur permet de synthétiser leur matière organique (glucose) à partir d'eau, de gaz carbonique et d'énergie solaire. Elle a lieu dans les chloroplastes des cellules chlorophylliennes.

La photosynthèse se déroule en deux étapes :

1. pendant la <u>réaction photochimique</u>, l'eau (H_2O) acheminée depuis les racines de la plante jusqu'aux feuilles est transformée en oxygène (O_2), protons (H^+) et électrons (e^-). Le bilan chimique de cette réaction s'écrit :

$$2\ H_2O + \text{lumière} \rightarrow 4\ H^+ + 4\ e^- + O_2$$

Ce sont les 4 électrons produits pendant cette réaction que convoite l'équipe du professeur Swartz.

2. la seconde étape, encore appelée <u>cycle de Calvin</u> ou <u>phase de fixation du carbone</u>, est <u>biochimique</u>. À partir des sous-produits de la première étape (les électrons et les protons) et du gaz carbonique absorbé par la feuille, elle aboutit à la synthèse de glucose (noté $C_6H_{12}O_6$) et d'eau (H_2O) :

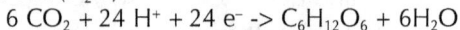

$$6\ CO_2 + 24\ H^+ + 24\ e^- \rightarrow C_6H_{12}O_6 + 6H_2O$$

Deuxième étape : donner à la plante les moyens de cette nouvelle synthèse. Dame Nature a dans son sac des protéines capables d'utiliser des électrons pour produire de l'hydrogène : ce sont les hydrogénases. Où les trouve-t-on ? Dans les bactéries anaérobies, nous précise Jim, c'est-à-dire dans des micro-organismes vivant dans les milieux privés d'oxygène que sont les sédiments lacustres, les sources hydrothermales sous-marines ou encore... nos intestins ! Ces hydrogénases facilitent une réaction chimique simple : la capture d'électrons par des protons pour produire de l'hydrogène [1]. Pourquoi diable leur structure est-elle si complexe ?

Tout simplement parce qu'elles doivent précieusement protéger le site où aura lieu la rencontre entre protons et électrons. Au centre de l'hydrogénase, le site actif de la réaction est orné d'atomes de fer et parfois de fer-nickel qui perdent tous leurs pouvoirs romantiques en présence d'oxygène, produit majeur de la photosynthèse. Autrement dit, Jim et ses collègues travaillent sur une protéine bloquée par l'oxygène, qu'ils doivent cependant faire fonctionner en présence de ce gaz : rien de moins évident que la résolution de ce casse-tête !

La piste suivie par nos chercheurs part d'une hydrogénase naturelle, dont le site actif est enfoui au centre de la protéine. Il suffirait d'empêcher l'oxygène de s'y introduire, tout en autorisant son accès aux électrons et en ménageant une voie de sortie à l'hydrogène qui s'y formerait. C'est possible, pense l'équipe de recherche. Il suffit de modifier légèrement la géométrie de la molécule...

... et les plantes convertiraient efficacement [2] l'énergie solaire en hydrogène, on en cultiverait des hectares, on les couvrirait de bâches pour récupérer le gaz qu'elles produiraient, on en remplirait des bonbonnes, on multiplierait les applications commerciales et...

---

1. Selon la réaction : $2\ H^+ + 2e^- \rightarrow H_2$

2. Le groupe du professeur Swartz cherche à obtenir la conversion photobiologique de l'énergie lumineuse (du Soleil) en énergie chimique (de l'hydrogène), avec un rendement de 7 % (défini comme le rapport de l'énergie chimique de l'hydrogène produit par l'énergie solaire qui baigne toute la surface de la cellule végétale) pendant une période de 2 heures. Ce rendement paraît faible ? Voyons si les technologies actuelles font mieux : pour passer du Soleil à l'hydrogène, quel rendement obtiendrait-on en transformant l'énergie solaire en électricité (panneau solaire photovoltaïque) qui serait utilisée pour électrolyser de l'eau en hydrogène et oxygène (électrolyseur) ? Supposons un panneau solaire de silicium monocristallin, pour lequel 15 % est un rendement correct. Ajoutons y un électrolyseur, dont le rendement est théoriquement de 100 % mais semble tomber à 40 % en pratique (du fait notamment de la surtension de l'hydrogène et des pertes par effet Joule). On obtient un rendement de 15 % * 40 % = 6 % à peine !

... retour à la réalité de la recherche, dans les laboratoires de Stanford. Il faut donc commencer par modifier légèrement la géométrie de la molécule. Certes, mais comment faire ? Lancer les dés des mutations génétiques, s'en servir pour créer des milliers

---

Encadré 2 – Fabriquer mille versions d'une protéine ?

Pour fabriquer mille versions différentes d'une protéine, il faut disposer de mille versions différentes de son gène, la portion d'ADN qui le code (cf. encadré ADN p. 229).

Comment démultiplier un gène ? On utilise la technique de la **PCR** (pour **Polymerase Chain Reaction**, réaction en chaîne de la polymérase), qui a valu le prix Nobel de chimie à son inventeur en 1993. Cette technique s'appuie sur la **réplication**, un mécanisme naturel grâce auquel la polymérase à ADN copie le matériel génétique.

Une simple élévation de température suffit à séparer les deux brins de l'ADN pour les rendre accessibles à la polymérase : c'est la première étape de la PCR. On introduit ensuite une « amorce » dans la solution où baigne l'ADN. Spécifique à la portion d'ADN qui code la protéine qu'on cherche à synthétiser, cette amorce se fixe au brin d'ADN qui lui est complémentaire. Elle sert ensuite de repère à la polymérase qui va venir s'y accrocher et, brique par brique, la rallonger pour tisser un brin complémentaire du gène initial. Un nouveau morceau d'ADN double-brin est né !

La grande astuce de la PCR consiste à utiliser les produits des brins nouvellement formés comme réactifs de l'étape suivante. À chaque répétition de l'opération, on double le nombre de copies du gène. Après n étapes, on obtient 2^n copies : le nombre de copies disponibles augmente très vite !

Pour introduire des modifications aléatoires dans ces duplicata, il « suffit » de saboter le travail de la polymérase en créant dans l'éprouvette des conditions réactionnelles qui l'agacent : de temps à autre, la polymérase se trompera de nucléotide et une fraction des copies sera imparfaite. Ces imperfections donnent naissance à des copies légèrement modifiées du gène, et permettent d'en produire des variantes qui diffèrent, mais pas trop.

Une fois que leurs plans de construction sont établis (brins d'ADN), il est facile de construire les protéines, dont on sait donc créer « mille versions différentes d'une protéine » !

de copies volontairement non conformes de l'hydrogénase de départ, et analyser le comportement de chacune de ces chimères pour enfin sélectionner parmi elles « celle qui sera la bonne » : rien de plus fastidieux !

Le quotidien d'un jeune chercheur demande une sacrée dose de motivation, de patience et d'abnégation ! *« Cent fois sur le métier remettez votre ouvrage »*, semble être la devise de Jim et de ses collègues. Enchaîner les séries de mutations génétiques, synthétiser des milliers de molécules, les tester en respectant une méthodologie précise, et compter sur sa bonne étoile pour découvrir, un jour, la protéine idéale : la tâche est répétitive et colossale. Jim en est conscient. Voilà trois ans qu'il planche sur ce projet sans avoir trouvé l'hydrogénase miracle. Si les fonds de recherche sont maintenus, Jim remettra bientôt le flambeau à un nouvel étudiant tout aussi motivé que lui pour construire l'usine végétale du plus propre des vecteurs d'énergie.

Il faudra de nombreux Jim patients et souriants pour que les prairies se couvrent de fleurs à hydrogène car, une fois identifiée, la forme d'hydrogénase tolérante à l'oxygène devra être synthétisée en quantités suffisantes pour garantir une production utile d'hydrogène. Arrivés là, on n'aura fait qu'un pas sur la longue route conduisant à ces usines naturelles : il faudra encore optimiser la conversion de l'énergie lumineuse[1], séparer l'oxygène et l'hydrogène photosynthétiques (qui sinon formeraient un mélange explosif), et développer une infrastructure de récupération et d'exploitation du gaz recherché : de quoi mobiliser plus d'un chercheur !

---

1. D'un côté, les plantes n'utilisent pas toute l'énergie lumineuse du soleil (en particulier, la lumière verte du spectre visible est très peu absorbée par les chloroplastes, ce qui explique la couleur des végétaux chlorophylliens), et de l'autre, il faut laisser à la cellule productrice d'hydrogène suffisamment d'énergie pour assurer correctement ses fonctions vitales.

Domestiquer le vivant : un art difficile ?

En quittant le laboratoire de Jim, nous réalisons ne pas savoir démêler de nos impressions laquelle, de la confiance ou de l'effroi, domine. Une plante pourrait produire de l'hydrogène, certes, mais les techniques développées pour y parvenir ne pourraient-elles pas aussi se mettre au service d'ambitions moins nobles ? Nos interlocuteurs américains semblent étrangers à ces doutes. Notre rencontre avec le professeur Christopher Somerville, quelques jours plus tôt à l'Institut Carnegie de Stanford, nous revient à l'esprit.

« Doctor Somerville » est l'un des pères de la génétique moderne. Spécialiste du règne végétal, sa contribution majeure est d'avoir impulsé le premier déchiffrage complet de l'ADN d'une plante dite supérieure. *Arabidopsis thaliana* est une herbe folle assez quelconque, sans autre apparente vertu que d'atteindre sa taille adulte en six à huit semaines : cette rapidité de croissance fait de la coquette *Arabette des dames* un sujet d'expérimentation très pratique. Son cobaye identifié, notre chercheur a porté à bout de bras un projet qui attira 100 millions de dollars et l'intérêt de nombreux scientifiques rassemblés au sein de l'« Arabidopsis Génome Initiative ». En 2000, les 140 milliards de bases d'ADN du brin d'herbe sont enfin décodées par les participants à ce projet international. Le professeur Somerville, nommé en novembre dernier directeur de l'Energy Biosciences Institute, peut désormais s'attaquer à la conversion de la cellulose végétale en carburant...

Encadré 3 – L'ABC de l'ADN

L'ADN (acide désoxyribonucléique) est présent dans toutes les cellules vivantes. Il est le support héréditaire de l'information génétique spécifique à chaque individu.

L'ADN est formé de deux brins complémentaires enroulés en double hélice. Déroulé, l'ADN s'étire en un très long fil, constitué de l'enchaînement précis (séquence) des unités élémentaires que sont les nucléotides (aussi appelés « bases »). Il en existe quatre sortes, traditionnellement notés A (adénine), C (cytosine), G (guanine) et T (thymine). Si chacun des deux brins d'une molécule d'ADN était un collier, il serait fait de perles de 4 couleurs : la variété de la taille du collier et de l'ordre que peut prendre l'enchaînement des couleurs est à l'origine de l'infinie diversité du vivant (animal, végétal, bactérien) !

Inspiré de : http://www.latelelibre.fr/wp-content/uploads/2007/10/adn.jpg

Quelques ordres de grandeur

L'ADN humain compte 3 milliards de nucléotides, celui de la bactérie *Escherichia Coli* 5 millions, et celui du gui 130 milliards...

Les principes selon lesquels la cellule lit le plan de construction des protéines qu'est l'ADN (la « transcription ») sont universels et commencent à être assez bien compris. Localiser les portions d'ADN (les « gènes ») responsables de la production de telle ou telle protéine (voir encadré précédent) permet :

• de maîtriser les quantités de protéines produites par la cellule en « inhibant » ou en « activant » le gène ;

• d'éventuellement modifier directement le gène (par des mutations) pour modifier la fonction de la protéine qu'il code.

Découvrir et comprendre le rôle de stockage de l'information cellulaire tenu par l'ADN a ouvert la voie à l'ingénierie du vivant : le génie génétique.

Quels choix ont défini la vocation de ce savant renommé ? Chris Somerville s'amuse à nous raconter sa vie d'étudiant des années 70, le désir qu'il partageait avec celle qui est devenue sa femme de sauver l'humanité, les discussions qui orientèrent leurs carrières, et la décision qu'ils prirent un jour à « Pawisse », notre capitale chantée pour sa bohème, ses amours et ses rêves un peu fous, de s'attaquer au plus grave des maux de l'humanité. À l'époque, ils décernèrent cette palme à « la faim »[1] : la pression démographique mondiale combinée au caractère fini des surfaces de terre arable rendait urgente une mobilisation massive. À leurs yeux, la seule arme susceptible de lutter contre ce fléau restait l'augmentation du rendement des cultures. Pour y parvenir autrement qu'en abreuvant les terres d'engrais chimiques, une seule solution : modifier les plantes pour augmenter la productivité agricole. Rien de plus que ce qu'avaient déjà fait des générations de fermiers qui sélectionnaient, année après année, les meilleures semences et les meilleurs plants ! En utilisant les outils de la génétique, il deviendrait possible d'accélérer le rythme de ces progrès. Peut-être pas idéale, cette solution s'était imposée à Chris Somerville comme la seule possible, la seule viable à long terme pour l'humanité.

Présenter comme une « solution de survie » le recours aux manipulations génétiques réduit les anti-OGM[2] au rang d'enfants gâtés irresponsables. Cela n'a pas manqué de nous interpeller, à l'heure où 60 % de la nourriture consommée aux États-Unis est transgénique. En attendant des évaluations précises, fondées sur une recherche de qualité, du risque que ces produits font encourir à la biodiversité et à la santé humaine, ces considérations nous ont donné matière à réflexion. À vous aussi ?

---

1. Le rapport Meadows (plus connu sous le nom de « rapport du club de Rome ») présente en 1972 des conclusions alarmistes sur le rythme d'utilisation des ressources naturelles par les hommes. La recherche effrénée de la « croissance » traditionnelle était décrite comme devant aboutir à un effondrement du niveau de vie (quota alimentaire et produit industriel par tête).
2. Organismes génétiquement modifiés.

Un tapis de fakir... pour produire de l'électricité ?

Quelques jours plus tard, ce sont les étudiants chercheurs du Centre pour les systèmes intégrés (Centre for Integrated Systems, CIS) qui nous accueillent. Le projet qu'ils nous présentent fait partie, au même titre que les efforts des professeurs Swartz et Somerville, du Projet pour le climat mondial et l'énergie (GCEP) lancé en 2002 à Stanford. Il s'agit ici de transformer les cellules végétales en piles productrices d'électricité : rien de moins fou !

Ce sont encore les électrons de la photosynthèse qui sont visés. Plutôt que de les enrôler dans une usine à hydrogène *in vivo*, on souhaite ici les extraire des chloroplastes pour en tirer un courant utilisable à l'extérieur de la plante. Nous imaginons des arbres perfusés de fils électriques, des batteries rechargeables aux plantes vertes ou des ampoules collées aux feuilles, quand Wonhyoung, le « postdoc » coréen qui nous présente les travaux auxquels il participe, nous rappelle avec un sourire les dimensions de ce jeu : les cellules chlorophylliennes mesurent entre 20 et 30 millièmes de millimètre (μm) et la photosynthèse se déroule dans le chloroplaste, petite organelle de ces cellules environ 10 fois plus petite qu'elles. C'est dans cet infiniment petit qu'il faut aller chercher les précieux électrons qui nous intéressent. Aussi les électrodes utilisées pour les récupérer doivent-elles être extrêmement effilées : l'une d'entre elles doit percer le chloroplaste pour capter les électrons sans tuer l'organite pendant que la seconde reste à l'extérieur de la membrane.

À cette étape du projet de « bioélectricité photosynthétique », l'équipe du professeur Fritz Prinz ne manipule que les chloroplastes extraits de leurs cellules d'origine et gardés fonctionnels par leur immersion dans un milieu nutritif. Pour pouvoir les piquer avec l'électrode, il est nécessaire de les immobiliser. La tâche s'apparente à planter une punaise dans un ballon !... D'où l'intérêt d'immobiliser les chloroplastes pour pouvoir y plonger l'électrode. Des « pièges à chloroplaste » ont donc été creusés à la surface d'une plaque de verre : c'est ici que viendront se loger les organites, coincés par des forces d'adhésion capillaires[1].

Il faut ensuite piquer les chloroplastes. Après avoir fabriqué des électrodes suffisamment pointues, il faut les approcher de leurs cibles sans brusquerie : un appareillage de guidage de haute précision a été mis au point pour opérer dans ce monde microscopique. Et cela marche ! Un courant de 4 picoampères a été enregistré... il faudrait donc 10 milliards de ces petites électrodes pour allumer une ampoule basse consommation ! Blandine imagine déjà un tapis de fakir, où une forêt d'électrodes en série pomperait les électrons d'une armada de chloroplastes. Avouez qu'aussi invraisemblable que cela puisse paraître, on y croirait presque !

Wonhyoung est plus réaliste. Il n'envisage pas l'utilisation à moyen terme de ces découvertes pour générer de l'électricité. Quel peut bien être l'intérêt d'une recherche aussi saugrenue ? Il nous fait réaliser que ce qui importe dans ces grands projets n'est pas tant le but fixé que le chemin qui y mène. Ainsi, les techniques de guidage de haute précision, de mesure des pico-courants générés ou de fabrication des nano-électrodes pourraient être utilisées dans bien d'autres domaines...

Le raz-de-marée « cleantech » : un phénomène californien ?

À Stanford, nous n'avons poussé la porte que de quelques laboratoires. Combien d'autres découvertes germent derrière les murs des bâtiments aux toits de brique, derrière ceux des institutions de recherche du monde entier ? Y penser donne le tournis, d'autant que si nous nous sommes plus précisément intéressées

---

1. Des forces de surface dites de capillarité, qui font qu'un liquide monte de lui-même dans une micro-paille.

aux biotechnologies, ce domaine n'est qu'un des visages pris par la haute technologie. Lorsqu'elle sert la protection de l'environnement, on l'appelle « cleantech », le « high-tech » propre. Ce terme générique englobe l'ensemble des technologies réduisant les émissions de gaz à effet de serre et se décline notamment en invention de sources d'énergies alternatives (solaire, éolien, biomasse, biocarburants...) et systèmes d'économie et d'optimisation des ressources (technologies de traitement de l'eau et des déchets, logiciels et infrastructures « intelligents » pour les bâtiments « verts »...). À en croire les 2 746 000 occurrences répertoriées par le moteur de recherche Exalead[1] en janvier 2008, ce mot est bel et bien passé dans le vocabulaire courant.

Il est en tous cas très à la mode dans la Silicon Valley : si notre mini-tournée des laboratoires nous a fait rencontrer de jeunes cerveaux rivalisant d'ingéniosité dans ce domaine, un entretien avec des « business angels » suffit à nous convaincre que l'effervescence cleantech a gagné start-up et investisseurs, succédant en ampleur à sa vieille cousine Internet.

Encadré 4 – Les investissements cleantech en 2007 : en croissance

En septembre 2007, *Les Échos* rapportent les conclusions d'une étude de Ernst & Young et Dow Jones VentureOne : les investissements dans les « cleantech » devraient battre un record en 2007, dépassant de 35 % ceux de 2006.

Au premier semestre 2007, 1,1 milliard de dollars ont déjà été investis, dont 893 millions en 71 opérations conclues entre janvier et juin aux États-Unis et 80 millions en 19 opérations en Europe. Ces sommes correspondent à respectivement 5,4 % et 4 % des montants investis par le capital-risque américain et européen.

Marc Gottschalk est avocat. C'est au siège de Wilson Sonsini Goodrich & Rosati Professional Corporation, à Palo Alto,

---

1. Le moteur de recherche français qui concurrence Google !

que lui et Michael Santulo nous reçoivent. Ce dernier, jeune quadra nourri au rêve américain, a plus d'une entreprise à son actif. Il est convaincu du rôle bénéfique de la concurrence dans la sélection de start-up viables. Si les idées novatrices ne manquent pas sur les campus universitaires, leur transformation en « business plan » valide n'est pas toujours évidente. D'après Michael, « venture capitalists » et « business angels » ont un rôle à jouer dans cette transition difficile : leur expérience leur permet de stimuler l'émulation entrepreuneuriale en confrontant les modèles d'entreprise, d'en retenir les meilleurs et d'écarter les concepts inadaptés au marché.

Marc et Michael nous reçoivent surtout pour nous parler de leur nouveau-né, « CA Cleantech »[1]. Ce concours californien spécialisé dans le cleantech est né de la collaboration de bénévoles un peu particuliers : tous ont entre dix et vingt ans d'expérience dans des domaines d'expertise, clés du monde de l'entreprise. Avocats, investisseurs, chercheurs ou entrepreneurs, ils apportent à l'organisation à but non lucratif fondée par Michael un carnet d'adresses formidable dans cette région adepte du « free networking » : *« Facilite l'entrée dans ton réseau, les autres t'ouvriront leurs portes. »* Avec une équipe si qualifiée et les soutiens institutionnels et privés qu'elle n'a eu aucun mal à fédérer, le projet a été monté en un tour de main : pour sa toute première édition en 2006, CA Cleantech a obtenu le soutien de la mairie de San Francisco et réuni 1 million de dollars de prix pour les candidats.

Qu'offre CA Cleantech ? Plus qu'un coup de pouce financier, il propose aux plus prometteuses des start-up participantes une mise en réseau, une exposition aux investisseurs et un accompagnement professionnel de qualité. Le concours agit en véritable éducateur à l'entreprenariat : tous les candidats retenus après la première sélection (près de la moitié des 120 projets

---

1. CA pour California.

présentés en 2006) peuvent bénéficier d'une formation à la création d'entreprise assurée par des professionnels. Il permet également de donner de la visibilité aux projets qui sont évalués par un jury de professionnels. Et pour les lauréats, le podium est assorti d'un prix de 50 000 dollars et d'une aide matérielle (mise à disposition de bureaux, de services de recrutement, d'un service juridique...). Michael a mis sur pied un concours à la hauteur de ses convictions : CA Cleantech permet de mettre en relation investisseurs et jeunes entrepreneurs, et d'accompagner ces derniers sur le chemin de la professionnalisation.

Après ce premier succès, l'édition 2007 de CA Cleantech s'est, elle aussi, professionnalisée. Invitées à la présentation des candidats de la catégorie « construction durable » dans les locaux emblématiques et très colorés de Google, le parrain de l'événement, nous avons été charmées par l'esprit d'inventivité des lieux, le dynamisme des participants. Le cocktail californien « universités, bassin d'emploi hautement qualifié, soleil et culture entreprenariale » est addictif : alors que Michael pense déjà à l'édition 2008, à nous d'inventer l'UE Cleantech ![1]

---

1. Notons que de nombreux réseaux de promotion et d'encouragement à l'entreprenariat existent déjà en France et en Europe. On se contentera de citer, pour le développement durable, le réseau Agora Energy qui a récemment lancé avec France Angels le réseau français Cleantech BA.

12

Vendre du solaire en Zambie :
c'est rentable sans subvention !

Lorsque le choix se pose entre le raccord à un réseau électrique fiable et l'installation de panneaux photovoltaïques onéreux et techniquement contraignants, il est vite fait au profit du réseau qui assure un approvisionnement aussi abondant que bon marché. Si, dans ces conditions, l'implantation à grande échelle de panneaux solaires est indiscutablement conditionnée par des tarifs de rachat d'électricité élevés, la situation est tout autre là où le réseau n'arrive pas. Loin d'être réservés à quelques écolos fortunés, les panneaux aux reflets bleutés fleurissent aussi dans les zones isolées, dont ils améliorent le confort des populations.

La cherté d'une technologie est en effet toute relative : elle est conditionnée à son utilité. Cette analyse a poussé Gerda et Laureijs Smulders à commercialiser des équipements solaires en Zambie. Vendre du high-tech dans l'un des pays les plus pauvres du monde ? Un défi osé que les deux Hollandais relèvent de main de maître, eux qui, comme nombre d'« entrepreneurs du meilleur », s'attachent à faire rimer commerce florissant et « social-développement » !

Projets :

- Panneaux solaires pour zones-rurales, Suntech, Lusaka (Zambie)
- Une lampe solaire pour les pauvres, Cosmos Ignite, Delhi (Inde)

Le solaire sans subvention, c'est possible !

10 avril – Un pavillon sans caractère dans les faubourgs de Lusaka : décor étonnant de banalité pour l'une des entrevues les plus marquantes de notre périple ! Nous y rencontrons Mme Gerda Smulders, quinquagénaire à la silhouette tout en longueur dont les yeux bleus et les blés de la chevelure trahissent l'origine : la présidente de Suntech est hollandaise. Le désordre organisé de son bureau est à l'image d'une histoire personnelle traversée de nombreux rebondissements, chaotique mais cohérente : un vrai roman !

Suntech s'est spécialisée dans la vente d'équipements solaires importés : lampes, chargeurs de portable, porte-clés... et, bien sûr, panneaux solaires. Comment les Smulders ont-ils eu l'idée de se lancer dans un tel commerce, à Lusaka, capitale de l'un des pays les plus pauvres au monde ? L'histoire commence il y a près de vingt ans quand Laureijs et Gerda Smulders, alors enseignants aux Pays-Bas, décident de changer d'air. Direction : le Zimbabwe. Dans l'un de ses lycées techniques, ils exercent chacun suivant sa spécialité : à elle les cours d'anglais, à lui la science et l'animation d'ateliers de fabrication de fours et de chauffe-eau solaires. Après avoir renouvelé deux fois leurs contrats, ils rêvent de découvrir une autre contrée, dans cette Afrique australe[1] qui leur est entrée dans le cœur : où partir pour ne la pas quitter ? Établir la liste des pays anglophones,

---

1. Partie du continent africain située au sud de la forêt équatoriale.

déterminer les avantages et inconvénients de chaque exil, et, enfin, trancher : le choix fut difficile. Le Bostwana faillit l'emporter, mais, finalement, c'est la Zambie qui les accueillerait.

Les Smulders avaient en effet décidé de se lancer dans une nouvelle aventure : la création d'une entreprise. Le climat d'investissement et la stabilité des pays devenaient dans ces conditions des critères de choix essentiels. Par comparaison avec ses voisins aux passé et présent agités, la Zambie faisait, sur ces points, figure de terre promise. Forte de ses 70 tribus et de sa très faible densité de population (à peine 10 millions d'habitants pour un territoire grand comme une fois et demie la France), ce pays n'a jamais connu de guerre.

Desservie par son enclavement géographique, la Zambie, considérée comme l'un des quinze pays les moins avancés au monde[1], dispose d'un important potentiel de développement. Son sous-sol est riche (notamment de cuivre), ses espaces vierges immenses et ses réserves d'eau (30 % des réserves de toute l'Afrique australe !), un atout majeur dans une région souffrant de sous-capacité électrique[2]. Si la population est pauvre, c'est qu'elle est rurale et n'a pas connu de révolution verte. La faim n'y est pas un fléau ; l'insécurité peut exister, mais elle n'est pas entretenue comme ailleurs par des rivalités ethniques et tribales.

Dénuement de la population, environnement peu propice à l'émergence d'industries, carences des systèmes d'éducation et de santé sont autant de difficultés qu'il reste à surmonter mais

---

1. L'indice de développement humain (IDH) est un indice statistique mis en place par le Programme des Nations unies pour le développement (PNUD) en 1990 pour comparer les niveaux de développement de différents pays. Plus précis que la simple indication du Produit Intérieur Brut (PIB), il agrège des données sur l'espérance de vie, l'accès à l'éducation et le PIB des pays. En 2007, l'IDH de 177 pays a été évalué : la Zambie était classée 165e sur les 177 pays dont l'IDH était évalué.
2. La construction de barrages pourrait permettre au pays d'assurer largement ses besoins en énergie, mais aussi d'exporter de l'électricité vers les pays voisins.

ces obstacles ne font pas reculer nos deux aventuriers, eux qui voient dans ce retard un formidable marché ! Leur idée ? Monter un business intelligent qui allie rentabilité économique et amélioration du confort des populations. Leur secteur de prédilection ? L'énergie.

Gerda et Laureijs ont procédé à l'analyse des besoins et des ressources de ceux qui allaient devenir leurs clients. L'idée de commercialiser les fours solaires qu'ils fabriquaient au Zimbabwe fut vite abandonnée. Ils n'auraient jamais trouvé preneur : les Zambiennes, aux commandes des fourneaux domestiques, refusent de cuisiner à l'extérieur !

Encadré 1 – Le four solaire

Les miroirs d'un four solaire concentrent le rayonnement solaire sur un point fixe, le foyer. Celui-ci est équipé d'une grille sur laquelle un récipient peut être posé : son contenu s'échauffera jusqu'à cuire, grâce à l'énergie du Soleil.

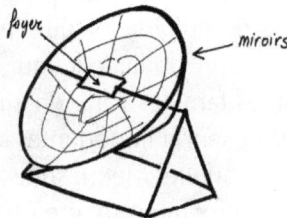

Le four solaire peut se substituer aux méthodes de cuisson traditionnelles (feux de bois). Il doit toutefois être placé à l'extérieur pour capter la lumière du soleil...

Gerda s'est rapidement rendu compte qu'il était inutile de chercher à imposer une technologie contraire aux pratiques et cultures locales. Après tout, si Suntech devait vendre quelque chose, ce ne pourrait être qu'en réponse à une demande qui lui préexisterait. De quoi ont besoin les Zambiens ? Du confort moderne de l'électricité. Pour quels usages ?

Jetant au passage une petite pierre dans le jardin des organismes de développement internationaux dont elle regrette le manque d'expérience de terrain, Mme Smulders nous indique que ce n'est pas l'éclairage que les Zambiens sollicitent. « *Aujourd'hui, ce qui importe, c'est d'accéder à l'information, pouvoir écouter la radio, regarder la télévision, charger son téléphone portable.* » Les équipements électriques que vendrait Suntech devraient donc être dimensionnés pour alimenter les véhicules de cette information jugée si précieuse.

À notre grand étonnement, c'est une solution photovoltaïque qui s'impose aux Smulders. Photovoltaïque, dans un pays pauvre qui ne prévoit pas de subventionner ces équipements alors que cette technologie est jugée trop onéreuse même en Europe ?

Le solaire photovoltaïque a deux avantages majeurs : particulièrement bien adapté à l'isolement de l'habitat rural, il peut être proposé en kits ajustés aux besoins de chaque client. Comment les Zambiens peuvent-ils acquitter un investissement de plusieurs centaines de dollars, lorsque les deux tiers d'entre eux perçoivent moins d'un dollar par jour de revenu ? Gerda nous explique que si les familles sont, en « moyenne journalière », pauvres, elles disposent d'importantes sommes d'argent au moment de la récolte annuelle. Mettre suffisamment d'argent de côté pour acheter un équipement solaire est, à ce moment, tout à fait envisageable – pour peu que son acquisition soit considérée comme un achat prioritaire.

Dernière question à régler avant de valider le « business plan » de Suntech : celui de l'encadrement technique. En effet, si les panneaux sont eux-mêmes robustes, connectique et batteries doivent être correctement installées et entretenues. Ses clients potentiels étant répartis sur une vaste étendue géographique particulièrement mal desservie [1], l'entreprise choisit de n'as-

---

1. Une route nord-sud, deux routes du centre vers l'est : c'est le réseau routier zambien.

surer ni l'installation ni la maintenance des équipements. En revanche, elle forme ses clients à l'installation et a mis en place des points « conseil et après-vente » dans ses magasins.

Un besoin, une solution ; les débuts pourtant furent difficiles, élevage et culture permettaient de boucler les fins de mois. Aujourd'hui Suntech dégage un chiffre d'affaire honorable, son bénéfice net annuel avoisine 80 000 dollars. « *Pour nous c'est pas mal du tout. Notre activité commence vraiment à décoller.* » Ses propriétaires jamais en mal d'idées envisagent d'élargir l'éventail des activités de leur entreprise. Il pourrait bientôt inclure l'animation d'un centre de formation à l'installation et la maintenance de ces merveilles technologiques.

Créer son entreprise dans un pays pauvre : les écueils à éviter !

Suntech témoigne qu'il est aussi possible d'entreprendre dans les pays pauvres. Comme ailleurs, c'est dans la durée qu'il faut s'installer. Gerda vitupère contre certains de ses concurrents. Coûts bas et démarchage incessant leur permettent d'écouler un nombre d'équipements record ; intéressés par des profits immédiats, ils oublient que l'absence de garantie et de suivi nuira durablement à l'image des produits dont ils font commerce et réduira l'intérêt que pourraient lui porter d'éventuels futurs clients.

Selon Gerda, une entreprise qui s'aventure dans le high-tech doit veiller à ce que son produit soit correctement utilisé pour assurer la pérennité de son marché. Il est en effet difficile de commercialiser un produit sophistiqué sans former à son usage. En prenant la charge de cet enseignement, l'entreprise contribue au développement social de la population. Pas de philanthropisme, mais un raisonnement très simple : les utilisateurs sensibilisés sauront tirer au mieux parti du produit vendu et participeront, par leur satisfaction, à sa promotion.

Cette vision commerciale, les Smulders l'ont construite au fil des jours, en la confrontant aux réalités du terrain. Ils l'ont aussi enrichie de « règles pratiques », que Gerda récapitule pour nous. « *Vous n'avez pas l'air d'avoir froid aux yeux ! Elles pourraient vous servir si vous êtes, vous aussi, tentées par cette aventure* ». Le goût du risque, c'est bien, mais, pour réussir, il faut surtout :

• proposer des schémas de financement compatibles avec les caractéristiques des rentrées d'argent des clients ;

• analyser les besoins de la population. « *Surtout, ne pas projeter sur les attentes de vos clients le contenu occidental de valeurs aussi culturelles et relatives que celle de confort !* » ;

• formuler une réponse adaptée aux contraintes locales, en particulier géographiques ;

• ne pas hésiter à faire le pari du saut technologique plutôt que d'attendre que ces pays suivent un itinéraire technique comparable à celui qu'ont connu les pays industrialisés ;

• offrir, dans un pays où les services sont balbutiants et les populations peu éduquées, une formation à la maintenance et à l'installation des équipements pour en assurer la pérennité et donc l'attractivité.

Ainsi, qui aurait pensé que l'information valait plus que la lumière ? C'est pourtant ce que montre l'évolution du commerce de Mme Smulders : les chargeurs solaires de téléphone portable s'arrachent comme des petits pains chez celle qui observe en parallèle que ses clients cherchent, plus que tout, à acquérir un récepteur radio ou une télévision[1].

---

1. La demande d'information nous a aussi été présentée comme plus intense que celle de l'éclairage (qui permet pourtant aux devoirs d'être faits, aux travaux domestiques et à certaines activités artisanales de continuer après la tombée de la nuit...) au Brésil, où le sentiment d'appartenance à la Nation se construit notamment par le suivi de programmes télévisés communs.

**Encadré 2 – De l'importance de l'installation
et de la maintenance...**

Pourquoi il vaut mieux réfléchir à ce qu'on fait
    C'est l'histoire rocambolesque d'éoliennes offertes par le Canada
à l'Argentine, dans le cadre d'un accord bilatéral de coopération au
début des années 80. Conséquence de la guerre des Malouines ou
facétie de l'Histoire, le programme s'arrêta prématurément et les
éoliennes arrivèrent, un beau matin, au Sénégal. Qu'en faire ? Le gouvernement décida de les distribuer aux responsables politiques locaux,
qui placèrent cette marque de leur importance en des lieux visibles
de tous, sans tenir compte de l'essentiel : la présence de vent. Au bout
de quelques mois, les éoliennes ne tournaient toujours pas. Elles furent
démontées et leurs pièces détachées distribuées aux habitants des villages. Aujourd'hui, la diffusion de cette technologie mal présentée est
significativement freinée par une méfiance durable. [Source : entretiens au ministère de l'Énergie sénégalais]
Une maintenance mal pensée
    Autre projet sénégalais. Des fonctionnaires pleins de bonne
volonté étaient chargés de la maintenance d'éoliennes installées à
quelque 200 kilomètres de leur lieu de travail. Dans un pays où la
rémunération de la fonction publique n'est pas très attractive, un oubli
fâcheux mit le projet à terre : les frais de transport n'étaient pas rem-
boursés. À la première panne, les éoliennes furent indéfiniment mises
hors ligne.
Une solution ? Confier la maintenance à un opérateur privé
    La société nationale d'électricité marocaine (ONE), confia l'instal-
lation et la maintenance de systèmes solaires photovoltaïques à des
opérateurs privés. La contractualisation d'une obligation de résultat
aura été l'un des facteurs de succès de la partie solaire du Programme
d'électrification rurale globale (PERG).

Cibler les défavorisés pour accéder à un marché porteur ?

    30 avril, New Delhi – Cosmos Ignite Innovation n'a rien à
envier aux start-up américaines : petite équipe dynamique et
compétente, business plan ficelé, large médiatisation – les jalons
sont posés pour un démarrage retentissant ! Amit Chugh, son
fondateur, a aimablement accepté de nous recevoir la veille de
l'un de ses multiples voyages en Europe. Silhouette, accueil,
sourire ultra-bright, l'homme sent l'entrepreneur à succès. C'est

sans détour qu'il nous invite à entrer dans le vif du sujet : sa soif d'entreprendre.

Le marché évident pour qui a grandi en Inde ? Celui des « pauvres », dont le pouvoir d'achat est limité, mais le nombre encore colossal. C'est non pas 1, 2, ou 10 millions mais plus de 2 milliards de personnes qu'un produit bien pensé pourra toucher : des perspectives commerciales fantastiques qu'Amit prend très au sérieux ! Pour lui, le marché des pauvres n'est pas un « sous marché » ; c'est avec une approche ambitieuse qu'il faut l'attaquer.

Le discours est bien rodé, le pragmatisme et l'enthousiasme de notre interlocuteur contagieux. *« Quels sont les besoins prioritaires de ces populations ? »* nous demande-t-il avant d'ajouter, sans attendre notre réponse, *« l'eau, bien sûr, mais aussi des formes d'énergies plus propres et plus modernes. »* Notamment pour l'éclairage. Aujourd'hui, environ 1,5 milliard de personnes – et près de 80 millions d'Indiens – s'éclairent au kérosène. Ce combustible est dangereux, sale[1] et, subventionné, coûte cher à la collectivité.

Trouver une nouvelle source d'éclairage est donc un enjeu de taille. Différents systèmes solaires ont été imaginés, mais Amit est convaincu que personne n'a encore trouvé le produit optimal. Le cahier des charges de l'éclairage parfait est simple : une bonne luminosité, une utilisation sûre, simple et durable, un coût d'achat raisonnable... mais aussi une bonne ergonomie, une parfaite flexibilité d'utilisation (lampe torche ou plafonnier), et une empreinte environnementale minimale.

Fruit de recherches menées à l'université de Stanford où Amit a étudié, la « Mighty Light » (« puissante lumière ») est une

---

1. La pollution domestique causée par l'utilisation de kérosène causerait près d'1,6 million de décès par an dans le monde [Source : OMS].

lampe solaire qui utilise une diode électroluminescente révolutionnaire, capable de fonctionner pendant 100 000 heures (soit pendant plus de trente ans pour une durée journalière d'utilisation de huit heures) avec une luminosité quarante fois plus puissante que celle de son alter ego incandescente. La batterie de la Mighty Light se charge grâce à un petit panneau solaire indépendant, adapté aux dimensions de l'appareil.

Commercialisée depuis 2005, la Mightly Light est un produit assez bon marché, à longue durée de vie, plurivalent (elle peut se suspendre au plafond, s'accrocher au mur, servir de lampe de poche), respectueux de l'environnement, résistant aux chocs et à l'eau. Ergonomie et design ont fait l'objet d'efforts particuliers. Amit nous présente son bébé, un demi-cube orange fluo (impossible à égarer) aux finitions toutes en rondeur. Quelques essais dans le noir sont concluants : la Mighty Light éclaire, et plutôt bien !

Armé de son produit et protégé par son brevet, Amit ambitionne de conquérir le monde. L'heure est au montage de multiples partenariats dans des pays aussi variés que l'Inde, le Pakistan, l'Afghanistan, le Guatemala, le Rwanda, le Kenya, le Nigeria, et le Cambodge. Si les 20 000 unités produites cette année coûtent encore 50 dollars, élever la production annuelle à 100 000 systèmes devrait permettre, dès 2008, de les vendre à 30 dollars. D'après Amit, cet investissement serait amorti en un an et demi. Il n'en reste pas moins élevé aux yeux de certains professionnels du développement, qui mettent en avant les qualités de modèles artisanaux moins aguicheurs mais tout aussi efficaces, produits pour seulement 10 dollars. Ils dénoncent surtout le fait que Cosmos Ignite démarche les organisations internationales pour faciliter la diffusion de son produit trop cher. Ceci dit, si cette approche s'avère concluante et contribue à faire reculer la pollution domestique et l'usage de kérosène fossile, il nous semble que le pari est gagné !

Car il ne fait pas de doute qu'Amit Chugh est de ces entrepreneurs qui mettent leurs compétences de gestionnaire, de financier, de créateur d'entreprise au service d'une cause sociale – en l'occurrence, l'accès à un éclairage propre et durable. Ces « entrepreneurs sociaux » sont définis par la Fondation Schwab pour l'Entreprenariat social comme un mélange de Mère Teresa et de Richard Branson (le fondateur de Virgin). Quelles sont leurs qualités ? Du talent, de la détermination, de la créativité, le goût du risque et des affaires, et surtout, une conviction profonde, celle qu'il est nécessaire, utile et possible de s'attaquer aux problèmes de ce monde pour le rendre meilleur.

Le concept n'est pas nouveau : l'expression « entrepreneur social » fit son apparition dans les années 60-70 pour qualifier les pionniers du changement social par la voie de l'entreprise. Ce n'est que dans les années 80-90 que son usage s'est répandu, promu par Rosabeth Moss Kanter et Bill Drayton, les fondateurs du réseau Ashoka qui rassemble aujourd'hui près de 1 600 entrepreneurs sociaux dans une cinquantaine de pays[1]. L'un des entrepreneurs sociaux les plus connus est le « banquier des pauvres », Mohammad Yunus, le père de la Greeman Bank qui reçut le prix Nobel de la paix en 2006 pour « ses efforts de promotion du développement économique et social à partir de la base » via le microcrédit. Il en est des milliers d'autres : découvrez comment Fabio Rosa a repensé l'électrification rurale au Brésil en optant pour une solution à très bas coût, admirez la formation proposée par Veronica Khosa aux aides médicales à domicile sud-africaines pour la prise en charge des malades du sida, rencontrez Maria Novak, la « banquière de l'espoir » en France... et prenons

---

1. Ce n'est pas la seule organisation cherchant à promouvoir ces acteurs du changement. On peut aussi citer : la Fondation Skoll, le Réseau Omidyar, la Fondation Schwab pour l'entreprenariat social et Echoing Green.

exemple sur ces entrepreneurs du meilleur qui ont transformé
en entreprise une idée novatrice dans le domaine de la santé,
de l'éducation, de l'environnement ou de la lutte contre la pauvreté. Belle source d'inspiration, non ?

13

Un bain de soleil

Faire le plein d'énergie en lézardant sur un toit ? Le panneau solaire thermique est un as du bain de soleil. Il transforme l'énergie lumineuse en chaleur, un sport bien moins sophistiqué que celui pratiqué par son cousin high-tech, le panneau photovoltaïque producteur d'électricité ! Ce chauffe-eau solaire est parfaitement adapté aux maisons individuelles et à certaines installations consommatrices d'eau chaude, comme la cuisine communautaire que nous avons découverte à Auroville, en Inde.

Certaines inventions proposent d'aller plus loin. Puisque les liquides peuvent être vaporisés sous l'effet de la chaleur, pourquoi ne pas produire de l'électricité avec de la « vapeur solaire » ? Reste à savoir si cela reviendrait moins cher que d'installer des panneaux solaires photovoltaïques. À l'échelle d'une maison individuelle, rien n'est moins sûr... mais cette technologie renouvelable pourrait défier sur leur terrain de prédilection les centrales thermiques de pointe, à gaz ou à charbon. L'électricité solaire thermique, une énergie renouvelable pour l'avenir ?

Projets

- Cuisine communautaire, Auroville (Inde)
- Électricité solaire thermique décentralisée, Berkeley, Californie (États-Unis)
- Centrale solaire thermique, Kramer Junction, Nevada (États-Unis)

Vivre d'amour et d'eau... chaude !

14 mai – Riaz nous accompagne tout au long de notre étape indienne. Dans les bagages de notre acolyte « prométhéen », quelques guides de voyage. Notre curiosité s'attise à la lecture de leurs commentaires très critiques vis-à-vis de la communauté qui nous héberge ce soir à Pondichéry. C'est par le regard de ses fondateurs, Sri Aurobindo et sa compagne dite « La Mère », que nous la découvrons : aucun de nos passages dans la cage d'escalier n'échappe à l'œil vigilant des maîtres-fondateurs immortalisés sur papier glacé... leur insistance est telle que nous décidons de nous initier à la pensée de Sri Aurobindo et de « la Mère », ce couple de révolutionnaires-philosophes indiens.

L'Ashram de Pondichéry et son école alternative

Notre mystagogie[1] débute par la découverte du système éducatif mis en place en 1926 par le Sri[2], une nouvelle approche, aujourd'hui suivie par près de 400 élèves dans l'école de l'ashram[3] qu'il a fondé.

----

1. Initiation aux mystères d'une religion.
2. Terme respectueux utilisé en Inde pour désigner les hommes.
3. Ashram : terme sanscrit de l'Inde ancienne, désigne un ermitage.

Quelle ne fut pas notre surprise de découvrir un système pédagogique privilégiant la créativité des élèves et la réalisation de leurs aspirations personnelles à l'enseignement magistral ! Les élèves ne sont pas organisés en classes, mais par équipes de quatre à cinq ; ils choisissent leurs professeurs et leurs matières ; leurs travaux ne sont pas sanctionnés de notes... Et ce petit salon en rotin, un peu en retrait dans le hall du rez-de-chaussée ? C'est, simplement, « une classe ».

Parmi leurs anciens, un professeur à l'Asian Institute of Technology de Bangkok. Brahmanand Mohanty est spécialiste des questions d'énergie et de développement. Plus qu'un hôte exceptionnel ou un généreux facilitateur de contacts, il nous ouvrira les portes de l'Inde – et des mystères de l'ashram. Que deviennent les enfants éduqués suivant ces méthodes ? On peut dire sans trop se tromper que l'école forme des personnes plus créatives que la moyenne. L'État indien reconnaissant leur parcours scolaire, certains rejoignent, comme Brahmanand en son temps, le cursus universitaire « classique ».

Brahmanand estime que la pédagogie de l'ashram prépare à une vie adulte créative et épanouie, grâce notamment à une responsabilisation des enfants, amenés à faire des choix dès leur plus jeune âge (cours, professeurs), et à leur initiation précoce à la réflexion et la méditation. Devançant nos questions sceptiques, il conclut d'un sourire malicieux : « *Ici, pas de religion : on est bien loin d'une secte !* »

Auroville : une cité idéale

Nous poursuivons notre parcours initiatique dans le dédale « aurobindien » en passant deux jours à Auroville. À une dizaine de kilomètres au nord de Pondichéry, la *Cité de l'aurore* veut démontrer la faisabilité d'un projet de société interculturelle, où travail et méditation seraient au centre des activités individuelles et redéfiniraient les rapports entre les hommes. Portée par

Mira Alfassa, « la Mère », qui a su convaincre le gouvernement indien et l'UNESCO de la valeur de cette expérience grandeur nature, elle a vu le jour il y a quarante ans, dix-huit années après la mort du Sri. Les terres alors arides se sont depuis couvertes d'arbres, d'une forêt improbable où habitent aujourd'hui 2 000 personnes. On est loin des 50 000 escomptées, mais, Indiens, Français et Allemands en tête, 35 nationalités y sont déjà représentées.

Pas d'argent, pas de « pouvoir d'achat », pas de surconsommation, pas de chômage... Auroville, c'est *la République* ou l'*Utopia* passées du papier à la pratique. Les décisions sont prises par des assemblées de citoyens, l'argent est rendu superflu par la participation de tous aux activités communales. Il ne s'agit pas de revenir à l'âge de pierre, mais de faire progresser la communauté en s'appuyant sur les compétences de chacun. C'est dans cette optique qu'a été fondé en 1984 un centre de recherche scientifique (Center for Scientific Research, CSR), qui s'intéresse plus particulièrement aux énergies renouvelables et à l'urbanisme. Pour être à la fois respectueuse de son environnement et autosuffisante en eau et en électricité, Auroville développe des solutions innovantes pour sa communauté... et pour le reste du monde.

Car la ville est loin d'être fermée sur elle-même. En témoignent l'activité hôtelière, l'accueil de stagiaires au CSR, l'existence du Trust Aurore qui commercialise et diffuse les inventions du CSR, et les nombreuses activités de conseil menées par la plupart de ses habitants. La population d'Auroville a en effet un niveau d'éducation et de qualification professionnelle élevé : on n'y compte plus les architectes, les consultants indépendants et les artistes venus changer de vie à l'occasion d'une retraite précoce.

C'est peut-être la raison qui pousserait un visiteur à qualifier l'ambiance de « bobo ». Ne serait-elle pas aussi un peu hypocrite ? L'argent, bien qu'interdit de résidence, ne semble pas manquer. Il prend ici la forme de maisons magnifiques, probablement financées par les vies antérieures de ceux qui les habitent ou par les ressources tirées de conseils dispensés à l'extérieur d'Auroville.

Il n'en demeure pas moins que ceux qui vivent ici ont fait le choix d'une révolution personnelle radicale et courageuse. Les habitants d'Auroville ont tout quitté, métier, maison et habitudes, pour participer à ce projet expérimental de construction d'un monde meilleur. À cette communauté de dessein s'ajoute l'absence de contrainte matérielle qui permet à chacun de se consacrer pleinement à ses passions : cinéma, architecture, recherche en énergies renouvelables... voilà qui fait des citoyens particulièrement épanouis !

La symbolique n'est pas absente d'Auroville. Au centre de la ville trône le Matrimandir, gigantesque boule dorée de 36 mètres de diamètre renfermant une salle de méditation aux murs de marbre blanc qui nous aura laissées... de marbre ! Plantée au milieu d'une vaste clairière transformée en jardins ésotériques, elle est une fidèle traduction des visions de « la Mère » à la fin de sa vie. Un nombre croissant d'Aurovilliens estime que cette lubie des derniers instants a plus de chance de discréditer une philosophie autrement passionnante que d'en diffuser les lumières – ce à quoi nous ne pouvons qu'acquiescer !

De l'eau chaude pour cuire le riz ? À Auroville, on pense solaire !

Chacun contribue, par son travail et ses talents, à la vie économique de la petite ville. Nombre d'activités sont communautaires – les repas n'échappent pas à la règle : la cuisine centrale accueille résidents et visiteurs affamés au sein d'une gigantesque et conviviale cantine. Cette dernière est équipée d'un astucieux système solaire thermique intégré à sa toiture.

Avant de monter sur ce toit, prenons le temps de revenir au « BA ba » du solaire thermique. Il s'agit de chauffer un liquide en utilisant le rayonnement solaire. Ce liquide chaud et la vapeur qui l'accompagne peuvent être utilisés à des fins sanitaires ou industrielles. Peut être avez-vous déjà utilisé une douche solaire ? Il s'agit d'un système solaire rudimentaire qui marche de façon très simple : remplissez un sac noir d'eau froide, accrochez-le quelques heures au soleil et en fin de journée, vous pourrez vous doucher à son eau tiède.

**Encadré 1 – Le chauffe-eau solaire :
une douche solaire améliorée !**

La « douche solaire » peut être perfectionnée. On peut :
• faire passer l'eau dans des tubes fins plutôt que la laisser dans un conteneur volumineux : la surface exposée au soleil étant plus grande, le transfert de chaleur est plus important et la température de l'eau augmente plus rapidement.
• faire circuler le fluide plutôt que de le laisser stagner permet d'augmenter les volumes d'eau réchauffée. Un astucieux siphon suffit lorsque le capteur solaire est placé plus bas que le réservoir. Si, notamment pour des questions d'esthétisme, c'est le réservoir qui est en contrebas, une petite pompe vous tirera d'embarras !
• aux latitudes où les températures hivernales peuvent tomber en dessous de $0°$ C, le liquide qui circule dans les tubes collecteurs de chaleur doit contenir un antigel, ce qui rend l'eau impropre à la consommation sanitaire. Un chauffe-eau solaire possède donc deux circuits : le circuit primaire (avec antigel) réchauffe, le ballon, auquel s'alimente le circuit d'eau chaude sanitaire.
On trouve ces trois améliorations dans les **chauffe-eau solaires** qu'on voit fleurir sur les toits des maisons individuelles et de certains bâtiments collectifs (hôpitaux, gymnases...) : l'eau circule dans des tubes suffisamment longs et fins pour qu'elle puisse capter assez de chaleur pendant son parcours sous une plaque de couleur foncée. Elle passe ensuite dans un échangeur thermique pour transférer sa chaleur à l'eau chaude sanitaire.
Un autre design très répandu pour ces chauffe-eau solaires est le capteur à tubes sous vide. Le fluide y circule dans des tuyaux métalliques aux parois très fines qui sont séparés du milieu extérieur par un manchon de verre sous vide. Cela permet d'accroître le transfert de chaleur au fluide en limitant les pertes thermiques par convection.

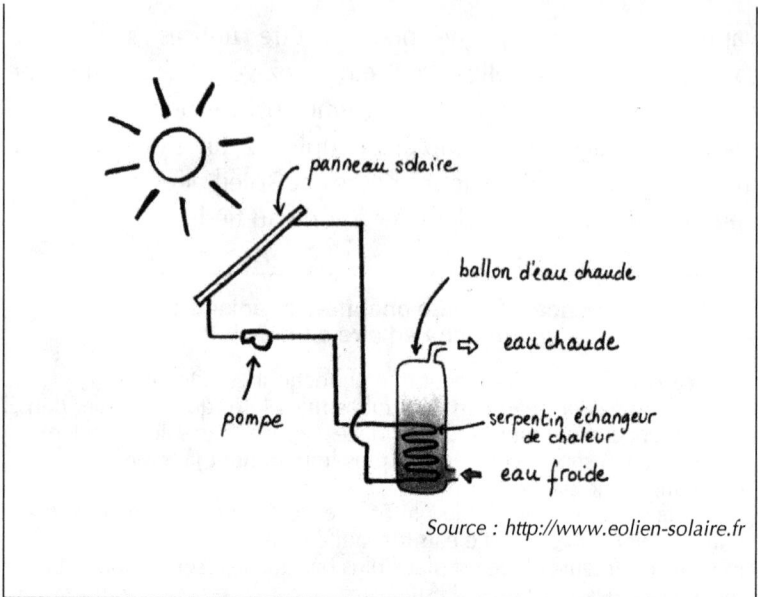

Source : http://www.eolien-solaire.fr

Retour sous le soleil écrasant d'Auroville. Le gigantesque chauffe-eau qui couronne la cuisine d'Auroville a vu le jour grâce au soutien financier du ministère indien des Sources d'Énergie non conventionnelle[1]. Truffé d'innovations, il se démarque des chauffe-eau solaires classiques :

• par son ambition : il couvre les besoins en eau chaude d'une cuisine communautaire dimensionnée pour servir 1 000 repas trois fois par jour. Pour cuire tant de riz, aliment de base en Inde, il faut beaucoup d'eau chaude !

• par son mode de fonctionnement : ici, pas de panneau noir mais un miroir sphérique qui concentre les rayons du soleil sur un axe dans lequel passe de l'eau sous pression. Le tube central revêtu d'alumine est si chaud qu'il éblouit autant que le soleil !

---

1. Devenu le ministère des Énergies nouvelles et renouvelables (MNRE).

• par l'échelle de l'installation : le « bol solaire » de 15 mètres de diamètre est tapissé de quelque 11 000 miroirs plats fabriqués à Auroville.

• par son automatisation : un système informatique modifie la position de l'axe central pour suivre en permanence la course du Soleil.

En service depuis 2005, ce système permet de produire jusqu'à 200 kg de vapeur les jours de beau temps, avec un pic de production de 83 kg/h aux heures les plus chaudes. Les cuisiniers ne pouvant pas toujours se permettre d'attendre le soleil, cet étonnant chauffe-eau ne se substitue que partiellement à une chaudière diesel. Ainsi, les repas sont servis à l'heure, qu'il pleuve ou qu'il vente ! Et 20 % des besoins en vapeur sont fournis gratuitement par le Soleil, un pas important pour la ville qui cherche à atteindre son autonomie énergétique.

Le boom du solaire thermique

Chauffer l'eau au soleil, c'est possible, et c'est pas cher.

Encadré 2 – Combien coûte un chauffe-eau solaire ?

Les systèmes les plus rustiques sont très bon marché. En 1992, l'ONG brésilienne Sociedade do Sol, implantée au Centre incubateur d'entreprises technologiques (CIETEC) de l'université de Sao Paulo, a mis au point un chauffe-eau solaire bon marché (CESBM), qui équipe, depuis 2002, des milliers de foyers brésiliens.

Le CESBM a été conçu pour les climats tropicaux. Ses capteurs sont en plastique, sans isolation et sans vitre : il ne s'agit pas d'optimiser la capture de chaleur mais au contraire d'éviter d'élever tant la température qu'elle endommagerait l'équipement. Pour 75 euros, le client reçoit un kit de chauffage complet incluant un réservoir d'eau, des plaques foncées et des tuyauteries en PVC.

À l'autre extrémité du spectre, l'ADEME indique que le coût d'un chauffe-eau solaire adapté à nos latitudes varie entre 5 000 et 8 000 euros en France (installation comprise). C'est 5 à 10 fois le prix de l'équipement seul ! Les aides consenties par l'État et les collectivités

locales permettent de réduire cette charge financière ; elles y parvien-
draient mieux encore si le nombre des installateurs agréés « Qualisol »
croissait aussi vite que la demande, ce qui aurait pour effet de faire
baisser les prix qu'ils pratiquent.

    Si vous êtes bricoleur et amateur de plomberie, vous pouvez vous
en tirer pour beaucoup moins cher. Faites un petit tour sur Internet,
vous y trouverez les explications de passionnés qui ont fabriqué leurs
propres chauffe-eau pour des coûts variant de 150 à 900 euros ! Attention cependant, concevoir une installation durable demande un minimum de savoir-faire.

Pour l'approvisionnement en eau chaude sanitaire, le
solaire s'avère un excellent choix. En France, l'investissement
initial peut paraître lourd. Il est toutefois amorti en sept ou huit
ans et permet de réaliser des économies substantielles de gaz (ou
d'électricité, suivant la nature du chauffe-eau qu'elle remplace).

Encadré 3 – Ventes annuelles de capteurs solaires thermiques en m^2 : l'état des lieux en France

Ventes	2000	2001	2002	2003	2004	2005	2006	2007
France	6 350	17 650	23 400	38 900	56 650	121 500	220 000	275 000
DOM	24 060	32 350	40 530	43 410	60 250	42 889	81 000*	
Total	30 410	50 000	63 930	82 310	116 900	164 389	301 000	

* estimations

    En France, plus de 300 000 m^2 de capteurs solaires thermiques
auraient été installés en 2006 (puissance équivalente à 210 MW thermiques). Le marché a donc connu une **croissance de 80 %** par rapport
à 2005 : c'est le plus fort taux de croissance au sein de l'Union européenne. Avec 1 160 400 m^2 installés (capacité de 812,3 MW thermiques), la France représente le 4e parc le plus important d'Europe (après
l'Allemagne, la Grèce et l'Autriche), mais reste loin derrière le marché
allemand (1,5 million de m^2 installés en 2006).

    À titre de comparaison, la Chine s'est couverte de 100 millions
de m^2 de capteurs solaires thermiques. En 2006, ils fournissaient
20 millions de personnes en eau chaude.

Source : http://www.ines-solaire.com

Notre pays a mis du temps à s'intéresser à cette technologie dont les bénéfices ne sont pas réservés aux pourtours de la Méditerranée, mais, depuis 2004, il met les bouchées doubles pour rattraper son retard européen.

Et si vous contribuiez à ce boom solaire en installant un tel système chez vous ou dans votre commune ? De la Chine où ils fleurissent par milliers jusqu'à l'improbable toit d'un lave-auto à Islamabad [1], les chauffe-eau solaires envahissent notre planète.

Cooperative Roots – habiter dans un laboratoire socio-technologique

26 juillet – « *C'est une maison bleue...* » Carte en main, alors que la nuit tombe sur Berkeley, nous partons en quête du gîte haut en couleur où nous attend Zachary Norwood. Après quelques pérégrinations, voici la maison, tout de bois vêtue, d'un bleu presque Majorelle dont le crépuscule s'amuse à varier les tons. Un minuscule jardin aux airs de laboratoire botanique l'entoure, reflet de l'esprit mi-« baba cool » mi-expérimentateur des quatre habitants, membres de l'association à but non-lucratif Cooperative Roots. Propriétaire de deux maisons dans le sud de Berkeley, Cooperative Roots promeut depuis sa création en 2003 la mise en œuvre d'améliorations durables dans des maisons gérées en commun, dans un souci de partage et d'intégration. Zack est le sage gestionnaire de la maison bleue ; il s'attache à en améliorer le bilan énergétique.

Après avoir salué ses colocataires, nous suivons Zack qui nous conduit sur le toit du bâtiment principal. Le pan de toiture à exposition optimale est tellement encombré de panneaux photovoltaïques qu'on aperçoit à peine la tôle verte qui supporte

1. Au Pakistan, le système SunWash équipe les lave-autos de plusieurs stations service de Total Parco, dont celle de Rawalpindi.

les écrans bleutés. Le toit plat du hangar installé dans le jardin est, lui, envahi de panneaux solaires thermiques. Étant donné le budget serré de l'association et de ses adhérents, qui ont toutefois bénéficié des ambitieux programmes californiens de développement de l'énergie solaire, les efforts se focalisent sur la mise en place d'équipements à rapide retour sur investissement. Que sur les collines embrumées où leur maison est perchée, ils aient choisi de déployer tant de panneaux est une preuve, s'il en fallait, que décidément, le solaire a de l'avenir !

Parmi les améliorations moins spectaculaires et plus faciles à généraliser, retenons l'habillage de la chaudière et des tuyaux extérieurs d'une épaisse couche d'isolant qui permet d'en limiter les pertes de chaleur, au prix, somme toute modeste, d'une esthétique disgracieuse.

Lorsque Zack n'est pas en train de bricoler, il travaille au laboratoire des énergies renouvelables de l'université de Berkeley (Renewable and Appropriate Energy Laboratory) où il effectue une thèse sous la direction du professeur Seth Sanders. Le point de départ de son travail de recherche est limpide : le solaire thermique, aux matériaux bien meilleur marché, a une bonne longueur d'avance sur le solaire photovoltaïque. Pourrait-on en faire une source d'électricité compétitive pour l'équipement de maisons individuelles ?

L'électricité solaire thermique, une alternative au photovoltaïque ?

Zack et ses collègues cherchent à équiper les maisons de minicentrales solaires. Pour produire de l'électricité, il faut un liquide suffisamment chaud – ce qui explique leur choix d'une technologie qui allie tubes sous vide et concentration du rayonnement solaire à l'aide de miroirs semi-paraboliques. Cette combinaison a l'avantage d'être peu encombrante et bon marché, et de ne pas nécessiter d'opérations de maintenance compliquées (les miroirs sont fixes). Les températures obtenues avoisinent les 200 °C.

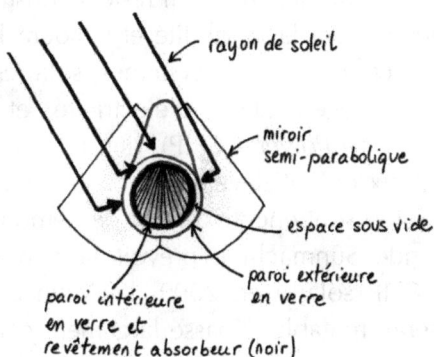

La principale difficulté consiste à trouver comment transformer cette chaleur « basse température » en mouvement qui entraînera un alternateur générateur d'électricité. Il s'agit donc de concevoir un « mini détendeur » bon marché et dont le rendement resterait correct malgré la faiblesse des températures en jeu (en comparaison des températures de fonctionnement des centrales thermiques : ~550 °C). C'est le travail de Zack, ingénieur mécanicien de formation. Ses simulations informatiques lui donnent à croire qu'il a trouvé un système qui permettrait de transformer 10 % de l'énergie solaire en énergie électrique. Quoique légèrement inférieur aux rendements des panneaux photovoltaïques (~15 %), c'est un très bon résultat car l'électricité n'est pas le seul produit de son système : une partie de la chaleur résiduelle du fluide peut être récupérée pour chauffer l'eau sanitaire, alimenter les systèmes de chauffage voire de climatisation[1]. On retrouve le principe de la cogénération[2], qui permet ici d'atteindre des rendements supérieurs à 50 % et d'abaisser significativement le seuil de rentabilité du système !

---

1. Du chaud pour faire du froid ? C'est la magie des climatiseurs à adsorption !
2. Voir encadré 2 du chapitre 16 p. 308.

Si le système paraît ingénieux, il reste à construire le prototype qui en démontrera la faisabilité et validera le coût. À en croire l'expérience des autres systèmes solaires thermiques décentralisés de cogénération d'électricité et de chaleur (*Combined Heat and Power* – CHP), rien n'est moins évident. La plupart de ceux qu'ont développés centres de recherche et sociétés (BSR Solar) sont encore à l'état de démonstration. Si la société allemande Sunmachine prévoit la commercialisation d'un système CHP solaire en 2009, l'échelle à laquelle son déploiement serait rentable dépasse largement celle de la maison individuelle au centre du projet de Zack et de son équipe...

Acrobaties sans public au milieu du désert

Question d'échelle, donc. Si le panneau solaire photovoltaïque à usage individuel semble avoir quelques beaux jours devant lui, peut-être le solaire thermodynamique est-il, lui, mieux équipé pour jouer dans la cour des Grands. C'est le pari de certains industriels qui n'ont pas attendu pour se lancer dans l'aventure...

18 juillet – Sur la route qui nous mène de Los Angeles à San Francisco, nous faisons un crochet au sud de la vallée de la Mort pour admirer la centrale solaire de Kramer Junction : forte de ses 165 MW de puissance répartie en cinq champs de concentrateurs paraboliques, c'est à ce jour, et depuis 1985, la plus grosse centrale solaire thermique au monde.

Éloigné de tout centre de consommation, le désert du Mojave semble un drôle d'endroit pour installer une centrale électrique. Faute d'avoir pu contacter assez tôt Solel, l'exploitant de la centrale, nous ne disposons pas de sésame pour visiter l'installation, qui s'étend sur plusieurs kilomètres carrés. Aussi notre séance de photographies tourne-t-elle assez vite au numéro d'équilibriste. Évitant soigneusement l'entrée du site,

nous attaquons sa face nord, plus tranquille. Frustrant : un gril-
lage de 2,5 mètres de haut protège la centrale des prises de vues
non autorisées. L'obstacle est aisément contourné ; juchées sur
le toit heureusement robuste de la voiture de location, nous dis-
tinguons les rangées de miroirs paraboliques, aux axes impecca-
blement alignés suivant une direction sud-nord. Les fonds des
miroirs sont, à cette heure-ci, légèrement orientés vers l'ouest :
tels des tournesols, ils suivent la course du soleil pour capter le
maximum de son rayonnement.

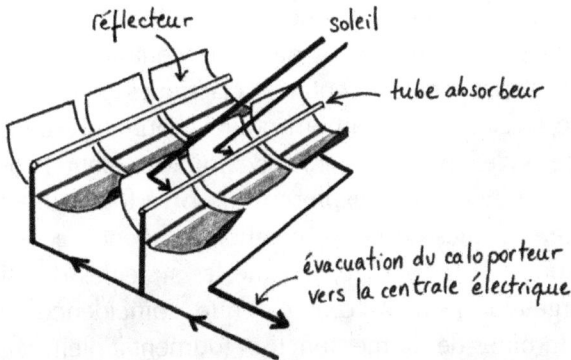

Source : *http://www.renewables-made-in-germany.com/fr/centrales-solaires-thermiques*

Revenues au sol, nous offrons aux nombreux cactus-specta-
teurs notre numéro de tour humaine : apprentie saltimbanque,
Élodie grimpe sur les épaules de Blandine, se raccroche au gril-
lage d'une main, prend des photos de l'autre. Quelques clichés
réussis nous permettent d'observer à loisir le système solaire,
confortablement installées dans la voiture.

Un jour, l'Afrique vendra son trop-plein d'électricité à l'Europe...

La centrale fonctionne suivant un principe similaire à celui
de la cuisine solaire d'Auroville, à ceci près que la vapeur n'y
sert pas à cuire du riz, mais à produire de l'électricité. Situé sur

l'axe focal de miroirs paraboliques qui dirigent vers lui la lumière du soleil, un mince tube noir reçoit un rayonnement dont l'intensité naturelle est multipliée d'un facteur qui varie entre 30 et 100. L'huile qui y circule est chauffée à près de 400 °C avant d'être acheminée jusque des échangeurs de chaleur où elle transfère sa chaleur à de l'eau sous pression qu'elle vaporise. Cette vapeur entraîne des alternateurs pour produire, *in fine*, de l'électricité. Une centrale thermique à gaz sert d'appoint pendant 25 % du temps afin de permettre à Solel de respecter ses engagements contractuels de fourniture d'électricité, même en cas de « panne solaire ».

Le coût du kWh produit par cette centrale ne lui permet pas de concurrencer les centrales classiques (hydroélectrique, nucléaire, à gaz ou à charbon) pour la fourniture d'électricité aux heures « de base ». En heures de pointe, lorsque la demande et le prix de l'électricité explosent, il en va tout autrement. En Californie, ces pics de consommation tombent aux heures les plus chaudes de la journée, lorsque les systèmes de climatisation énergétivores sont à l'œuvre et que, coïncidence sympathique, les turbines de Kramer Junction tournent à plein régime. La production du Mojave soulage donc les besoins en électricité quand la demande est la plus pressante, et réduit le recours aux puissances d'appoint, ces moyens de production coûteux (car fonctionnant peu souvent) et souvent les moins propres (vieilles centrales thermiques). Puisqu'elle lui tire une belle épine du pied, la Southern California Edison est prête à payer très cher[1] l'électricité solaire de Solel. Ça brille pour les miroirs du désert !

---

1. En 1990, 35 cents le kWh de pointe, 6,5 cents le kWh d'heure pleine, et 2,7 cents le kWh d'heure creuse.

Encadré 4 – Vous avez dit « Tour solaire » ?

D'autres centrales solaires dites « à tour » fonctionnent suivant un principe différent : une multitude de miroirs mobiles, les héliostats, concentrent l'énergie solaire vers le sommet de la tour au pied de laquelle ils sont situés. Comme ces miroirs sont orientables, ils réfléchissent en permanence les rayons du soleil vers un même point focal situé au sommet de la tour où un absorbeur transforme le rayonnement solaire concentré en chaleur.

Cette chaleur est transmise à un fluide caloporteur (huile ou sels fondus), dont la température finale peut atteindre entre 250 et 2 000 °C. Cette conversion de l'énergie lumineuse en énergie thermique se fait avec un rendement supérieur à 70 %. Le caloporteur va à son tour transférer sa chaleur à de l'eau qui, vaporisée, entraînera une turbine productrice d'électricité.

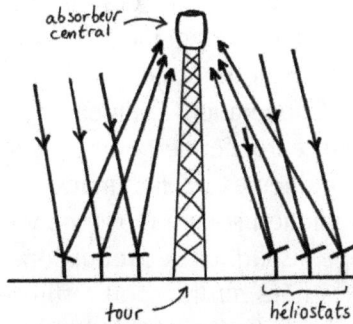

À 25 km de Séville, sous le soleil andalou, la « PS10 » est la première centrale solaire commerciale d'Europe. Inaugurée en avril 2007, cette installation de 11 MW permettra de produire jusqu'à 23 GWh d'électricité par an au moyen de 624 miroirs mobiles (héliostats) de 120 m² chacun, qui concentrent le rayonnement solaire au sommet d'une tour de 115 m de hauteur.

Si la France est devancée par ses voisins espagnols et allemands dans la construction de centrales commerciales, elle fut l'une des pionnières de la tour solaire. Le premier prototype de « four solaire » fut construit en 1969 à Odeillo, près de Font Romeu (66) : 63 héliostats plans renvoyaient la lumière sur un concentrateur concave formé de 2000 m² de miroirs orientables qui chauffait une cible de 40 cm de diamètre. L'installation atteignait une puissance de 1 MW et des températures de 3 200 °C. La décision fut ensuite prise de construire la centrale expérimentale de Thémis, située près d'Odeillo, à Targasonne. Testée entre 1982 et 1986, Thémis produisait un kWh jugé trop cher. Elle fut donc arrêtée... avant de reprendre du service en 2007 !

Remarque : de nom similaire, les cheminées solaires opèrent suivant un principe très différent. Ces cheminées de plusieurs centaines de mètres (voire kilomètres) de haut évacuent l'air chauffé par une serre couvrant plusieurs hectares (voire km^2). Le mouvement de l'air ascendant entraîne des turbines productrices d'électricité. Des projets aux dimensions pharaoniques – en cours de démonstration.

Même s'il varie en fonction de l'intensité du soleil, le coût au kWh du solaire thermique est encore élevé[1]. Néanmoins, ce pari pourrait s'avérer plus rentable qu'il n'en a l'air : les experts du solaire thermodynamique voient grand et regardent loin. Les économistes prédisent que production en masse des miroirs et augmentation de la taille moyenne des installations permettront de réduire les coûts de façon significative. Avec ces arguments, les promoteurs européens du projet TREC (Transmediterranean Renewable Energy Cooperation) estiment qu'en 2050, près de 25 % de l'électricité européenne pourrait venir de miroirs qui couvriraient deux millièmes de la surface du Sahara (19 000 km^2). Comme l'irradiation solaire moyenne y est deux fois plus élevée qu'en Europe, le surplus de production compenserait très largement les pertes liées au transport (estimées de 10 à 15 % avec les technologies actuelles[2]). L'Afrique : avenir électrique de l'Europe ?

---

1. Entre 10 et 20 centimes d'euro alors que le kWh nucléaire ou fossile vaut entre 3 et 6 cents.
2. Elles pourraient elles-mêmes être réduites par les progrès faits sur les matériaux conducteurs d'électricité.

14

Le solaire, trop cher ?

Le solaire photovoltaïque (PV) est une technologie bien jeune. Bien que l'effet photovoltaïque ait été découvert par Antoine Becquerel dès 1839, il a fallu attendre la seconde moitié du XXe siècle pour que ses premières applications voient le jour. Depuis leur invention dans les années 60 (pour alimenter les satellites en électricité) et leur timide diffusion sur Terre dix ans plus tard, les cellules solaires ne cessent de gagner du terrain : en 2007, les installations de panneaux PV ont été 50 % plus nombreuses qu'en 2006, portant la capacité mondiale installée à 12 600 MW.

C'est énorme, et cela reste tout petit : le PV ne représente que quelques millièmes de l'électricité produite dans le monde. Quelles voies les chercheurs explorent-ils pour rendre l'électricité solaire plus compétitive ? Petit tour d'horizon, aux quatre coins du monde.

Projets :

- Usine d'assemblage de modules photovoltaïques, Tenesol, Le Cap (Afrique du Sud)
- Un producteur de cellules : Kyocera, Kyoto (Japon)

• Concentrateurs solaires et cellules PV organiques à l'Institut Fraunhofer pour l'Énergie Solaire, Fribourg en Brisgau (Allemagne)

• Cellules PV inorganiques, université de Californie, Berkeley (États-Unis)

L'énergie solaire : une énergie abondante

Les panneaux solaires photovoltaïques ? Sur tous les continents, sur les toits des maisons ou des centres commerciaux, intégrés aux lampadaires urbains et aux façades des bâtiments modernes, plantés en rase campagne près d'un refuge ou d'un village isolé... les panneaux bleu irisé n'ont plus rien d'insolite, maintenant qu'ils ont tant essaimé. Savons-nous pour autant comment ils fonctionnent et quel potentiel énergétique ils pourraient représenter ? Une question à poser au Soleil, qui les nourrit de son énergie.

Le Soleil, si loin...

150 millions de kilomètres nous séparent de notre étoile. Dans son cœur, des réactions de fusion transforment, toutes les secondes, 596 millions de tonnes d'hydrogène en 592 millions de tonnes d'hélium. Où passent les 4 millions de tonnes qui manquent ? Elles sont converties en énergie[1]. 4 millions de tonnes qui disparaissent par seconde, c'est une puissance de $3,8 \times 10^{17}$ GW qui se dégage de cette énorme boule de gaz. Seule une minuscule fraction nous en parvient. Après réflexion et traversée de l'atmosphère, l'énergie radiative que la surface terrestre reçoit du Soleil est de 240 W/m². C'est très diffus mais, à l'échelle de la planète, représente tout de même 8 000 fois la

---

1. Voir chapitre 4 sur la fusion, p. 96.

consommation mondiale d'énergie, toutes sources confondues. C'est dire si le potentiel est important. Encore faut-il l'apprivoiser !

... si chaud

Cette énergie qui nous vient du Soleil est lumineuse. Qu'est-ce que la lumière ? Un rayonnement énergétique. Suivant les contextes, on préférera plutôt le décrire comme une onde électromagnétique ou comme un ensemble de photons, ces particules sans masse qui emportent chacune une quantité donnée d'énergie[1] – de la même façon qu'on préférera, suivant les contextes, présenter la rock star ou la mère de famille exemplaire qui toutes deux veillent en Mme Dupont.

15 millions de degrés au centre, quelque 5 500 degrés[2] en surface : le Soleil est un corps chaud. Et tout corps chaud... rayonne ! Plus les températures sont élevées, plus les rayonnements émis sont énergétiques. Les êtres humains, par exemple, ont une température moyenne de 37 °C – ils rayonnent dans l'infrarouge. Cette lumière invisible est peu énergétique, mais elle fournit une « signature thermique » que les lunettes infrarouges peuvent détecter la nuit !

À 5 500 °C, le Soleil émet des rayonnements d'énergies variées, de l'ultraviolet (très énergétique) au proche infrarouge (moins énergétique) en passant par le spectre visible, cette lumière que nous pouvons voir. Ces rayonnements ne sont ni émis en quantités égales ni également absorbés par les molécules de l'atmosphère (l'ozone se délecte des UV dont elle nous protège, l'oxygène aime bien l'infrarouge proche, l'eau et le CO_2 préfèrent l'infrarouge...). Résultat des courses : ce sont surtout les photons visibles qui parviennent jusqu'à la surface de

---

1. On parle de l'équivalence « onde-corpuscule ». Elle se traduit notamment par le fait que l'énergie des photons est inversement proportionnelle à la longueur d'onde du rayonnement qu'ils constituent.

2. Le Soleil rayonne comme un corps noir à 5 800 degrés Kelvin.

la Terre. C'est donc sur la capture de ceux-ci qu'ont appris à se concentrer les plantes[1] – et les concepteurs de cellules solaires.

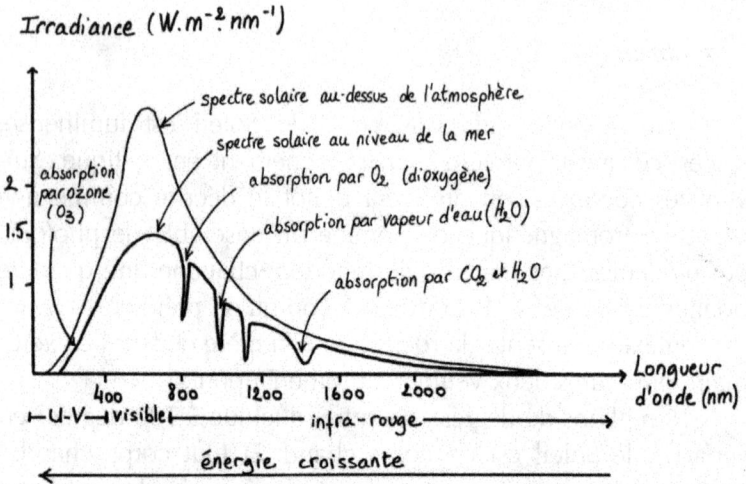

Irradiance $(W.m^{-2}.nm^{-1})$

spectre solaire au-dessus de l'atmosphère
spectre solaire au niveau de la mer
absorption par O_2 (dioxygène)
absorption par vapeur d'eau (H_2O)
absorption par CO_2 et H_2O

absorption par ozone (O_3)

Longueur d'onde (nm)

U-V — visible — infra-rouge

énergie croissante

Principe de fonctionnement des cellules photovoltaïques

L'effet photovoltaïque

Le Soleil offre ses services à la Terre. C'est lui qui la chauffe, qui crée le vent[2], qui entraîne le cycle de l'eau, qui donne aux plantes l'énergie qui leur permet de pousser. C'est donc lui qui est la source des énergies éolienne, houlomotrice[3], hydraulique ou encore, de celle de la biomasse. Chacune de ces énergies est obtenue par conversion de l'énergie solaire en une autre forme d'énergie, mécanique ou bien chimique. Cette transfor-

---

1. Voir chap. 11, encadré 1, p. 224. pour l'utilisation que font les plantes du rayonnement solaire.
2. Le vent circule du fait des différences de température entre deux masses d'air.
3. Voir encadré 7 du chapitre 6, encadré 7, p. 155.

mation ne se faisant pas sans perte d'énergie, pourquoi ne pas capter l'énergie plus près de sa source ?

C'est l'ambition des cellules photovoltaïques (PV) qui, elles, convertissent directement l'énergie du soleil en courant électrique. Elles y parviennent grâce à l'effet photoélectrique. Celui-ci recouvre plusieurs phénomènes d'interaction entre la lumière et la matière, au cours desquels des photons cèdent leur énergie aux électrons des atomes. L'effet photovoltaïque est l'un d'entre eux ; il se traduit par l'apparition d'une différence de potentiel électrique (une tension) entre deux matériaux semi-conducteurs mis bout à bout. Voyons voir de quoi il s'agit.

Pour avoir un courant, il faut une différence de potentiel

Qu'est ce qu'une différence de potentiel électrique ? C'est une différence de stocks de charges. S'il y a plus d'électrons d'un côté (excès de charges négatives) que de l'autre (défaut de charges négatives, ou excès de charges positives), il y aura une différence de potentiel. Or, Dame Nature n'aime pas ce type de disparités, et elle va tout faire pour l'annuler[1]. Pour l'aider, rien de plus simple que de relier les deux « stocks » par un fil électrique conducteur : les charges excédentaires se déplaceront alors spontanément vers la zone qui en manque. Le mouvement d'ensemble de ces charges crée le courant[2].

Pour générer de l'électricité, la cellule PV doit donc construire des stocks de charges. Pour y parvenir, elle suit une feuille de route bien définie : créer des charges négatives et positives, puis leur permettre de s'accumuler séparément dans des stocks. Idéalement situés aux extrémités de la cellule PV, ceux-ci préparent le terrain à l'avènement d'un courant électrique. Il

---

1. Voir le chapitre 7 (géothermie) sur l'exploitation des « différences » à fin énergétique.
2. Plus précisément : la différence de potentiel électrique va créer un champ électrique auquel sont sensibles les particules chargées. Elles subiront une force électrique qui les mettra en mouvement. C'est le flux de charges positives par unité de temps qu'on appelle courant électrique.

ne restera en effet plus qu'à en collecter les électrons pour les faire circuler dans un circuit électrique.

Pour générer des charges mobiles, rien de tel que les matériaux semi-conducteurs. Grâce à l'énergie que leur apporte la lumière, certains de leurs électrons se voient pousser des ailes, et se désolidarisent des atomes auxquels ils sont rattachés. Parvenus à se libérer de l'emprise de leur noyau [1], ils deviennent « libres » et sont potentiellement très mobiles.

Pour que ces charges négatives puissent migrer jusqu'aux stocks où elles s'accumuleront et pour empêcher leur recombinaison avec les atomes qu'elles rencontreront sur leur route, la cellule est fabriquée à partir de deux matériaux semi-conducteurs dont on modifie, par un procédé appelé « dopage », les propriétés électroniques respectives. L'un aura trop d'électrons dans son sac (**donneur** « dopé N »), et l'autre, pas assez (**accepteur** « dopé P »). Les donneurs ne seront à l'aise que chargés positivement (débarrassés de leur excès d'électrons), alors que les accepteurs, eux, verront la vie en rose quand ils seront chargés négativement (après avoir fait le plein d'électrons). En les mettant en contact, on forme une jonction P-N.

La jonction P-N permet l'accumulation de charges

Autour de la zone de contact entre le semi-conducteur N (donneur) et le semi-conducteur P (accepteur), les électrons que le donneur a de trop vont filer dans les bras grands ouverts de l'accepteur. Ce faisant, ils laissent des places vides derrière eux : les trous, chargés positivement.

Ce transfert ne dure pas éternellement. Localement, plus la région P se charge négativement, moins elle acceptera d'électrons supplémentaires [2]. Réciproquement, plus la région N se remplit de trous, moins elle cherchera à en avoir. Il se crée donc

---

1. On dit que l'électron quitte la bande de valence pour passer dans la bande de conduction. Rappel : les électrons portent une charge négative.

2. Deux charges de même signe se repoussent, tandis qu'une charge positive et une charge négative s'attirent.

un équilibre à partir duquel, en moyenne, les charges arrêtent de traverser la jonction. Par rapport à la situation « avant jonction » où les deux matériaux étaient de charge neutre, on se retrouve donc avec un excédent de charges négatives du côté P, et un excédent de charges positives du côté N. Qui dit différence de charges, dit ? Potentiel électrique !

Ce potentiel donne naissance à un champ électrique. Plus que les répulsions entre charges, c'est lui qui s'oppose aux nouveaux déplacements d'électrons de N vers P (ou de trous, de P vers N) au niveau de la jonction et dans ses environs. Ce même champ électrique encourage le mouvement inverse, c'est-à-dire le transfert de charges négatives supplémentaires de P vers N et de charges positives de N vers P. Vous suivez ?

Il est temps de mettre notre cellule au soleil. Arrive un photon d'énergie suffisante pour exciter un électron. Celui-ci devient potentiellement mobile. Supposons que cela se passe dans la zone accepteuse (P). Le champ électrique de la jonction P-N exerce une puissante force d'attraction sur l'électron mobile dont il oriente le parcours ; l'électron va donc traverser la jonction, et se retrouver dans la zone donneuse (N). De ce côté de la jonction, l'électron pourrait être tenté de regagner la zone accepteuse, où une multitude de trous n'attendent que de se recombiner avec lui. Mais le gendarme champ électrique s'y oppose et le pousse vers l'extrémité de la zone donneuse la plus éloignée de la jonction.

En quittant l'atome qui l'hébergeait, l'électron a localement créé un « trou ». Le champ qui attirait l'électron dans un sens repousse le trou dans l'autre ; le trou migrera donc, d'atome en atome[1], vers l'extrémité de la zone (P) la plus éloignée possible de la jonction.

---

1. Les trous sont des déficits d'électron. Si l'électron d'un atome 2 vient combler le trou laissé sur un atome 1, le trou se déplace de l'atome 1 à l'atome 2. Les trous sont donc aussi mobiles que les électrons ; ils se déplacent dans des directions opposées.

Le champ électrique est donc déterminant pour que les stocks de charges se constituent. Il joue le rôle de séparateur d'électrons et de trous, mais aussi d'agent de circulation en donnant à chacun le sens de son déplacement.

Comme une histoire symétrique se déroulerait si la paire « électron mobile – trou » avait été créée dans la zone donneuse (N), on se retrouve avec une accumulation de charges négatives (électrons) à l'extrémité de la zone donneuse, et de charges positives (trous) à l'extrémité de la zone accepteuse.

Plus les photons sont abondants, plus les paires « électron-trou » formées sont nombreuses, plus il est de charges pour alimenter les stocks d'électrons et de trous, plus ces stocks gonflent et plus le courant qu'on peut en tirer est important. En résumé : plus il y a de lumière, plus on fait de courant. Tout à fait ce qu'on souhaitait !

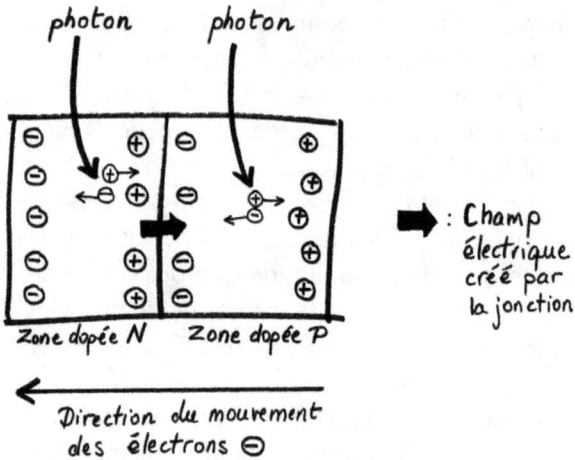

Zone dopée N   Zone dopée P

→ : Champ électrique créé par la jonction

Direction du mouvement des électrons ⊖

Encadré 1 – À quoi ressemble une cellule photovoltaïque ?

Les concepts de donneur et d'accepteur, de jonctions P-N et d'effet photoélectrique sont valables pour tous les types de cellules photovoltaïques. Ci-dessous, une illustration dans le cas où le matériau semi-conducteur est une tranche de silicium.

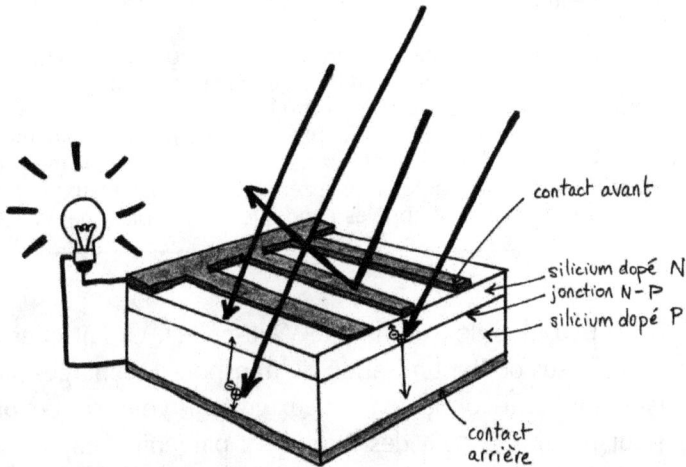

contact avant

silicium dopé N
jonction N-P
silicium dopé P

contact arrière

Source : http://www2.cnrs.fr

Description des composants : du haut vers le bas
1. Grille collectrice : métal peigne fin (les stries que l'on voit), permet d'accélérer la mobilité des électrons collectés.
2. Revêtement anti-reflet pour capter le maximum de rayonnement.
3. Zone dopée « N » ayant tendance à libérer des électrons (ex. silicium dopé au phosphore).
4. Zone dopée « P » ayant tendance à capter des électrons (ex. silicium dopé au bore).
5. Une surface en métal collectrice d'électrons.

Le principe étant compris, cherchons à voir comment améliorer sa mise en œuvre pour diminuer le coût des cellules. Comme nous le rappelait Jacques Lafosse, le directeur de l'usine de production de modules PV de Tenesol au Cap (Afrique du Sud) que nous avons visitée au mois de mars, elles représentent l'essentiel du coût des équipements finaux !

**Encadré 2 – De la cellule au module, fabrication
d'un panneau photovoltaïque**

Une cellule a peu d'intérêt. D'épaisseur très faible, elle est très fragile. Sa tension est déterminée par les caractéristiques de sa jonction P-N – elle est faible. L'intensité du courant qu'elle délivre est proportionnelle à sa surface – celle-ci est limitée (entre 15 et 20 cm de diamètre).

Pour obtenir un courant aux caractéristiques normalisées (12, 24, 48V, etc.), les cellules sont assemblées en série (pour augmenter la tension) puis en parallèle (pour accroître l'intensité).

Ces enchaînements sont ensuite protégés par un conditionnement conférant à l'ensemble une bonne résistance mécanique et une protection efficace face aux agressions extérieures. Les panneaux rectangulaires ainsi obtenus sont appelés « modules photovoltaïques ».

À un peu plus de 3 dollars le Watt-crête[1], ça fait cher du panneau. En sus de l'optimisation du transport des charges dans les matériaux semi-conducteurs, deux grandes voies sont explorées pour réduire le coût des modules : parvenir à capter une plus grande partie du spectre solaire par unité de surface PV d'un côté, réduire les coûts de production de l'autre.

Réduire le coût des cellules PV : des idées à revendre !

Capter une plus grande partie de l'énergie solaire

4 février – À Fribourg, Andreas Gombert nous accueille à l'Institut Fraunhofer pour l'Énergie Solaire (ISE). Avant de nous faire part des pistes étudiées pour améliorer les performances des cellules PV, il nous rappelle que « si toute l'énergie lumineuse était convertie en mouvement d'électrons, les cellules PV seraient très efficaces ». En pratique, malheureusement, c'est impossible.

---

1. Le Watt-crête est l'unité de mesure de la puissance des panneaux PV. Cette puissance est évaluée sous un ensemble de conditions standards.

Seules certaines énergies de photons permettent de « libérer » les électrons d'un semi-conducteur donné. Dès lors, seule une petite partie du spectre solaire peut être convertie en électricité. Comment contourner cette limitation ? En utilisant des semi-conducteurs sensibles à des photons d'énergies différentes. En superposer de fines couches permettrait de capter une large gamme de rayonnement... à condition que la cellule ne devienne pas si épaisse qu'elle en serait opaque, et que la lumière n'y pénètrerait donc plus !

Ces cellules, malheureusement, sont plus chères. *« Certains espèrent capitaliser ces progrès en couplant des concentrateurs solaires aux cellules les plus efficaces. »* Le professeur Gombert illustre son explication en nous montrant un assemblage à deux étages, aux yeux globuleux qui ne sont autres que... des loupes ! Concentrer le rayonnement solaire grâce à un système de loupes bon marché (lentilles de Fresnel) permet de n'avoir à utiliser, pour un même rendu énergétique, qu'une petite surface de cellule. C'est simple, et devient rentable dès que l'investissement dans les lentilles est compensé par l'économie réalisée sur le coût des cellules.

Si le principe est simple, sa mise en œuvre requiert quelques précautions : l'échauffement de la cellule engendré par l'exposition à un rayonnement plus intense impose de recourir à des matériaux résistants à la chaleur ou de doter la cellule de systèmes réfrigérants, tandis qu'un système de guidage est nécessaire pour suivre le soleil et permettre la focalisation de ses rayons sur la cellule, aux dimensions très petites. Andreas Gombert nous fait aussi remarquer que ce système ne permet pas de valoriser le rayonnement indirect (lumière diffusée par les lumières ou les bâtiments). Ceci dit, les résultats obtenus sont encourageants.

La société Spectrolab a, par exemple, mis au point en 2006 une cellule qui convertit 40,7 % de l'énergie solaire en électricité[1]. Son coût élevé serait diminué par le recours à un système

---

1. À comparer aux 12 à 20 % de rendement des panneaux solaires « classiques », et à la limite théorique de 29 % pour les substrats de silicium mono-

de concentration capable de multiplier l'intensité du rayonnement solaire par 500. « Meilleur rendement de cellule » et « moins de cellules au m² » : une équipe à suivre dans la chasse aux baisses de coûts.

Réduire les coûts des matières premières

Une autre façon de réduire le coût des cellules PV consiste à réduire leurs coûts de matière première et de fabrication. Du silicium au plastique, toutes les combinaisons sont permises !

Utiliser un silicium à moindre coût, en moindre quantité

6 juillet – Meilleure efficacité, moindre surface installée ? Moindre efficacité, grande surface équipée ? « Le choix se fera suivant le coût du Watt-crête », résume le Dr Takeda Shigeki, notre interlocuteur à Kyocera. La Kyoto Ceramic factory, née en 1959, a commencé à s'intéresser au photovoltaïque dès 1975 pour en devenir, trente ans plus tard, un acteur important. Le Dr Shigeki poursuit : pour les technologies de silicium monocouche, la Rolls, c'est le silicium cristallin. Plus cher, c'est lui qui a le meilleur rendement[1].

Pour diminuer le coût de ses produits, Kyocera s'est lancée dès 1982 dans la fabrication en masse de cellules en silicium polycristallin moins coûteuses.

---

couche. En août 2007, annonce concurrente par l'université du Delaware d'un rendement de 42,8 % obtenu en séparant la lumière en trois niveaux d'énergie (élevé, moyen, faible) et en dirigeant chacun de ces « sous-rayonnement » vers trois matériaux aux « gaps » adaptés à leurs énergies (Source : www.news.fr, 3 août 2007).

1. On définit le rendement d'une cellule PV comme le rapport de l'énergie électrique qu'elle produit par l'énergie solaire qu'elle reçoit.

Encadré 3 – Monocristallin, polycristallin, quelle différence ?

L'un et l'autre font des cellules robustes, aux durées de vie garanties pendant plus de vingt-cinq ans par leurs constructeurs. Elles représentent 90 % du marché PV mondial.

Les cellules à base de **silicium monocristallin** ont représenté en 2005 29 % du marché photovoltaïque mondial. Ces cellules très stables, au rendement excellent sont réalisées à partir des mêmes « wafers » (des galettes de silicium très pur) qu'utilise l'industrie de la microélectronique. Si la silice dont ils sont tirés est très bon marché, le degré de pureté requis par l'industrie électronique fait du monocristal de silicium un matériau très onéreux.

Une alternative au silicium monocristallin est le **silicium polycristallin**. Obtenu par refonte des chutes de silicium de l'industrie microélectronique (procédé moins coûteux que la croissance d'un monocristal), il induit des taux de recombinaison plus élevés. Les modules PV polycristallins représentent 62 % du marché PV mondial.

Voir tableau comparatif des performances en fin de chapitre

On peut aussi chercher à affiner les cellules. En utilisant des « fils à couper l'wafer » de l'épaisseur d'un cheveu fin, on parvient à couper des tranches de silicium de 50 micromètres. Or, un cheveu fin, ça mesure 50 micromètres d'épaisseur. La moitié du silicium part donc en poudre par le procédé de découpe ! Étant données les échelles en jeu, difficile pourtant de faire mieux. À moins de « vaporiser » le silicium plutôt que d'en couper des tranches ?

Le PV sur couche mince

Une idée que considère avec attention un nombre croissant d'industriels, d'entrepreneurs et de chercheurs. En utilisant de très fines couches de matière photosensible, on réduit le coût des matières premières et on peut envisager leur dépôt sur de nouveaux substrats, des supports flexibles par exemple.

Après la première génération de cellules solaires fabriquées à partir de « wafers » de silicium, les premières méthodes de dépôt de silicium amorphe sur substrat ont vu le jour. Elles cèdent aujourd'hui le pas à une troisième génération de procédés : celle du dépôt d'encres semi-conductrices par de simples techniques d'impression extrêmement bon marché.

Nanosolar, une société fondée en 2002 à trois pas de l'université de Stanford où ses fondateurs ont étudié, souhaite ainsi produire 200 millions de cellules solaires par an (une puissance cumulée de 430 mégawatts qui permettrait d'alimenter 300 000 habitations américaines !). Elle a préféré au silicium un matériau semi-conducteur moins coûteux, le CIS[1]. Elle a surtout développé un procédé de fabrication qui doit diviser le prix du Watt-crête par trois pour le faire tomber à moins de 1 dollar : le dépôt successif de quatre « encres » sur une bande métallique souple.

26 juillet – Un consultant en management qui retourne à l'université pour y faire une thèse sur les technologies solaires ? Au laboratoire pour les énergies renouvelables et appropriées (RAEL) de l'université de Californie à Berkeley, Cyrus Wadia a convaincu les professeurs Paul Alivisatos et Daniel Kammen de se lancer avec lui dans la quête d'une cellule solaire au bilan environnemental positif. Elle serait : inorganique pour résister à l'irradiation solaire, bon marché pour inonder le marché asiatique (« *À moins que vous ne travailliez sur une cellule solaire qui puisse être achetée par un Chinois, votre recherche n'est rien qu'un passe-temps* », nous lance Cyrus, en citant Tom Friedman, chroniqueur au *New York Times*), et non toxique[2].

Les briques avec lesquelles il bâtira son projet ? La grande pureté et l'extrême facilité d'utilisation des nanoparticules de cuivre, de fer et de soufre – des matériaux abondants et peu toxiques – en solution. Que des chercheurs s'y soient cassé les dents dans les années 80 ne le décourage pas :

---

1. Hétéro-jonction de disélénure-cuivre-indium/sulfure de cadmium.
2. Contrairement au cadmium qu'on trouve dans certaines cellules plus classiques.

**Encadré 4 – Bilan énergétique
d'un panneau solaire photovoltaïque**

Les systèmes PV en silicium cristallin auront produit autant d'énergie qu'il en a fallu pour les fabriquer après 1,5 à 2 ans d'insolation en Europe orientale et 2,7 à 3,5 ans en Europe centrale.

Durant leur cycle de vie, les émissions de dioxyde de carbone (CO_2) des panneaux actuels se situent entre 25 et 32 g/kWh. En comparaison, une centrale à cycle combiné alimentée au gaz émet 400 g/kWh. Seule l'énergie éolienne est moins polluante (11 g/kWh).

Source : Étude conjointe du Brookhaven National Laboratory, de l'université d'Utrecht et du Centre de recherche néerlandais sur l'énergie (2006), cité par Chronique ONU http://www.un.org/french/pubs/chronique/2007/numero2/0207p63.html

---

« *Ils n'ont pas assez essayé... et n'avaient pas les techniques nano aujourd'hui à notre disposition.* » On souhaite qu'il ait raison !

Le PV organique

Des encres pas chères sur des substrats bon marché. Et pourquoi pas du plastique, tant qu'on y est ? Andreas Gombert, que nous retrouvons à Fribourg, nous décrit les mille perspectives ouvertes par cette technologie, et le long chemin qu'il reste à parcourir pour que ses applications commerciales voient le jour.

Le matériau semi-conducteur, cette fois-ci, est constitué de polymères organiques dopés aux fullerènes. Technologie non toxique, matières premières très bon marché, possibilité d'en faire des produits flexibles (en recouvrir les tuiles des toits ou en faire des stores pour les bureaux ?) : ne reste « plus qu'à » les faire marcher !

Le principe diffère un peu de celui exposé pour le silicium. Le rayonnement solaire insuffle de l'énergie à la molécule organique, qui passe alors à un état « excité ». La création d'un

« exciton » y correspond à la formation d'une paire « électron-trou », dans les semi-conducteurs inorganiques (silicium, pour l'essentiel – voir début de ce chapitre). L'exciton, qui peut se déplacer d'une molécule à l'autre, est instable, et cherchera à tout prix à changer d'état. S'il peut évacuer un électron en l'offrant à un matériau « accepteur » (et conserver le « trou » associé), il le fera. S'il n'y parvient pas, il émettra son trop-plein d'énergie sous forme de rayonnement : une énergie perdue pour la cellule PV.

C'est la course pour l'exciton, qui doit libérer son électron avant de revenir à son état initial ; le matériau « accepteur » a intérêt à n'être pas trop loin. Une fois l'électron libéré, nulle jonction PN pour l'aider à s'orienter : difficile d'arriver sain et sauf à l'extrémité de la cellule d'où il sera évacué !

C'est un vrai parcours du combattant pour l'exciton et l'électron qu'il permettra de créer ! Aujourd'hui, le rendement des cellules organiques reste faible (moins de 5 %). Pour qu'elles rejoignent les devantures commerciales, il devra être amélioré de même que leur tenue sous irradiation[1]. Cependant l'immense choix dans la composition chimique et la structure des couches d'une part, l'avancement des techniques et l'imagination des chercheurs d'autre part[2], permettent de rêver à des coûts de production de l'ordre de 50 cents le Watt-crête.

Nous qui pensions quitter l'ISE avec un T-shirt aux imprimés polymères générateurs d'électricité (pratique pour recharger les portables en voyage !)... ce sera pour dans quinze ans !

---

1. Celles testées à Fribourg perdent 20 % de leur efficacité quand leur utilisation est simulée sur quatre ans... sans même être soumises aux UVs.
2. À l'université de Lausanne (Suisse), l'équipe du professeur Graetzel s'est ainsi inspirée de la photosynthèse pour mettre au point une cellule composée de nanocristaux en oxyde de titane recouverts d'un colorant qui absorbe la lumière...

**Encadré 5 – Comparaison des performances
de différentes technologies PV**

Type de cellule	Rendement module commercial	Rendement maximum d'un module prototype	Record en laboratoire
Cellules organiques	-	-	5 %
Silicium cristallin (couche mince)	7 %	9,4 %	-
Silicium amorphe (couche mince)	5 à 9 %	10,4 %	13,4 %
CdTe (Tellurure de Cadmium)	6 à 9 %	-	16,7 %
CIS (Cuivre-Indium-Sélénium)	9 à 11 %	13,5 %	19,3 %
Silicium polycristallin	11 à 15 %	16,2 %	20,3 %
Silicium monocristallin	12 à 20 %	22,7 %	24,7 %
Cellule multijonction (technologie spatiale)	-	25 à 30 %	39 %

Source : www.planete-energies.com

II

LA CONSOMMATION D'ÉNERGIE

La consommation d'énergie

La première étape de notre voyage nous a permis d'explorer le plateau de la production. Il est temps de basculer vers celui de la consommation pour aider la balance énergétique à trouver son équilibre.

De quoi s'agit-il ? De s'interroger sur nos besoins. Ils sont chauffage, déplacement, eau chaude, communication ; ils ne sont pas volume de fioul brûlé, essence consommée, facture de gaz ou d'électricité. La logique qui gouverne cette mise en perspective est simple : visons la « fin » plutôt que les « moyens », privilégions la réflexion sur le service à la diversification des sources d'énergie.

Prenons l'exemple du confort thermique. Il n'est pas proportionnel à notre facture énergétique ; c'est la température des pièces qui importe, quel que soit l'appétit énergétique des systèmes de chauffage et de climatisation. Le niveau de confort désiré peut être obtenu de plusieurs façons ; les plus sobres permettent de réduire les dépenses énergétiques et leurs conséquences environnementales. Remplacer une chaudière désuète, opter pour des doubles vitrages, renforcer l'isolation du logement, installer des thermostats sont autant de moyens qui permettent d'avancer dans cette direction. Que ces facteurs techniques se doublent d'une modification de nos comportements, et la révolution est vite arrivée !

Cet exemple révèle l'existence de trois leviers susceptibles de réduire notre consommation : l'amélioration de l'efficacité énergétique (choix d'équipements plus efficaces), l'éducation de nos comportements (ne pas chauffer les pièces vides, enfiler un tricot) et la modification radicale de nos modes de production de biens et de valeur (architecture de la maison).

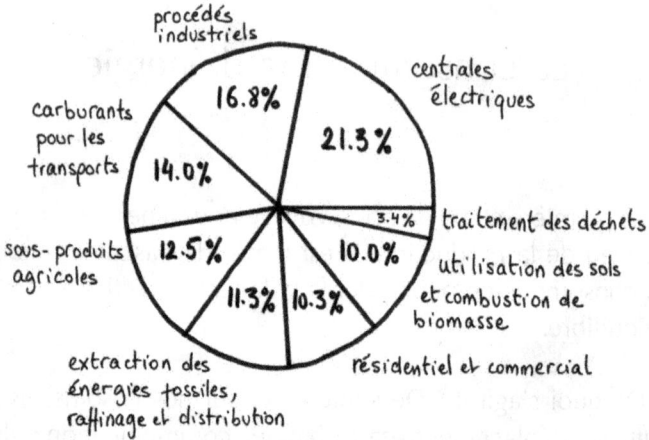

Répartition des émissions de gaz à effet de serre par secteur (2000)

Plutôt que d'acheter de nouvelles vaches, pourquoi ne pas mieux traire Marguerite et réduire le nombre de seaux renversés de l'étable à la laiterie ? Les économies d'énergie s'appuient sur deux piliers complémentaires : le premier, technique, vise l'amélioration des rendements d'une chaîne énergétique dispendieuse ; le second, comportemental, passe par l'interrogation de nos choix, de nos achats, de nos modes de vie.

C'est tout notre quotidien domestique et professionnel qu'il faut revisiter sous l'œil du « service énergétique ». Quels sont les rôles de ma maison ? À quoi ressemblerait le transport idéal ? Me faut-il l'ampoule ou sa lumière ? Le radiateur ou sa chaleur ? Ce n'est qu'en identifiant précisément nos besoins que nous pourrons inventer les meilleures façons d'y répondre demain.

Ces nouvelles solutions pourront révolutionner notre façon de vivre. De vivre, et de vivre en société : plus que mon logement, ce sont les organisations urbaines qui se transformeront, plus que ma voiture, ce sera mon interprétation de la mobilité. À nous d'inventer la consommation du XXIᵉ siècle, une consommation raisonnée, adaptée à nos besoins et respectueuse de l'environnement.

Demain n'est pas si loin. Tirons dès aujourd'hui les leçons des expériences et utopies rencontrées sur notre route : elles nous inspireront pour amorcer le changement. Bienvenue au royaume des « négawatts » !

Thème 4

LES ÉCONOMIES D'ÉNERGIE

15

Le hammam marocain
se refait une beauté !

Pourquoi consommer trop, quand une moindre dépense permettrait un résultat identique ? Réduire l'appétit de postes trop gourmands quand des alternatives plus sobres existent, qu'elles sont financièrement accessibles et qu'elles n'amoindrissent pas – voire améliorent – le confort des utilisateurs : voilà qui serait sensé. C'est tout l'enjeu de l'efficacité énergétique, qui cherche, par la « chasse au gaspi », le meilleur service possible par unité d'énergie.

Traquer les pratiques peu économes est un travail de longue haleine, qui doit associer l'État, les producteurs et les gros consommateurs d'énergie ; c'est aussi un marché émergent d'expertise, sur lequel se positionnent des rabatteurs spécialisés : les sociétés de service énergétique (ESCO). L'efficacité énergétique comme source de contrats juteux ? Une réalité qui gagne du terrain.

Projet : Une chaudière plus performante pour les hammams, Marrakech (Maroc)

Petit tour aux bains

Après Tétouan la berbère et les murailles de Rabat, nous atteignons Marrakech. Marrakech la « jet-setteuse » aux mille nuances d'ocre, Marrakech au dynamisme tiré par l'appétit d'Occidentaux en mal de soleil et d'Orient, Marrakech, surtout, où nous accueillent avec beaucoup de chaleur les parents de Karim, un copain des classes préparatoires. Entrepreneurs chevronnés, ils multiplient les projets qui n'ont en commun que leur désir d'y réussir ; leur vie de risques et de passion leur a fait toucher à des secteurs aussi variés que la pharmacie, l'industrie textile, l'immobilier et la décoration. Leur tonus gonfle nos ailes et leur simplicité nous séduit : un jour, c'est dit, nous serons entrepreneuses !

23 février – Bordée d'entrepôts et de grandes surfaces, la route qui mène du Centre marocain de développement des énergies renouvelables (CDER) aux bains où nous sommes attendues n'est pas des plus pittoresques. N'étaient l'éclat du soleil de février et la poussière d'une plaine caillouteuse, on pourrait se croire dans une zone industrielle européenne. Subitement, les bâtiments sans caractère font place à des espaces clos emplis de bois. Sur des centaines de mètres, nous ne voyons que ça : du bois, du bois, du bois ; des bûches, des branches, des brindilles, entassées sur près de deux mètres de haut, entreposées en tas que nous supposons être une mesure de leur valeur.

Longer ce souk du bois de chauffe nous donne une image des volumes que nous savions utilisés pour le chauffage et les usages domestiques ruraux, mais dont nous ne pensions pas qu'ils puissent être si importants en ville. M. El Attari, l'ingénieur du CDER qui a organisé notre visite, nous précise que le bois est en ville la principale source d'énergie de certaines activités traditionnelles comme le bain public et la boulangerie. Six millions de tonnes de bois sont utilisées chaque année pour répondre à 30 % de la demande énergétique marocaine ; un million d'entre elles sont brûlées dans les 5 000 hammams du pays. Une situation problématique dans un pays où cette ressource rare n'est pas gérée de façon durable : elle entraîne déforestation[1], érosion des sols et désertification.

Pour lutter contre cette surexploitation, un seul remède : consommer moins, à service énergétique constant. Le programme « bois énergie » coordonné par le CDER propose donc aux professionnels de secteurs particulièrement consommateurs de chaleur la modernisation de leurs équipements : de nouvelles chaudières pour les hammams, et des fours de boulangerie plus efficaces dans les campagnes. Aujourd'hui, vous l'avez compris, c'est de bains qu'il s'agit.

L'envers du décor d'un hammam économe en bois !

Arrivées dans la cour d'un hammam de faubourg, nous nous prenons à rêver aux vapeurs fumantes et à leurs bienfaits thérapeutiques. Ce sera pour une autre fois : aujourd'hui nous snobons les bains pour découvrir l'énorme chaudière qui maintient la température ambiante de ce lieu d'échanges et de relaxation bien ancré dans la tradition marocaine.

Nous sommes attendues par le gérant du hammam, le « farnachi » chargé de l'entretien de la chaudière, et l'artisan chaudronnier qui l'a fabriquée. La visite ne pouvait être plus instructive : la brochette d'acteurs qui a permis au projet de voir le jour est là pour répondre à nos questions ! Après nous avoir vanté les senteurs du jardin d'oliviers qui s'étend derrière l'établissement (et auquel les cendres de la chaudière servent d'engrais !), le groupe d'experts nous présente sans trop attendre la chaudière qui trône, impériale, flambant neuve, à l'arrière du bâtiment qu'elle alimente en eau chaude.

---

1. On estime à près de 30 000 hectares la déforestation annuelle au Maroc due à cette surexploitation.

Entre 1996 et 1998, quatre prototypes de chaudières améliorées ont été développés et testés par le CDER, en partenariat avec d'autres organismes techniques. La chaudière installée ici fait la fierté de nos interlocuteurs car elle correspond au modèle le plus performant. En acier galvanisé, protégée du milieu extérieur par un revêtement anti-rouille et isolée par 10 cm de laine de roche, elle est deux fois et demi plus grande que les chaudières traditionnelles qu'elle doit remplacer (12 m³ au lieu de 5 m³). Surtout, son rendement[1] est deux à trois fois plus élevé : il atteint entre 70 et 80 %, contre 25 à 40 %. Bilan : le nouveau système consomme deux fois moins de bois.

Pour expliquer ce résultat, M. El Attari n'oublie aucun détail technique. Avec une pédagogie démonstrative qui fait notre bonheur de touristes scientifiques, il présente chacune des améliorations apportées. Une porte rend la maintenance plus facile ? Voici qu'il l'ouvre pour nous montrer comment l'utiliser. Ces vannes facilitent le contrôle des volumes d'entrée d'air ? Il les actionne, et les flammes semblent dotées d'un souffle nouveau. Ses gestes sont accompagnés d'explications précises (voir encadré 1).

La salle chaude du hammam est chauffée grâce à un système ingénieux. Son sous-sol contient 20 tonnes de sel, disposées en blocs qui créent un labyrinthe dans lequel circulent les gaz d'échappement brûlants de la chaudière. L'inertie thermique du sel en fait un réservoir de chaleur. Celle-ci est progressivement restituée à la dalle supérieure : le système est conçu de telle sorte que la température du sol reste constamment légèrement inférieure à 40 °C.

---

1. Le rendement, exprimé en pourcentage, est le quotient de la chaleur récupérée pour chauffer l'eau des bains par la chaleur dégagée par la combustion.

Encadré 1 – Comment construire une chaudière performante ?

- Améliorer la combustion :
  - o Installation d'une grille de combustion (meilleure pénétration de l'air) ;
  - o Intégration de la chambre de combustion à la chaudière (réduction des pertes thermiques) ;
  - o Régulation de l'entrée d'air par un système de clapets
- Assurer le suivi de la combustion :
  - o Mise en place de thermomètres pour mesurer les températures d'air primaire et secondaire.
- Réduire les besoins de chaleur :
  - o Installation d'un mélangeur centralisé eau chaude/eau froide (puisque la température maximale n'a pas besoin de dépasser 50 °C, on peut stocker l'eau chaude excédentaire pour un usage ultérieur).
- Faciliter l'entretien :
  - o Division de la chaudière en deux compartiments, afin de ne pas avoir à arrêter le hammam lors des travaux d'entretien ;
  - o Mise en place d'une porte d'entretien (accès notamment aux dépôts de calcaire).

Le propriétaire du hammam nous confirme qu'en changeant de chaudière, il a réduit de moitié sa consommation de bois : elle est passée d'entre 250 et 300 tonnes à environ 150 tonnes par an. Comme le prix du bois ne cesse d'augmenter (aujourd'hui à 650 dirhams la tonne, soit 6 euros), il se félicite tous les jours de la bonne affaire qu'il a réalisée ! En effet, la nouvelle chaudière, qui lui a coûté 100 000 dirhams[1], a été rentabilisée en moins d'un an. De plus, le CDER garantit un service après-vente de qualité et le *farnachi* a la vie plus facile : pour approvisionner le hammam ouvert de 5 h à 23 h 30, il ne doit plus charger la chaudière que trois fois par jour, par fournées de 250 kg de bois.

---

1. Le CDER contribue à l'investissement initial à hauteur de 18,5 % plafonnés à 26 000 dirhams.

Une substitution aisée, des économies substantielles, un entretien facilité : ce trio gagnant résume le succès de l'opération ! Rien ne semble devoir faire obstacle à la généralisation à grande échelle de ce programme d'économie de bois de feu, dont la mise en œuvre nous semble très bien pensée puisqu'elle inclut sensibilisation des propriétaires de hammam, subvention à l'équipement et formation des artisans-chaudronniers. Entre 1998 et 2007, le programme « bois-énergie » n'a pourtant permis d'équiper que 283 hammams sur les 5 000 existants. Pourquoi n'y a-t-il pas plus de candidats à l'installation de chaudières plus efficaces ?

Des barrières à la diffusion des chaudières performantes

Le fabricant de chaudière nous offre une première explication. Alors que nous pensions le marché des nouvelles chaudières très lucratif, il nous explique qu'il l'est beaucoup moins que l'ancien ; les chaudronniers n'ont donc aucun intérêt à s'y spécialiser. Notre calcul était simple : fabriquer de nouvelles chaudières semble à première vue « tout bonus » pour le chiffre d'affaires puisque la chaudière performante est vendue à 100 000 dirhams, alors que l'équipement classique ne coûte que 50 000 dirhams. Il n'en est pourtant rien : comme les vieilles chaudières devaient être remplacées tous les trois ans, on en vendait trois sur une période de dix ans, engrangeant au passage 3 x 50 000 = 150 000 dirhams. Or, dix ans, c'est la durée de vie du nouveau modèle vendu à 100 000 dirhams. Sur cette période, et par client, c'est donc un tiers de ses recettes que le fabricant sacrifie, et ce n'est pas tout : trois fois moins de chaudières signifie trois fois moins d'installations, et donc trois fois moins de main d'œuvre et de déplacements, activités sur lesquelles il dégageait une marge commerciale confortable !

« *Pourquoi vous êtes-vous donc lancé dans cette aventure, puisqu'elle vous est si peu rentable ?* » lui demande Élodie, sceptique quant au désintéressement de l'artisan. Notre interlocuteur sourit de toutes ses moustaches : il voit dans sa participation au programme du CDER le moyen d'accroître ses parts de marché au détriment de concurrents plus récalcitrants à franchir le pas de la nouveauté. Ayant remporté haut la main les appels d'offre pour la réalisation des prototypes de la première phase du projet, il nous est présenté comme le meilleur chaudronnier de la région. Impossible de ne pas penser qu'il a aussi été le plus clairvoyant.

La seconde explication est moins immédiate. L'aide offerte par le CDER aux candidats au changement inclut la réalisation (subventionnée à 95 %) d'un audit énergétique. Celui-ci sert à identifier les besoins de chauffage du hammam, afin de dimensionner correctement la nouvelle chaudière. Parmi les données à collecter figure le nombre de clients. Les gérants de hammams sont très frileux à l'idée d'exposer ces chiffres à incidence fiscale, eux qui déclarent bien souvent une fréquentation en deçà de la fréquentation réelle. Ils ne voient donc pas d'un bon œil l'audit énergétique – et peuvent refuser, sur cette base défiante, de participer au programme proposé.

Ces difficultés ont entraîné un redéploiement géographique du programme, initialement concentré sur les 1 000 hammams de Casablanca. Elles n'ont toutefois pas empêché le CDER d'atteindre ses objectifs quantitatifs et d'amorcer le processus de diffusion des nouvelles chaudières : la dynamique est lancée !

L'enjeu de l'efficacité énergétique

L'efficacité énergétique mesure la performance énergétique. Réparer ce qui ne marche plus, réduire les pertes thermiques, colmater les fuites, imaginer des boucles de régulation, voire changer l'équipement s'il est obsolète... la technique à son service a plus d'un remède dans son sac !

Abandonner un appareil aux performances dépassées par celles d'un nouveau venu plus moderne est une réponse radicale à son inefficacité. Elle est économiquement fondée si le bilan de l'investissement est positif sur la durée de vie du nouvel équipement, malgré un coût d'achat parfois plus élevé. Un exemple classique : celui des ampoules à basse consommation qui remplacent avantageusement les ampoules à incandescence[1].

Entre un statu quo gaspilleur et la mise au rebut d'appareils aux piètres performances énergétiques, on trouve tout un éventail de solutions intermédiaires qui visent l'optimisation énergétique de l'existant. Sur ce terrain, le diagnostic énergétique est un allié indispensable pour suggérer et hiérarchiser les optimisations possibles et les plus adaptées.

Premier niveau d'amélioration : l'entretien. La maintenance régulière d'appareils tant producteurs que consommateurs permet de les faire fonctionner au mieux de leurs capacités. Moins une chaudière est encrassée, meilleur est son rendement ; la purge de circuits de chauffage peut augmenter leur efficacité ; gonfler correctement les pneus d'un véhicule permet de réduire sa consommation d'énergie. De la même façon qu'un piano se désaccorde avec le temps et doit être périodiquement révisé, tout équipement consommateur d'énergie devrait être contrôlé régulièrement.

---

1. Dans les pièces où les durées d'éclairage ne sont pas trop courtes. En effet, les ampoules à basse consommation classiques mettent quelques minutes à chauffer, et donc à éclairer convenablement une pièce.

Encadré 2 – Une bonne maintenance est source d'économies substantielles

Au Pakistan, le centre de conservation d'énergie [ENERCON] a mis en place un système incitatif pour réduire la consommation énergétique des véhicules : une cinquantaine de centres de réglage assistés par ordinateur ont été ouverts dans les années 90 pour proposer aux conducteurs le calibrage de leurs véhicules. En effet, une bonne maintenance permet d'économiser jusqu'à 10 % du carburant, et de réduire les émissions de polluants de près de 60 %.

Dans le cadre d'un second projet [projet Ace], 192 brûleurs et chaudières industriels ont fait l'objet de réglages techniques. Résultat : 110 millions de roupies économisées sur la facture énergétique annuelle (soit environ 2,5 M €).

Source : présentation du Dr Tahir, directeur d'ENERCON 15 décembre 2006

Second niveau d'amélioration : les modifications du fonctionnement de l'appareil visant à augmenter directement les rendements techniques. Installer un panneau radiant derrière un radiateur permet d'en réfléchir la chaleur ; au lieu de chauffer inutilement le mur, cette chaleur sera transmise à la pièce, ce qui augmente l'efficacité du chauffage. L'objectif de confort thermique est alors plus rapidement atteint, et pour une consommation d'énergie moindre. On peut aussi adapter l'usage de l'appareil au besoin qu'il sert : les robinets thermostatiques permettent de moduler l'activité d'un radiateur en fonction de la température désirée dans une pièce, les détecteurs de présence et des minuteurs limitent les durées d'éclairage des pièces et lieux de passage.

Encadré 3 – Un interrupteur miracle !

L'optimisation énergétique d'un système de production peut parfois tenir à une astuce de bricoleur ingénieux...

Mumbai, Inde. L'industrie textile prospère au Maharastra. Avec le soutien de la Petroleum Conservation Research Association (PCRA, chargée de réduire les consommations indiennes de produits pétroliers), l'association de recherche du syndicat textile de Mumbai (Bombay Textile Research Association) a monté deux projets dans la banlieue de Solapur, région où se sont installés de nombreux ateliers chassés de Mumbai par une grève très dure en 1981-1982 et la flambée des prix du foncier.

Lancé en 2004, le premier projet consiste à équiper les machines à tisser d'un circuit de lubrification fermé. Actionner un levier suffit à envoyer à tous les rouages qui en ont besoin de quoi les huiler correctement. Nets avantages par rapport à la méthode traditionnelle de « graissage à la main » : les quantités de lubrifiant utilisées sont réduites de deux tiers et aucune goutte d'huile ne vient tacher le tissu.

Le second installe depuis 2005 des interrupteurs sur les machines à tisser les moins modernes. Certaines auraient même connu les Canuts [1] ! Déclassées par des ateliers anglais, puis français, puis italiens, puis grecs, puis turcs... elles arrivent un jour en Inde. Quand la navette est vide, que son fil casse, qu'il faut changer le guide de tissage, ou que l'ouvrier part déjeuner, rien n'empêche les moteurs de continuer de tourner – à vide pendant 30 % du temps. L'ingénieux système inventé à BTRA coupe le moteur quand la navette cesse son activité.

Les obstacles à la diffusion de ces deux améliorations peu coûteuses sont importants. La grande grève des années 80 a fortement désorganisé l'industrie textile. Les machines à tisser des grands ateliers de production ont parfois été rachetées par de très petites unités, que BTRA a plus de mal à toucher et sensibiliser. D'autre part, pour aider une industrie soumise à rude compétition, le Maharastra en subventionne fortement la consommation électrique. Cela réduit d'autant les incitations à économiser l'énergie et ce, alors que le réseau indien manque de kWh ! Dans ce contexte, les propriétaires d'ateliers que nous avons rencontrés motivaient leur décision par le désir de montrer l'exemple et de participer à un effort national de meilleure gestion de la ressource énergétique.

Tout le monde n'a pas vocation à bricoler son logement, sa voiture, son bureau ou son appareil de production pour en obte-

---

1. Au XIXᵉ siècle, ouvriers tisseurs de soie des ateliers lyonnais.

nir un meilleur service énergétique. Qu'à cela ne tienne, pourquoi ne pas faire appel à ceux qui en font leur métier (ingénieurs thermiciens, architectes spécialisés, consultant des ESCOs [voir ci-après]) ? Leur expertise leur permet de hiérarchiser les mesures à prendre en fonction des bénéfices technico-économiques qu'on peut en espérer.

Une coopération public – privé exemplaire

L'intensité énergétique primaire[1] mondiale s'est améliorée de 1,6 % par an de 1990 à 2006 (1,3 % sans la Chine). Cette amélioration de près de 30 % en seize ans est avant tout le résultat des progrès faits dans les secteurs les plus énergétivores. Pour les entreprises fortement consommatrices d'énergie, améliorer son efficacité énergétique, c'est réduire ses coûts. L'émulation et la diffusion des meilleures pratiques engendrées par la mondialisation a permis à des secteurs aussi divers que la sidérurgie, le ciment, l'industrie papetière ou le raffinage de fortement réduire leurs dépenses énergétiques. Cependant, l'optimisation énergétique n'est pas toujours une condition de survie ! Dans d'autres entreprises, un manque d'information ou d'expertise peut expliquer des pratiques sous-optimales, surtout quand les gains financiers engendrés par les économies d'énergie sont faibles par rapport aux investissements qu'ils nécessitent.

Le rôle de l'État est donc essentiel pour une meilleure performance énergétique. Les engagements pris par les pays industrialisés lors du protocole de Kyoto et, plus récemment, les contraintes sur l'approvisionnement en hydrocarbures ont renforcé l'engouement pour les politiques d'efficacité énergétique. Instruments de marché (accords volontaires, labels, diffusion de

---

1. Rapport de la consommation d'énergie primaire au PIB. La baisse de l'intensité énergétique indique une meilleure efficacité énergétique. L'amélioration de l'efficacité énergétique permet de réduire les consommations d'énergie, à service rendu égal.

l'information) et réglementation (notamment dans le secteur du bâtiment, mais aussi normes et standards minimaux pour les appareils électriques) sont les deux leviers qui peuvent actionner les pouvoirs publics. La balance des mesures s'équilibrera suivant les cultures locales : la tradition libérale indienne favorise les incitations de marché et se défie de règlements à l'application difficilement contrôlable, le pouvoir centralisé chinois inclut la réduction de l'intensité énergétique parmi les critères de notation des gouverneurs de province.

Dans les pays aux budgets publics contraints, le partenariat entre institutions publiques et investisseurs privés est nécessaire pour assurer la disponibilité du financement aux entreprises soucieuses d'investir dans l'efficacité énergétique. Avec l'appui de banques sensibilisées à ces questions, ce partenariat prend souvent la forme de fonds innovants qui mobilisent des outils bancaires traditionnels pour donner aux entrepreneurs les moyens de réaliser les ambitions publiques (prêts, actionnariat, capital risque).

Enfin, les ESCOs (de l'anglais « Energy Services COmpanies ») proposent un accompagnement technique et financier aux professionnels. Elles diffèrent des entreprises d'ingénierie : en sus des services techniques qu'elles fournissent, les ESCOs prennent sous leur responsabilité le montage financier du projet et la maintenance des équipements installés. Certaines ESCOs signent des contrats de performance[1] pour garantir le volume d'économies d'énergie sur la base duquel elles sont rémunérées. Ces sociétés de service en énergie et les contrats de performance énergétique qu'elles proposent sont des moyens très attrayants de mobiliser les potentiels d'efficacité énergétique rentables, notamment dans le secteur industriel des pays en voie de développement.

---

1. Si le projet ne fait pas économiser les montants contractualisés, l'ESCO peut être pénalisée.

Encadré 4 – Qui sont les ESCOs ?

• *des entreprises faisant commerce d'équipement énergétique* (chauffage, ventilation, air conditionné, contrôle...) : elles disposent d'une expertise technique et financière. Elles se concentrent en général sur de gros projets et fournissent un service complet, de l'audit énergétique jusqu'à la maintenance et le suivi des équipements. Certaines forment le personnel de leurs clients à l'utilisation des nouveaux équipements.

• *des entreprises de service dans le secteur de l'équipement énergétique* : elles sont directement impliquées dans l'installation et la maintenance des équipements énergétiques, et sont souvent spécialisées dans l'éclairage et les systèmes d'air conditionné. Elles interviennent sur des projets de taille variable.

• *des entreprises de conseil en énergie* : elles ont une expertise pluridisciplinaire (éclairage, chauffage, ventilation, équipements industriels). Certaines embauchent des experts techniques au sein de leurs équipes, d'autres s'allient avec des entreprises pour des audits énergétiques. Les services de maintenance sont généralement contractés en externe.

• *des filiales d'entreprises électriques ou gazières.* Avec la dérégulation, les compagnies électriques ou gazières ont développé leur expertise dans le secteur des services énergétiques. En France, les fournisseurs d'énergie ont reçu en 2006 l'obligation de faire réaliser des économies d'énergie à leurs clients (objectif : 54 TWh économisés d'ici 2009) ; pour y parvenir, ils ont mis en place des structures de conseils performantes.

• *les entreprises spécialisées dans la production/vente d'une technologie* (éclairage...) : elles peuvent fournir des services d'analyse technique, de choix de l'équipement, ou de gestion de projet.

De nombreuses barrières freinent le développement des ESCOs. La plus élevée d'entre elles reste la tarification de l'énergie à des prix maintenus artificiellement faibles pour des raisons sociales. Le difficile accès à un financement bon marché, l'absence d'un contexte réglementaire stable et l'inadéquation de leur offre aux besoins des particuliers peuvent mettre les ESCOs en situation délicate. Ceci dit, nous sommes persuadées qu'un brillant avenir s'offre à elles !

16

Faire mieux,
avec moins

« *Réduire les coûts* » : *doctrine incontournable dans un univers concurrentiel rude. La règle n'est pas simple, et l'importance croissante des critères environnementaux en complexifie le jeu. Dans ce contexte, l'optimisation des processus industriels séduit les* « *cost-killers* » : *économies des facteurs de production et valorisation des sous-produits réduisent les dépenses et accroissent les bénéfices tout en améliorant les performances environnementales. L'évolution des usines sucrières tropicales est à cet égard exemplaire. Elles ont toujours utilisé le résidu fibreux des cannes à sucre pour produire la chaleur utilisée par leurs procédés ; ce qu'il en reste est aujourd'hui changé en électricité* « *verte* » *qui peut être avantageusement revendue.*

Si le bilan économique de ce type de projet aide à mettre en place une meilleure gestion des ressources naturelles, rares sont encore les occasions où l'éthique environnementale tient le gouvernail des choix industriels. Elles existent pourtant ; allons faire un tour dans une brasserie très développement durable, où bon sens et technologies innovantes marchent de concert pour mettre au point une bière pionnière.

Projets :

• Produire de l'électricité à partir de bagasse, Piracicaba (Brésil)
• Valorisation de la canne à sucre, Zambia Sugar, Mazabuka (Zambie)
• Centrale charbon-bagasse, usine sucrière de Bois-Rouge, île de la Réunion (France)
• Une optimisation durable, brasserie Sierra Nevada, Chico, Californie (États-Unis)

Sur le campus de l'université de São Paulo de Piracicaba

22 août – Implantée sur onze campus dans pas moins de sept villes, l'université de São Paulo (USP) est la plus grande université brésilienne et la troisième d'Amérique latine. C'est à Piracicaba que nous sommes attendues par le professeur Ricardo Shirota. À 160 kilomètres du campus historique de São Paulo, au cœur de la région sucrière, Piracicaba accueille les départements d'agronomie et de biologie de l'USP.

Shirota. Cela veut dire « champ blanc », en japonais. Le Brésil compte la plus importante communauté japonaise immigrée au monde. Entre 1,3 et 1,5 million de « nipo-brasileiros » y sont aujourd'hui installés : c'est presque deux fois plus qu'aux États-Unis. C'est dire si le Nouveau Monde est, au Sud aussi, une formidable terre d'accueil. Impossible au Dr Shirota de dissimuler son ascendance : son extrême courtoisie appelle, dans ces grands espaces ensoleillés, les mille subtilités de l'archipel exigu. Alors que c'est bien nous qui lui sommes redevables, il nous aura, en remerciement de notre visite, offert une lettre sur papier à en-tête de l'université !

Le Brésil ayant été pionnier dans le développement à grande échelle des biocarburants, nous souhaitions visiter une usine d'éthanol. Le docteur Shirota a négocié pour nous deux places dans le bus qui emmène ce jour-là un groupe d'étudiants en « sortie terrain ». Parmi eux, un jeune Français qui étudie à l'USP. Très aimablement, il s'improvise interprète et professeur particulier, un zeste de latin mâtiné de français et d'espagnol ne suffisant absolument pas pour suivre les explications de son professeur : merci, Jean-Charles !

Tout est bon dans la canne !

13 avril – En Zambie déjà, nous avions fait connaissance avec l'industrie sucrière en visitant « Zambia Sugar », filiale d'Il-lovo, l'un des plus gros producteurs de sucre au monde. En avril, la canne de la région de Mazabuka sortant à peine de terre, la sucrerie était fermée. M. de Robillard, son directeur d'origine mauricienne, sut pourtant nous plonger dans les odeurs, le bruit et la chaleur d'une usine en pleine activité en nous expliquant comment on obtient autant de variétés de sucre qu'il en est de couleurs à partir d'un simple tronçon de canne jeté dans un sillon bien arrosé.

La canne à sucre ? Une herbe gorgée d'eau sucrée dont le rapport « énergie/volume » serait l'un des meilleurs du monde végétal. *« Si "tout est bon dans le cochon", c'est pareil pour la canne ! J'en ai d'ailleurs fait mon credo : "Tout est bon dans la canne !". Vous allez voir. »* C'est simple : sucre, fibres et eau [1] sont intégralement valorisés. De la tige broyée, on extrait un jus nommé vesou ; après évaporation, les cristaux de sucre s'y formeront. La mélasse résiduelle contient encore du saccharose et sert à fabriquer rhum, alcool blanc, vinaigre et parfum. Les résidus de presse séchés, appelés bagasse, font une paille facile à brûler : leur combustion offre la chaleur nécessaire aux opérations de traitement du sucre et de la mélasse, chaleur qui peut

---

1. Suivant l'état de maturité de la canne, elle comptera de 12 à 16 % de saccharose, 10 % à 18 % de fibres, et 72 % à 77 % d'eau.

aussi être transformée en électricité revendue au réseau électrique. Enfin, l'écume[1] retourne aux champs où elle sert d'engrais naturel. Rien n'est perdu, et aucune source externe d'énergie n'est utilisée (hors le diesel des tracteurs et camions d'approvisionnement) ! Pas étonnant que la canne figure en place d'honneur parmi les agro-énergies !

Encadré 1 – Quelle valorisation pour les sous-produits de la canne à sucre ?

La **bagasse** (résidu fibreux obtenu après extraction du sucre de la canne) représente jusqu'à 30 % de la masse de canne initiale. On y trouve eau (48 %), fibres (50 %) et matières dissoutes (2 %, surtout du sucre). Traditionnellement, la bagasse servait de source de chaleur aux usines sucrières, de fourrage pour les animaux et de paillage protecteur des sols des champs. Aujourd'hui, elle offre ses services à d'autres applications : fabrication de papier, carton et panneaux agglomérés ; production de solvants utilisés notamment en pétrochimie (furfural) et source d'énergie pour centrales électriques.

La **mélasse** contient 35 % de saccharose. On en produit 30 kg par tonne de canne. Une bonne partie de celle que produisent les sucreries sert à faire du rhum industriel. Le reste est utilisé pour l'alimentation des animaux et dans certains produits agro-alimentaires. La mélasse est aussi utilisée pour la culture des levures et pour la production de divers produits chimiques : acide acétique (vinaigre), acide citrique (additif alimentaire E330), glycérol (E422 et autres applications), glutamate (E620, omniprésent dans la cuisine asiatique !)... et éthanol.

Les **boues d'épuration** renferment une grande quantité de substances organiques. Dans certains pays, elles sont utilisées pour fertiliser les sols

---

Du sucre à l'éthanol... et de la bagasse à l'électricité

En visitant la sucrerie de Cosa Pinto, nous revivons la leçon de M. de Robillard. Costa Pinto appartient à Cosan. Ce géant brésilien possède dix-sept usines, deux raffineries et deux terminaux de canne à sucre, et produit dans le monde près de

---

1. Qui se forme en surface du vesou lorsque celui-ci est chauffé.

2,35 millions de tonnes de sucre. L'usine que nous visitons traite jusqu'à 24 000 tonnes de canne par jour : il s'agit de la plus grosse usine sucrière brésilienne. La production d'éthanol permet de moduler les quantités de sucre produites en fonction des cours du marché : si le prix du sucre chute, il peut devenir plus avantageux de ne l'extraire que partiellement pour augmenter le volume d'éthanol produit à partir d'une mélasse exceptionnellement sucrée.

À Cosa Pinto, on veut tirer au mieux parti des deux principaux sous-produits de la canne : la mélasse (fabrication d'éthanol) et la bagasse (source de chaleur et d'électricité). Dans les années 70, l'augmentation des coûts de l'électricité, le manque de fiabilité d'un réseau national en mal de puissance et la disponibilité de ce combustible ont poussé les sucriers à investir dans les générateurs électriques à bagasse. L'intérêt porté à la biomasse par un gouvernement désireux de montrer l'exemple en matière d'énergies renouvelables accélère ce déploiement, qui offre un cas d'école pour la cogénération.

Encadré 2 – Principe de la cogénération

Quel est le produit principal d'une centrale électrique ? La chaleur ! Seul un tiers de l'énergie du combustible est transformé en électricité ; les deux tiers restants sont dissipés sous forme de chaleur.

Alors que cette chaleur était classiquement perdue, l'évolution des pratiques industrielles dans le sens d'une meilleure valorisation des sous-produits a entraîné le développement de systèmes qui permettent de la récupérer pour qu'elle alimente des processus industriels ou des réseaux de chaleur urbains. (Notons que dans le cas des sucreries, c'est le cheminement inverse qui a été suivi, de la production de chaleur, à la valorisation électrique).

Les centrales électriques équipées de tels systèmes fournissent, conjointement, deux produits : de l'électricité, mais aussi de la chaleur. C'est pourquoi on les nomme **centrales de cogénération**. Leur rendement de valorisation global est de l'ordre de 80 % (contre environ 35 % pour une centrale classique).

L'usine de Cosa Pinto est équipée d'une centrale électrique de 9,4 MW. Un quintuplement de cette capacité est planifié ; l'usine non seulement produira de façon autonome les 15 MW nécessaires à son fonctionnement, mais elle vendra 30 MW au réseau national. La privatisation du secteur de l'énergie et de nouvelles orientations régulatrices favorisent aujourd'hui et les producteurs d'électricité indépendants, et les projets d'énergie renouvelable. Un quasi-jackpot pour l'industrie sucrière !

Notons que ce commerce ne peut avoir lieu toute l'année : au Brésil, la campagne sucrière ne dure que de mai à novembre. L'été, entre novembre et avril, la centrale électrique n'est plus alimentée en combustible et doit interrompre son activité. Puisque l'approvisionnement en vesou se tarit lui aussi, ce chômage technique est sans conséquence pour les sucriers. En revanche, si la centrale électrique vend sa production sur le marché électrique, son intermittence peut être fâcheuse pour le gestionnaire du réseau.

Centrales charbon-bagasse

Sur l'île de la Réunion, un partenariat entre Électricité de France (EDF) et l'industrie sucrière locale a permis de contourner cette limitation.

La loi de « péréquation tarifaire » [1] impose à EDF de pratiquer les mêmes tarifs dans les départements d'outre-mer qu'en France métropolitaine. Ce faisant, elle ne reflète pas la réalité économique : à la Réunion, pas de centrale nucléaire, peu de ressources propres exploitées, les centrales sont en majorité thermiques et les combustibles importés. Aussi les coûts de pro-

---

1. La péréquation géographique tarifaire est l'un des piliers du service public à la française. Ce mécanisme de distribution vise à appliquer le principe d'égalité des citoyens aux prix qu'ils paient pour les services publics dont ils bénéficient (dont téléphone et électricité), même si le coût de ceux-ci varie suivant les départements.

duction sont-ils très supérieurs à ceux de la métropole. Comme ces coûts ne sont pas compensés par une recette plus importante, l'électricien encourage tous les projets qui pourraient diminuer son « surplus-à-perdre ».

Avec à leurs pieds de blondes montagnes de bagasse, et, dans la tête, l'idée d'en valoriser le potentiel énergétique, les énergéticiens réunionnais ont réfléchi aux moyens de faire de l'électricité toute l'année. La solution ? Construire une chaudière qui accepte tant la bagasse que le charbon !

Encadré 3 – L'exemple des centrales charbon-bagasse sur l'île de la Réunion

En 1992, première mondiale : les industriels français inventent un procédé de valorisation énergétique de la bagasse qui s'affranchit des contraintes d'approvisionnement en fibres de canne. Grâce à un partenariat avec Charbonnages de France et EDF, les deux usines sucrières de la Réunion ont pu s'équiper de centrales thermiques qui leur permettent de produire de l'électricité avec du charbon (70 % du combustible annuel) et de la bagasse (30 %). Près de 45 % de l'électricité de la Réunion est produite à partir de ce procédé.

Les centrales du Gol et de Bois-Rouge brûlent la totalité de la bagasse produite par les sucreries. Elles ont un meilleur bilan environnemental que les centrales thermiques au charbon. En effet, la bagasse se caractérise par une faible teneur en cendres et la quasi absence de soufre. Ces succès ont été reconnus par l'attribution au maître d'œuvre (SIDEC) et à la centrale du Gol du trophée national des technologies économes et propres remis en 1997 par le ministère de l'Environnement.

Ces expériences montrent qu'améliorer l'appareil de production existant et valoriser ses sous-produits permettent d'accroître les profits industriels. Valoriser ce qui ne l'était pas est plus aisé là où cohabitent des activités industrielles variées : les coûts de transport sont réduits, les échanges entre parties prenantes facilités et les options de valorisation plus nombreuses. Le site industriel de Kalundborg au Danemark est l'exemple le plus connu de la symbiose industrielle qu'un peu d'imagination permet de faire advenir : les excédents de chaleur de l'un alimentent le processus industriel de l'autre, le déchet émis par l'un est matière première pour l'autre, le recyclage des matériaux devient rentable grâce aux économies d'échelle[1] réalisées... Bref, de nombreuses boucles fermées réduisent la ponction sur les ressources naturelles et les consommations d'énergie et commencent à faire des émules !

Réinventer le métier de brasseur

23 juillet – Optimiser un processus industriel tout en améliorant au passage son bilan environnemental est une démarche de plus en plus courante. L'approche inverse, où l'éthique environnementale gouverne les choix industriels existe aussi. Nous en avons découvert un exemple à la brasserie « Sierra Nevada », fondée en 1979 dans la petite ville de Chico. La visite que nous lui avons rendue sous le soleil californien de juillet nous a initiées aux secrets d'une politique de développement durable déclinée à chaque étape de la fabrication du breuvage houblonné... l'optimisation durable serait-elle la clef de son étonnante réussite ?

Avant de visiter les installations, nous nous entretenons avec Cheri Chastain. Elle occupe, en premier emploi et depuis à peine un an, le nouveau poste de responsable du développement durable de la Sierra Nevada Brewing Company (SNBC). Ces informations nous intriguent : la création du poste pourrait-elle n'être qu'un symbole visant à teinter de vert l'image de l'entreprise ? Pas de préjugés, *we'll see* ! Notre scepticisme initial sera d'ailleurs vite effacé : la création du poste répond de toute

---

1. On parle « d'économies d'échelle » lorsqu'augmenter la taille d'un processus industriel permet d'abaisser les coûts de production unitaires.

évidence à l'augmentation d'un nombre d'actions déjà conséquent, qui ferait envie à toute entreprise se réclamant d'une gestion « durable ».

La « so famous » Sierra Nevada Pale Ale est produite par
un processus de fermentation assez classique. Les nombreuses
actions engagées par la brasserie pour minimiser son impact sur
l'environnement le sont beaucoup moins, et nous vous proposons de les classer suivant le niveau d'engagement en faveur du
développement durable qu'elles supposent.

Les actions de la première catégorie améliorent les processus industriels : motivées par un gain de compétitivité, elles sont
pratique courante. Dans la brasserie, l'installation de conden-
seurs récupérant la chaleur de la vapeur utilisée pour maintenir
le mélange à fermenter à la bonne température permet de pré-
chauffer l'eau utilisée dans l'usine et de réduire la facture énergétique.

Une seconde catégorie regroupe les actions dont les gains
environnementaux sont plus significatifs que les gains économiques ; elles participent également à l'optimisation économique
de la chaîne industrielle mais leur répercussion sur le chiffre
d'affaires total est très limitée. Projets à faible rentabilité économique, elles sont le fait d'entreprises sensibilisées à l'environnement. C'est le cas, par exemple, de la récupération des gaz de
fermentation (CO_2 essentiellement) ensuite utilisés pour la mise
en bouteille. C'est aussi celui de la prochaine installation de
panneaux solaires photovoltaïques, alors que cette technologie
se caractérise par des temps de retour sur investissement longs
comparés aux usages de l'entreprise

S'arrêter ici serait très honorable. La SNBC a choisi d'aller
plus loin, et nous propose d'ajouter deux catégories à notre classification.

Quelques projets, d'avant-garde et un peu risqués, placent
l'entreprise au rang des précurseurs. Ces opérations ne sont pas
rentables à court terme ; elles sont au mieux amorties à moyen

terme, et parfois bénéficiaires sur le long terme. La SNBC s'est ainsi dotée de deux piles à combustible, technologie encore peu répandue, dont la matière première provient en partie du processus industriel (le combustible est fait de gaz naturel mélangé au biogaz issu de la fermentation des effluents traités dans la ministation d'épuration de la brasserie).

Enfin, notre dernière catégorie regroupe toutes les actions durables se développant en marge du processus industriel. Ont en effet fleuri à la SNBC des actions favorables à l'environnement mais dont le rendement économique est difficile à mesurer. Ainsi du recyclage des déchets, mais aussi de l'élevage de quelques vaches nourries par les résidus solides de l'étape de fermentation ou de la culture biologique de quelques plants de houblon, expériences qui relèvent du folklore vert de l'entreprise et lui insufflent un esprit pro-développement durable... durablement.

Cette classification thématique peut être transposée à toute autre entreprise. Intégrer une vision de long terme et repenser l'optimisation des procédés en tenant compte de critères de développement durable, c'est possible, ainsi que le montre la brasserie Sierra Nevada, mais aussi Staples (États-Unis) qui a repensé ses chaînes de production de produits de papeterie pour les rendre plus durables, Honda (Japon) qui envisagerait de seulement louer ses voitures pour pouvoir ensuite se charger de leur recyclage, et bien d'autres !

Cheri nous avoue que toutes ces actions ont été initiées par le fondateur et actuel propriétaire, Ken Grossman. Sous sa houlette, celle qui est devenue la septième brasserie des États-Unis et produit près de 700 000 barils de bière par an, multiplie les initiatives en faveur du développement durable. Celles-ci soufflent un vent de convivialité et de créativité dans l'entreprise. « *Nous avons beaucoup de chance* », nous confie Cheri. On comprend mieux, en tous cas, que le propriétaire ait tardé à confier la gestion de son « passe-temps » à une responsable du développement durable.

À notre grand étonnement, ces projets ne sont pas du tout utilisés dans la communication externe du groupe. *« Nous y réfléchissons... mais ce n'est peut-être pas le meilleur argument de vente, vu notre clientèle ! Et puis, nous tenons plutôt à ce qu'on achète notre bière parce qu'elle est bonne ! »* Les amateurs de bière ne sont peut-être pas les clients les plus sensibles à la protection de l'environnement... L'entreprise et ses employés seraient-il en avance sur leurs consommateurs ?

Suivons la voie tracée par ces précurseurs. Comme le prônent l'architecte américain William McDonough et le chimiste allemand Michael Braungart, revenons aux bases non pas de l'optimisation industrielle, mais du principe même de la consommation. Les produits sont aujourd'hui fabriqués pour être consommés. Nul ne s'intéresse à leur fin de vie : leur vie est linéaire *« from cradle to grave »* (du berceau à la tombe).

Tout au long de leur vie, les arbres offrent abri et nourriture à la faune, puisent leurs ressources dans un sol qu'ils nourrissent de leurs feuilles et aèrent de leurs racines avant de devenir, à leur tour terreau fertile. À l'image de ce cycle naturel « humus-arbre-humus », un objet de consommation devrait être conçu comme une histoire orientale : de façon circulaire, *« from cradle to cradle »* (du berceau au berceau). Pour y parvenir, il suffirait de sortir de nos habitudes, d'imaginer de nouveaux processus de production et d'intégrer la fin de vie d'un objet dès sa conception. Prévoir la désolidarisation des différents constituants des objets que nous consommons faciliterait, par exemple, grandement leur recyclage : au lieu de les jeter d'un bloc, il suffirait de séparer leurs différents composants et de les recycler séparément.

Apprenons à penser les objets de consommation « en kit », et privilégions les matériaux recyclables. Simple, cette leçon d'éco-design circulaire serait une vraie révolution du monde de la consommation !

17

Marre d'éteindre les lumières ?

Entrez dans le jeu !

Éteindre la lumière des pièces inoccupées, couvrir les casseroles pour faire bouillir l'eau, fermer la porte de la cave, de la cuisine et de toutes ces pièces plus froides : « il n'y a pas de petits gestes quand on est 60 millions à les faire[1] ! » Chaque jour, nous pouvons faire le choix de réduire les conséquences négatives de nos activités sur l'environnement, un choix d'autant plus gratifiant qu'il se traduit souvent par une qualité de vie améliorée ! Faire attention à sa consommation électrique ? Réfléchir à l'empreinte environnementale de ses actions ? Si l'on ne s'y est jamais essayé, ces exercices peuvent sembler difficiles ; modifications comportementales, définition de nouveaux critères d'arbitrage et rejet de vieilles et confortables habitudes sont loin d'être évidents Rien d'impossible pourtant, et comme souvent, il suffit de se lancer. Et si les économies d'énergie n'étaient qu'un jeu d'enfants ?

Projet : Économies d'énergie au Po Leung Kuk Yao Ling Sun College de Hong Kong (Chine)

---

1. Campagne d'octobre 2006 lancée en France par le ministère de l'Écologie et du Développement durable.

Lorsque les économies d'énergie amusent les enfants de Hong Kong

22 mai – L'atmosphère de Hong Kong est lourde, chargée de vapeur d'eau : pas facile, après l'air sec et les 40 °C à l'ombre de notre séjour indien, de nous retrouver plongées dans cette chaleur où rien ne sèche ! Sébastien et Fern nous hébergent au vingt-cinquième étage de l'un des nombreux gratte-ciel de Kowloon, quartier résidentiel perché sur la presqu'île principale de l'ancienne colonie britannique. Ils nous expliquent que l'été subtropical pointe déjà le bout de son nez... mouillé. Qu'à cela ne tienne ! Cette petite mousson précoce ne nous empêchera pas de dévaler les pentes du *Port aux Parfums* aux allures de New York asiatique.

En Chine, Christophe prend la relève de Riaz pour nous accompagner. Cofondateur de Prométhée et « logisticien de choc » de notre séjour en Extrême-Orient, il eut un jour la bonne idée d'apprendre le chinois, et nous devint vite indispensable lors de notre séjour dans l'Empire du Milieu ! Alors que Blandine découvre les actions entreprises par le gouvernement de la ville-province pour améliorer la qualité de l'air de son territoire exigu, Élodie et Christophe se rendent au « Po Leung Kuk Yao Ling Sun College », nom qu'ils ont tôt fait de simplifier en « Sun College » ensoleillé !

C'est l'heure de la récréation. En attendant notre hôte, nous nous amusons à commenter la créativité avec laquelle les adolescents qui prennent l'air dans la cour ont interprété les consignes vestimentaires de leur établissement. L'uniforme bleu marine et blanc hérité de la colonisation britannique se décline, suivant les goûts, en d'étonnantes longueurs : les jupes sont raccourcies et le pull se porte trop grand. Allez comprendre !

L'arrivée du proviseur met fin à nos observations. Le Dr Isaac Tse Pak Hoi nous séduit d'entrée : démarche décidée, poigne énergique, regard franc, tout évoque en lui un esprit volontaire. Après les civilités d'usage, il nous convie dans son bureau pour nous présenter le projet pédagogique que nous avait loué l'Office pour l'efficacité énergétique du département des Services mécaniques et électriques du gouvernement de la ville (EMSD/EEO). *« Il y a deux ans, j'ai constaté que la facture de l'école était anormalement élevée. C'est comme ça que tout a commencé. »*

Comment faire des économies ? En analysant sa facture, le proviseur s'est rendu compte que l'essentiel de la consommation de son établissement provenait de la climatisation – ce qui n'étonnera pas qui a passé quelques jours d'été à Hong Kong ! L'humidité est telle que, quelle que soit la température extérieure, les appareils de climatisation fonctionnent jour et nuit, souvent uniquement pour assécher l'air ambiant alors que la température est agréable. Un seul remède à ce gaspillage : l'éducation !

L'intuition pédagogique géniale du Dr Tse Pak Hoi fut de s'interdire le recours à un n-ième règlement proclamant l'obligation d'éteindre lumières et climatisation superflues. Plutôt qu'à la contrainte ou aux bonnes résolutions vite oubliées, c'est à l'inventivité et au jeu qu'il allait recourir pour une expérience éducative très pratique.

« Tout est matière à éducation et pédagogie », nous confie-t-il. Comment donner vie à ce credo ? Étape numéro un : rendre visible l'état de fonctionnement des climatiseurs en installant dans chaque classe un feu à deux positions donnant sur la cour intérieure du collège. Étape numéro deux : installer en salle des professeurs une console de contrôle qui permet d'allumer et d'éteindre chacun des climatiseurs de l'établissement. Le décor est en place ; en piste l'artiste !

À croire qu'il faut mourir de chaud pour être beau : les élèves les plus soucieux de leur apparence gardent le pull d'uniforme en toute saison. En imposant que serait coupée la climatisation dans les classes où plus d'un tiers des enfants les auraient sur le dos et en se chargeant lui-même des vérifications d'un simple coup d'œil sur les feux, le malicieux proviseur a métamorphosé les pratiques en quelques mois !

L'installation de la console de contrôle a favorisé la prise de bonnes habitudes en les rendant plus faciles à mettre en œuvre. Lorsque les enseignants oublient d'éteindre le climatiseur de leur classe, ils peuvent désormais le faire de la salle des professeurs ; plus besoin de courir les couloirs les veilles de vacances, tout peut s'éteindre en deux temps, trois mouvements.

Le résultat est éloquent : le coût de la climatisation a été réduit de 8/9 depuis la mise en place du système ! Le Dr Tse Pak Hoi est surtout très fier d'avoir réussi à transmettre à ses élèves un message pédagogique difficile, en donnant un tour ludique à un sujet souvent jugé ennuyeux.

Les actions mises en place pour sensibiliser les élèves à l'énergie ne sont pas toutes aussi efficaces pour le portefeuille de l'école, mais elles sont toutes motivées par cet objectif pédagogique. Le collège s'est ainsi équipé de quelques panneaux solaires photovoltaïques. Ils ne servent pas à alimenter le réseau en électricité, mais à allumer directement les ampoules d'un couloir. Ils apprennent aux élèves à gérer correctement le peu d'électricité ainsi produite : si la lumière reste allumée toute la journée, plus d'éclairage en fin de journée ! L'installation, certes coûteuse, a permis de sensibiliser très concrètement les élèves à l'énergie solaire et à ses contraintes.

Le récit du Dr Tse Pak Hoi abonde de telles innovations pédagogiques ; sa créativité est aussi contagieuse qu'enthousiasmante, comme en témoigne le récent concours d'éoliennes organisé dans l'école.

Toute histoire est d'hommes. C'est ici celle d'un proviseur dynamique, qui a su donner vie à un projet éducatif incroyable et y faire adhérer toutes les énergies de son collège. Les trois premier prix récoltés par l'établissement dans le cadre d'une compétition organisée par l'EMSD/EEO sur le thème des économies d'énergie ont été bien mérités !

Les économies d'énergie,
un ensemble d'actions pour tous les jours

Nous dépensons tous de l'énergie : transports, éclairage, chauffage et production des produits que nous consommons font notre quotidien. Réfléchissons-nous cependant à la façon dont nous l'utilisons ? Nous sommes souvent d'accord qu'il serait bon de « faire quelque chose pour l'environnement », mais trouvons que « c'est tout de même bien compliqué » et pensons que cela demande d'importants sacrifices de confort. Le covoiturage, pourquoi pas ; mais cela impose des horaires fixes difficilement compatibles avec mon travail. Le train, c'est mieux que l'avion ; mais une heure de vol reste plus agréable que cinq heures de train. Trier mes déchets, je ne dis pas non ; mais la déchetterie est à trois kilomètres de chez moi et il n'y a pas de collecte sélective dans ma commune. Alors, tant pis, et à d'autres !

C'est que nous agissons dans un milieu social et économique qui modèle et contraint nos décisions. Il n'empêche : comme le montre le Dr Tse Pak Hoi, il suffit souvent de pas grand-chose pour qu'adviennent de grands progrès. Il ne s'agit somme toute que d'intégrer de nouveaux critères de choix (ponction des matières premières, pollution générée, gaz à effets de serre émis...) à la liste de ceux que nous utilisons déjà (prix, couleur, goût, durabilité, texture, ergonomie...) quand nous faisons des arbitrages économiques.

Le développement durable, en effet, n'est pas synonyme de décroissance. S'il souligne les bienfaits de la sobriété de notre mode de consommation, il se présente surtout comme un chemin à emprunter pour transformer nos systèmes de production et de consommation en des systèmes plus harmonieux, respectueux des hommes et de la nature. Alors, par où commencer ? Seule une société bien informée sera capable de faire des choix socialement optimaux sur le long terme. Dès lors, s'accorder sur nos motivations à économiser l'énergie serait un bon premier pas. Quelles sont-elles ?

Les économies d'énergie permettent de réduire le gaspillage d'une ressource coûteuse. Qu'il s'agisse d'essence pour voyager ou de fioul pour se chauffer, pourquoi persister dans nos habitudes dépensières si l'on peut parcourir la même distance et vivre aussi confortablement en consommant moins ?

Ensuite, elles limitent la pression sur des ressources naturelles limitées. Les hydrocarbures fournissent 80 % de l'énergie primaire utilisée dans le monde, et leur consommation ne cesse d'augmenter. C'est au point qu'ils seront devenus si rares dans quelques décennies que nos enfants se demanderont quelle mouche nous avait piqués pour que nous les brûlions si inconsidérément.

Enfin, les bénéfices environnementaux de cette sobriété sont considérables : nous atténuons la pollution urbaine ; en réduisant nos émissions de gaz à effet de serre nous limitons le réchauffement climatique et l'ampleur de ses conséquences délétères (perturbation des précipitations, hausse du niveau de la mer, augmentation des probabilités d'occurrence d'événements climatiques catastrophiques [1]...).

Facilitons ensuite la prise de décision par la diffusion d'information. Où trouver ces économies si alléchantes ? C'est la première étape de la méthode du Sun College : le diagnostic. Un peu de bon sens y suffit souvent. Faire l'effort de se renseigner permet de glaner des idées supplémentaires, innovantes et parfois moins évidentes. Sites Internet, spots publicitaires, dépliants de l'Ademe et bons conseils foisonnent, ainsi labels pour l'achat d'appareils électriques. Au cours de notre voyage, nous avons eu l'occasion d'échanger avec de multiples personnes qui en ont fait leur cheval de bataille, comme les animateurs du centre d'information grand public sur les économies d'éner-

---

1. Sans compter la réduction du risque de marée noire et l'accroissement de la sécurité énergétique qui découlerait d'un moindre recours aux énergies fossiles, l'aplanissement des pics de consommation électrique coûteux et polluants...

gie de Shanghai. Ce véritable appartement témoin présente de façon très didactique un ensemble d'appareils domestiques qui permettent d'économiser l'énergie et l'eau[1].

Ces informations nous permettent d'éclairer des décisions dont nous connaissons le coût et découvrons la répercussion énergétique. L'arbitrage est évident lorsque les critères d'évaluation s'accordent ; moins cher, plus pratique, moins polluant : le choix est sans regret. Un petit coup de sensibilisation plus tard, nous arbitrerons tout aussi aisément entre deux produits ou actions qui rendent le même service au même coût, mais dont l'un est plus énergivore que l'autre. Une myriade de petits gestes efficaces tombent dans cette catégorie : éteindre la lumière d'une pièce qu'on quitte, régler le thermostat à la baisse en hiver et à la hausse en été, débrancher les appareils plutôt que les laisser en veille... autant de nouvelles habitudes qui s'intègrent facilement au quotidien.

Les choses se compliquent quand un critère nouveau (coût environnemental) entre en conflit avec un critère traditionnel (coût financier direct) : isoler ma maison me permettra d'économiser durablement sur ma facture de chauffage, mais l'investissement ne passera pas inaperçu sur mon compte en banque. Préférerai-je disposer de cet argent pour d'autres dépenses aujourd'hui ? Éducation, sensibilisation et modes diverses nous permettront d'intégrer progressivement le coût environnemental de nos actions. La pollution et les émissions de gaz à effet de serre sont en effet ce que les économistes appellent des externalités, c'est-à-dire des conséquences de nos actions (consommateurs et producteurs) qui ne se reflètent pas sur les prix et le volume des échanges de biens et de travail. Comme le marché n'en a cure, elles sont invisibles sur les factures et tout le monde agit comme si elles n'existaient

---

1. Donc l'énergie puisqu'il faut pomper, purifier, acheminer, et nettoyer cette eau !

Encadré 1 – Étiquette énergie : comment ça marche ?

À l'initiative de la Commission européenne, **l'étiquette énergie** a été mise en place en 1994. Elle renseigne sur les consommations des différents modèles d'appareils électriques. Obligatoire pour les réfrigérateurs, congélateurs, lave-linge, sèche-linge, lave-linge séchants et lave-vaisselle mais aussi pour les lampes, les fours électriques et les climatiseurs, elle est devenue un outil indispensable pour bien choisir un équipement électroménager.

L'efficacité énergétique de l'appareil est évaluée en termes de **classes d'efficacité énergétique** notées de A++ à G. La classe A++ a le meilleur rendement, les appareils de classe G sont les moins efficaces. Les étiquettes fournissent d'autres informations utiles telles que la consommation globale d'énergie ou le niveau sonore de l'appareil.

Exemple pour une machine à laver

Inspiré de : *www.ademe.fr*

Note : Pour les voitures, l'indication du niveau de rejet de CO_2 exprimé en grammes par km parcouru permet d'orienter les consommateurs vers les voitures les moins émettrices, et progressivement éliminer du marché les véhicules les plus polluants.

pas ! À nous d'apprendre à les « internaliser », c'est-à-dire à en tenir compte.

Pour y parvenir, rien de tel que de pouvoir quantifier lesdites conséquences. Certaines entreprises mettent au goût du jour l'achat « climatiquement responsable » en donnant à leurs clients les moyens de repérer les produits « bons pour le climat ». Ainsi, le groupe britannique de distribution Tesco a été le premier à s'engager à expérimenter une « étiquette CO_2 » pour indiquer l'impact climatique de ses 70 000 produits alimentaires.

Encadré 2 – Tonne de carbone, tonne de CO_2 : comment mesure-t-on les quantités de gaz à effet de serre ?

Le gaz carbonique (aussi appelé dioxyde de carbone ou CO_2) est la référence des gaz à effet de serre. Pour en mesurer la quantité, on peut utiliser des « tonnes de carbone » ou bien des « tonnes de CO_2 ».

Chaque molécule de CO_2 contient 2 molécules d'oxygène (O) et une molécule de carbone (C). Un atome d'oxygène est 4/3 de fois plus lourd qu'un atome de carbone. La masse d'une molécule de CO_2 est donc égale à 4/3 + 4/3 + 1 = 11/3 de celle d'un atome de carbone. Dans 11 tonnes de CO_2, il y a donc 3 tonnes de carbone. Pas de quoi s'emmêler les pinceaux !

Tous les gaz à effet de serre se mesurent en « tonnes équivalentes CO_2 ». La conversion entre tonnes de gaz X et tonnes de CO_2 se fait suivant le pouvoir réchauffant à 100 ans du gaz X[1]. Une tonne de méthane vaudra ainsi 23 tonnes d'équivalent CO_2. En faisant la somme de toutes ces quantités, on obtient un indicateur unique qualifiant les **flux** de gaz à effet de serre vers l'atmosphère en tonnes de CO_2 (ou de C) par an.

On a pris l'habitude de mesurer la teneur en gaz à effet de serre de l'atmosphère en ppm. Il s'agit d'une mesure de concentration des gaz, mesurée en « partie par million ». 1 ppm = 1 molécule par million de molécules. C'est la mesure d'un **stock**.

Un critère de choix climatique qui proposerait non pas un satisfecit (« bon pour l'environnement ») mais une véritable mesure chiffrée ? L'idée est alléchante. Pour définir, par exem-

---

1. Voir encadré 2 du chapitre 10 p. 213.

ple, le nombre de tonnes équivalent CO_2 par kilogramme d'aliment ou nombre de tubes de colle, il faudrait remonter les chaînes de production, identifier toutes les filières de transport du produit et s'intéresser à son devenir une fois acheté, c'est-à-dire procéder à une analyse cycle de vie[1]. La difficulté à le faire rigoureusement tient aux innombrables fils qui tissent l'économie moderne.

Où trace-t-on les frontières du système analysé ? Faut-il compter l'énergie dépensée pour éclairer le bureau de l'ingénieur qui a fait les plans du tracteur qui a labouré la terre où a été récoltée la pomme de terre qui a été lavée, découpée et frite pour finir en chips dans le paquet qui a été acheminé jusque votre plateau repas dans le centre de vacances de Trifouillis les Oies ? Comment construire une base de données perpétuellement exacte pour recenser avec précision la consommation énergétique du sous-traitant taïwanais qui œuvre pour le grossiste indien à qui ont été achetés les composants du moteur dudit tracteur ? Il faudrait connaître l'âge de tous les véhicules utilisés pour le transport, la date de construction des usines, l'origine des matières premières, et bien d'autres informations indispensables qui semblent inaccessibles tant elles sont diverses.

Connaissance des secteurs productifs et certification permettraient de résoudre le casse-tête posé par l'extrême diversification des marchés mondiaux. Un concept séduisant donc, à la mise en œuvre probablement pas évidente, que nous nous plaisions à évoquer sous le nom de « GEStiquette », un nom chantant qui swingue et gesticule entre « Étiquette » et « Gaz à Effet de Serre » (GES) ! Sympathique, non ?

---

1. Voir encadré 1 du chapitre 18 p. 336.

Encadré 3 – Repères pour le consommateur soucieux de l'empreinte environnementale de ses achats ?

La multiplication des produits écolabellisés dépend des consommateurs : s'ils sont demandeurs, les producteurs adapteront leur offre pour mieux servir une clientèle devenue plus exigeante.

Le label officiel français

Le label NF environnement, détenu et géré par l'Association française de normalisation, offre une double garantie : la **qualité d'usage** et la **qualité écologique.** Il assure la prise en compte des impacts environnementaux sur tout le cycle de vie du produit qui doit répondre à un cahier des charges précis, notamment en faveur de l'environnement. Il s'applique à toutes sortes de produits à l'exception des produits pharmaceutiques, des produits agro-alimentaires, des services et du secteur automobile. Les critères d'agrément de cet écolabel sont élaborés en partenariat avec les industriels, les associations et les pouvoirs publics. L'attribution de cet écolabel se fait par certification par une partie tierce et indépendante.

L'écolabel européen

Il garantit à la fois la **qualité d'usage** d'un produit et ses **caractéristiques écologiques**. Il est délivré à la demande des industriels et certifié par un contrôle indépendant.

Note : l'écolabel donne au consommateur les moyens de distinguer les produits les plus respectueux de l'environnement dans chaque catégorie labellisée. Contrairement à la GEStiquette, cette approche comparative n'offre pas de mesure « absolue » de l'empreinte écologique et ne permet donc pas la comparaison de produits de types différents – qui peuvent pourtant être comparables en terme d'usage (glaces et yaourts par exemple pour un dessert).

Projetons-nous dans un futur peut-être pas si lointain : la « GEStiquette » ou sa cousine, résultat d'une méthodologie sérieuse et neutre, calculerait l'empreinte climatique chiffrée de produits complexes ; elle pourrait alors figurer parmi les critères d'appels d'offre publics et privés et aider au virage de nos économies vers des modes de production plus durables.

Pour l'heure, il nous reste le bon sens. Il fait un très bon guide pour orienter, par exemple, les choix d'alimentation. Il suffit de se représenter la chaîne énergétique des aliments : production, transport, conditionnement. Production ? Choisissons les produits bios [1], cultivés sans engrais polluants et coûteux en énergie ; préférons la volaille au bœuf, cela diminuera les émissions de méthane. Transport ? Optons pour des produits locaux et de saison plutôt qu'importés ou poussés sous serre [2] ; à distance égale, le transport par bateau est moins énergivore que le transport routier ou aérien, pensons-y ! Conditionnement ? Choisissons les produits frais plutôt que surgelés, le dessert familial au lieu des portions individuelles.

---

1. Le bio est en débat. Ce type d'agriculture a des rendements moins élevés que l'agriculture classiquement pratiquée dans nos contrées : pourrait-elle nourrir la planète ? L'Organisation des Nations unies pour l'alimentation et l'agriculture (FAO) dit que oui. Quoi qu'il en soit, encourager ses producteurs permet de sensibiliser leurs collègues à l'importance que nous, consommateurs, accordons au respect de l'environnement, et donc à l'avènement d'une agriculture raisonnée. Enfin, n'oublions pas que le caractère « bio », s'il est un critère de goût voire de santé sympathique, est loin d'être le seul critère environnemental des produits alimentaires ! Des produits locaux et de saison sobrement conditionnés peuvent être bien plus « verts » que certains produits bios !
2. On peut se passer de fraises, de tomates et de cerises en décembre.

Encadré 4 – L'emballage en chiffres

En France, chaque personne jette en moyenne 1 kg de déchets ménagers par jour, soit 2 fois plus qu'il y a 40 ans. Le poids de nos déchets ménagers croît en moyenne de 1 à 2 % par an. Les emballages représentent 25 % du poids (soit environ 4,5 millions de tonnes par an) et 35 % du volume total des déchets.

L'évolution constatée ces dernières années est positive : le tonnage des déchets d'emballages ménagers a diminué de 10 % depuis 1997, malgré une augmentation de la consommation. Les mentalités se mettent également à changer : une étude de septembre 2007 estime que pour 46 % des personnes interrogées, l'emballage est ressenti comme envahissant, alors qu'il y a sept ans, cette idée était ressortie avec un score inférieur de moitié (23 %).

Et si nous pensions sérieusement à notre responsabilité de consom'acteurs ?

Thème 5

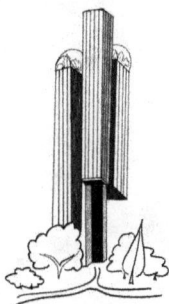

HABITAT ET TRANSPORTS DURABLES

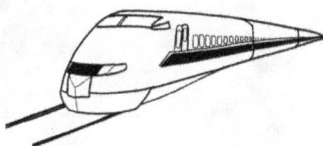

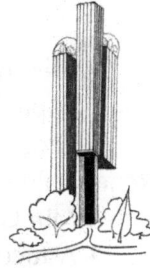

18

L'éco-logis

46 % de la consommation d'énergie primaire, 25 % des émissions de gaz à effet de serre : le bilan énergétique des secteurs résidentiels et tertiaires français est lourd. Pour diviser par quatre nos émissions de gaz à effet de serre, il faut les mettre au régime ! Architectes et urbanistes rivalisent d'ingéniosité pour concevoir les quartiers de demain, intégrés dans leur environnement, au service de leurs habitants, à l'impact environnemental minimal. C'est bien, mais insuffisant car le parc immobilier se renouvelle très lentement[1]. Pour réduire la note, il faut s'attaquer au parc existant ! Moins facile, mais tout aussi possible.

Projets :

- Un quartier autosuffisant en eau et en énergie, cabinet BCIL, Bangalore (Inde)
- Maisons économes et maisons passives, quartier Vauban, Fribourg (Allemagne)

---

1. Taux de renouvellement de l'ordre de 1 % par an en France.

• Des normes énergétiques ambitieuses à l'échelle d'un quartier, programme Polycity, Ostfildern (Allemagne)
• Écoconstruction et rénovation pour le tertiaire, National Renewable Energy Laboratory (NREL) et Rocky Mountain Institute (RMI), Golden, Colorado (États-Unis)
• Astuce pour couvrir les frais de rénovation d'un immeuble, Harbin (Chine)

Penser avant de construire

Bengalooru, la « ville des haricots bouillis [1] ». Blandine, qui a laissé Élodie et Riaz à Pondichéry, s'attendait à découvrir de larges boulevards bordés de tours de verre et d'acier. Bangalore n'est-elle pas le berceau de l'envol technologique indien, la ville où affluent investisseurs et main d'œuvre qualifiée, le cœur moderne d'un pays grand comme six fois la France et fort de vingt fois plus d'habitants ?

En trois jours, elle n'aura rien vu de ce qui qualifie la mégalopole (6,5 millions d'habitants) de « Silicon Valley » indienne. Elle se sera étonnée, plus qu'à Mumbai ou Delhi, de la foule – humaine sur les trottoirs, pétaradante sur une chaussée jamais vidée. Elle aura pesté contre les embouteillages et la pollution qui infestent celle qui a pu être qualifiée de « cité jardin ». Elle se sera émerveillée de l'ampleur des développements périphériques qui, quartier après quartier, étendent l'emprise de la ville. Certaines de ces constructions n'ont rien à envier aux ambitions énergétiques de leurs homologues européennes. La preuve en visite.

16 mai – « Biodiversity Conservation India Limited » (BCIL) est une entreprise inspirée. Simultanément cabinet d'architecte,

---

1. Traduction littérale du Kanara, la langue du Karnataka (État dont Bangalore est la capitale).

bureau d'ingénierie et agence de promotion immobilière, cette compagnie cleantech[1] se présente comme le « futur de la construction ». En la créant, Chandrasekhar Hariharan a mis son énergie et son enthousiasme au service de ses convictions : « être le changement[2] ». Son créneau : le foncier. Sa principale région d'intervention : le Karnataka. Son succès : BCIL. Depuis sa création en 1995, le chiffre d'affaire de cette pionnière du lotissement vert a été multiplié par 50, passant de 20 millions à plus d'1 milliard de roupies (17 millions d'euros) aujourd'hui.

Moustache et lunettes rondes adoucissent un visage sec et nerveux. Chandrasekhar Hariharan est un écologiste fervent, un militant passionné[3], un esprit bouillonnant, un entrepreneur audacieux qui sait que ses idées ne seront utiles qu'en prise avec le marché. *« Rares sont ceux qui vont réduire leur train de vie pour protéger l'environnement. Quand bien même ils existent, leur ascétisme ne suffit pas, il faut toucher le plus grand nombre. La solution ? Trouver des technologies abordables qui permettent de consommer beaucoup moins sans rogner sur le confort »* : tout un programme !

Mr Hariharan poursuit, nous faisant part du constat qui l'a lancé : *« Les grands groupes immobiliers ne font aucun effort pour promouvoir l'éco-bâtiment. Les gens se sentent concernés par l'environnement mais très peu tiennent compte de critères "verts" quand ils achètent leurs maisons. »* À Bangalore où le boom économique gonfle la croissance urbaine, BCIL a facilement trouvé sa place : construire et vendre des maisons confortables, accessibles et écologiquement durables.

Harsha Sridhar, jeune trentenaire plein d'humour, à la tête de l'équipe « design et architecture », se fait un plaisir de nous

---

1. Voir chapitre 11 sur les clean technologies, p. 222.
2. Sa devise, une citation de Gandhi : *You must be the change that you wish to see in the world.* BC(IL) : Be the Change !
3. Il a lancé la revue *X-over* (lire « *cross over* » c'est-à-dire « franchir », en anglais) pour faire connaître les solutions indiennes de conservation des ressources naturelles.

expliquer le cahier des charges de ses collaborateurs architectes. Leur mission : réduire l'empreinte écologique des lotissements résidentiels en minimisant la consommation énergétique des bâtiments et en réduisant le recours aux services urbains d'approvisionnement électrique, de distribution d'eau et de collecte et traitement des déchets. En quoi est-ce révolutionnaire ? De nombreuses constructions s'attachent aujourd'hui à réduire la consommation énergétique liée à l'occupation des bâtiments.

À BCIL, on va plus loin encore, en s'intéressant aussi aux coûts énergétiques, sociaux et environnementaux indirects de la construction (choix et recyclage des matériaux, recrutement de la main d'œuvre), de la gestion de l'eau (qu'il faut pomper, purifier, distribuer, nettoyer) et de celle des déchets (qu'il faut collecter, transporter, traiter).

17 mai – De la théorie à la pratique, notre apprentissage se poursuit à T-ZED. Dans la lignée de son prédécesseur anglais BedZED[1], ce lotissement en cours de finition fait le pari de la neutralité carbone (« Think – Zero Emission Development »).

Qui l'habitera ? L'un des nombreux ménages de la classe moyenne éduquée venus contribuer au dynamisme économique de Bangalore, un ménage sensibilisé aux enjeux environnementaux, un ménage séduit par le pari de « penser – le développement sans émission (de carbone) ». Si BedZED proposait une gestion efficace de l'énergie, de l'eau et des déchets, T-ZED n'envisage rien moins que la gestion totalement autonome de ces services urbains.

---

1. Ce « Beddington Zero (Fossil) Energy Development » a vu le jour en 2002. Financé par la fondation Peabody, il démontre, dans la banlieue Sud de Londres, la faisabilité de l'éco-conception à l'échelle d'un quartier. Dans ce village de 2 hectares, espaces verts, commerces, bureaux et 100 logements coexistent pour accroître la qualité de vie de ses habitants.

Économies de consommation

Le quartier récupère astucieusement l'eau de pluie. Elle arrose ses jardins et le plus étonnant, alimente aussi douches, toilettes et éviers. Elle est aussi purifiée pour être consommée à l'unique point d'eau potable de chaque habitation[1]. Blandine n'en revient pas : les apports en eau sont-ils suffisants ? L'agent immobilier qui l'accompagne lui rappelle que les ingénieurs de BCIL commencent toujours par évaluer la densité démographique que le lotissement peut supporter avant de lancer leurs études de conception. Puisque c'est le nombre d'habitants qui s'adapte à la disponibilité des ressources naturelles (eau, énergie) et aux capacités de traitement des déchets (liquides et solides), l'autonomie va de soi.

BCIL a ainsi estimé que l'étroite bande rectangulaire de 2 hectares qu'occupe T-ZED est capable d'accueillir 95 habitations (80 appartements et 15 pavillons individuels), leurs garages, une salle de sport, une piscine et un petit restaurant. Pour pallier l'irrégularité des précipitations, un ingénieux système a été installé : l'eau de pluie récupérée par les toits et les jardins rejoint par infiltration quarante-quatre puits de stockage d'où elle sera extraite puis traitée. D'imposants réservoirs sont alimentés par des panneaux solaires thermiques pour fournir, chacun à huit appartements, de l'eau chaude (et gratuite !) à toute heure de la journée. Le partage des ressources permet d'en optimiser l'utilisation : le « système central » de climatisation et de réfrigération envoie dans les appartements des fluides sans CFC, un système d'ajustement des débits permet les réglages individuels. À confort égal, la « centrale de froid du quartier » consomme 40 % de moins d'énergie que la somme des systèmes individuels traditionnels qu'elle remplace. Enfin, les habi-

---

1. Pomper, traiter et purifier l'eau sont des activités énergivores. Laver le linge, le sol ou les hommes avec une eau propre mais non potable permet de diminuer la facture énergétique ; s'équiper de toilettes économes en eau ou de régulateurs de jets pour la douche et les éviers aussi !

tants s'étant montrés frileux vis-à-vis d'un projet de gazogène dont ils auraient assuré l'approvisionnement, l'électricité est produite par un générateur diesel qui fonctionne... au biodiesel, naturellement !

Économies de construction

Depuis sa création, BCIL vise non seulement la réduction des consommations des ménages, mais aussi celle de l'empreinte de ses constructions : elle s'est ainsi construite une base de données de matériaux qualifiés de durables sur la base d'une analyse **cycle de vie** qui inclut des critères environnementaux et sociaux.

Encadré 1 – Écobilan

L'**analyse du cycle de vie** (aussi appelée « **écobilan** ») fait une évaluation systématique des impacts environnementaux d'un produit, d'un service ou d'un procédé ; elle permet d'identifier les moyens de les réduire sur l'ensemble de la vie du produit.

Ces impacts sont quantifiés, de l'extraction des matières premières à la fin de vie du produit (mise en décharge, incinération, recyclage, etc.). En bref, du berceau à la tombe.

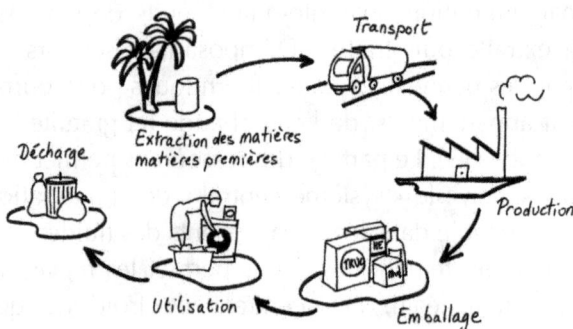

Les résultats des écobilans vont parfois à l'encontre des idées reçues : plus rapidement dégradé et de pollution visuelle moindre, un sac en papier consomme 3 fois plus d'eau et rejette plus de gaz à effet de serre qu'un sac plastique ; un sac biodégradable est plus polluant en termes de gaz à effet de serre et d'acidification de l'atmosphère...
Conclusion : pour faire les courses, utilisons les cabas de nos grand-mères !

Ainsi, les briques de terre compactée, l'adobe (brique de terre et de paille séchée au soleil) ou les blocs de latérite sont préférés à la brique traditionnelle dont la cuisson est intense en énergie ; les matériaux naturels (bois, pierre), aux matériaux synthétiques. On privilégie les matériaux locaux pour diminuer l'impact environnemental du transport ; les matériaux toxiques sont proscrits, notamment dans les peintures (taux de composés volatils). Enfin, pour encourager des pratiques sociales durables, BCIL s'intéresse de près aux conditions de travail sur ses chantiers et chez ses sous-traitants. Elle encourage aussi la sauvegarde des savoir-faire traditionnels (taille des pierres, pose de certains enduits...).

Inclure dans le bilan écologique d'un produit l'analyse « cycle de vie » des matériaux qui le constituent est d'autant plus judicieux que le produit a une durée de vie courte : alimentation et objets de grande consommation gagneraient à être systématiquement évalués sous cet angle. Si cette démarche est louable pour ceux qui durent plus longtemps (bâtiments), elle n'y est pas prioritaire. C'est ce que nous ont confié nos interlocuteurs américains du Laboratoire national pour les énergies renouvelables (NREL) : ayant calculé que les matériaux de construction ne représentent que 10 % de la facture énergétique du bâti sur l'ensemble de son cycle de vie, ils ont choisi de consacrer leurs efforts à minimiser, par l'architecture (orientation du plan-masse, domestication de la lumière naturelle, isolation), la consommation énergétique de leurs bâtiments. Ceci dit, si la démarche inclut les deux critères, le monde ne s'en portera que mieux : non[1] ?

---

1. L'éco-construction à l'échelle domestique ou à celle d'un quartier a donné lieu à de nombreuses études. S'il est reconnu qu'elle induit un surcoût initial qui peut atteindre 10 à 15 % de l'investissement, celui-ci est compensé par les économies réalisées sur les factures énergétiques (éclairage, chauffage, ventilation) – et, dans le cas des bâtiments tertiaires, par la productivité accrue des employés qui y travaillent, et dont les salaires représentent, au m^2, la dépense la plus importante de l'entreprise !

Réduire les consommations énergétiques domestiques

9 février – Autre décor, autre philosophie. Sur un terrain qu'elle a racheté en 1994 à l'armée française, la municipalité de Fribourg-en-Brisgau a fait construire l'éco-quartier Vauban. Seuls vestiges de l'occupation militaire, le nom du maréchal-bâtisseur – et quelques casernes transformées en logements étudiants et sociaux.

Notre guide y sera Martin Kranz, un jeune militant vert fribourgeois. En route ! En descendant du tramway, nous sommes éblouies par une palette de couleurs primaires : jaune, bleu et rouge donnent le ton au quartier. Un centre commercial à la toiture ornée de panneaux solaires fait face au « parking solaire » : le vélo, le tramway et les pieds sont rois dans cet ensemble conçu pour abriter 5 000 habitants.

La diversité des constructions (immeubles ou maisonnettes mitoyennes) est là pour rappeler l'esprit qui a prévalu à la conception du quartier : créativité, concertation et gestion participative furent les maîtres mots de ce projet. Alors que BCIL vend des maisons optimisées par ses ingénieurs, chacun, à Vauban, a pu dessiner la maison de ses rêves : la seule contrainte était de choisir l'un des architectes sélectionnés sur appel d'offre par la mairie pour répondre à un cahier des charges (notamment énergétiques) ambitieux.

Martin nous indique que tous les bâtiments du quartier Vauban répondent aux exigences du label **Habitat à Basse Énergie** (consommant moins de 65 kWh/m²/an pour le chauffage), et que certains vont jusqu'à atteindre les spécifications du label **PassivHaus** (habitat « passif » dont le chauffage consomme moins de 15 kWh/m²/an). Pour optimiser les apports en énergie solaire, les habitations sont orientées suivant un axe nord/sud. Grâce aux panneaux solaires photovoltaïques et à la centrale de cogénération à biomasse, plus de 65 % de l'énergie du quartier est d'origine renouvelable.

Encadré 2 – Réglementations thermiques et certifications

L'unité utilisée pour caractériser la consommation d'énergie dans un logement est le **kWh par mètre carré par an** : si la consommation globale d'un bâtiment de 100 m² est de 12 000 kWh/an, sa performance énergétique est de 12 000/100 = 120 kWh/m²/an. Attention à différencier consommation primaire (à la source), consommation finale (inclut-elle l'éclairage ?), usage particulier (très souvent le chauffage) pour la comparaison des performances ainsi quantifiées.

Les réglementations :

Suite aux chocs pétroliers des années 70, des normes de construction techniques spécifiques aux consommations d'énergie ont été promulguées dans de nombreux pays. Régulièrement mises à jour, elles visent à réduire la consommation énergétique des constructions neuves (loi EnEV en Allemagne, réglementation thermique en France – dont la plus récente est la RT2005).

Les certifications :

Pour donner plus de visibilité aux bâtiments verts, faciliter la diffusion des concepts qui y sont associés et justifier leur léger surcoût par un gain d'image, plusieurs labels et méthodes de certification ont été mis en place. Ils quantifient, chacun à leur façon, le niveau de développement durable de ces bâtiments.

Parmi ceux-ci, on peut citer :

• LEED aux États-Unis (Leadership in Energy and Environmental Design, un système simple par points développé par l'US Green Building Council, et de plus en plus utilisé dans le monde pour qualifier la performance du bâtiment suivant 6 dimensions – dont l'efficacité de l'usage d'eau et d'énergie),

• Basse énergie et PassivHaus en Allemagne (PassivHaus a été mis au point suivant 4 critères énergétiques par l'Institut du même nom à Darmstadt – moins de 120 kWh/m²/an d'énergie dont pas plus de 15 kWh/m²/an de chauffage),

• Minenergie en Suisse (indice pondéré des dépenses d'énergie),

• Haute Qualité Environnementale (HQE) en France (14 cibles dont la performance énergétique) et, depuis 2007, Effinergie (bâtiments neufs de moins de 50 kWh/m²/an)

• TERI-Griha en Inde.

Nora Hofstetter, lycéenne amie de Martin, nous invite chez ses parents. La maison familiale est enchâssée dans une file d'habitations dont aucune ne ressemble à sa voisine. Si le jaune et le rouge s'exposent ici sans fard, les Hofstetter ont opté pour une façade boisée. Les grandes baies vitrées du salon laissent entrer la lumière du jour, et donnent sur le jardin public qui sépare cette « barre » de maison de la suivante. Grande luminosité, triple vitrage, et isolation thermique des murs : la maison est douillette sans grand effort énergétique !

Nora s'amuse de notre étonnement : *« Il suffit de réfléchir aux besoins domestiques et voir comment on peut les produire plus sobrement »*, insiste notre diagnostiqueuse en herbe. En nous prêtant à l'exercice qu'elle nous propose, nous identifions quatre postes de consommation : le confort thermique (chauffage ou climatisation suivant les climats, eau chaude sanitaire) ; la cuisson des aliments ; l'éclairage ; les équipements électriques. Les deux postes qui connaissent une évolution galopante sont aux extrémités de notre courte liste : le succès de la climatisation dans des régions qui savaient s'en passer (exemple de la Côte d'Azur) et le recours croissant aux appareils électriques (confort et loisirs) gonflent les besoins énergétiques des habitations modernes.

« Ces postes identifiés, la méthodologie pour réduire la consommation énergétique se déroule d'elle-même », poursuit Nora, avant de nous montrer quelques-unes des astuces qui font de son chez-elle une maison particulièrement confortable, comme cet « aspirateur centralisé » dont on branche l'embout sur une valve murale présente à chaque étage : les poussières arrivent directement dans le local à poubelle !

Encadré 3 – Par quels moyens réduire sa consommation énergétique ?	
Adapter la source à son usage	Tirer parti des ressources naturelles (soleil, géothermie...) Ex : pour l'éclairage, privilégier la lumière naturelle. Éviter les « erreurs énergétiques grossières » Ex : pour le chauffage domestique, éviter le chauffage électrique[1].
Minimiser le besoin	Renforcer l'isolation thermique (choix des matériaux et des vitrages, éviter les ponts thermiques...) ; Utiliser des appareils à faible consommation énergétique ; Adapter son comportement (éteindre les lumières et les veilles électriques, régler thermostats des ballons d'eau chaude, des radiateurs, du réfrigérateur...).
Produire son énergie verte	L'énergie peut être thermique (ex. solaire thermique particulièrement adapté pour l'eau chaude sanitaire, pompes à chaleur), mécanique (ex. éolienne couplée à un pompage de l'eau), électrique (ex. panneau solaire photovoltaïque, micro-hydraulique, générateur au biodiesel[2]...).

Pour Martin et Nora, Vauban est plus qu'un quartier aux normes de construction exemplaires. C'est l'incarnation d'un style de vie, adopté par une communauté de gens qui se connaissent et partagent les mêmes centres d'intérêt (ainsi qu'en témoigne la surreprésentation du vote vert dans sa population). Qui habite ici ? Alors que l'un des objectifs affichés par le quar-

---

1. Le principal produit d'une centrale électrique thermique est la chaleur : son rendement de production électrique varie entre 30 et 50 %. La deuxième étape de conversion, cette fois-ci pour convertir l'électricité en chaleur dans les habitations, avoisine les 80 %. Le rendement global n'est pas optimal : pour le chauffage, autant utiliser directement la chaleur initiale !

2. Pour les zones isolées, le recours aux générateurs diesel est une solution courante bien que polluante et contraignante (difficulté d'approvisionnement). Pour amener plus proprement et facilement l'électricité à certaines zones reculées d'Amazonie (seulement accessibles après un voyage de plusieurs jours en bateau), le CENBIO de l'université de Sao Paulo étudie la possibilité d'y produire localement du biodiesel à brûler dans des générateurs adaptés.

tier était la mixité sociale, Nora nous explique que 75 % des habitants sont cadres supérieurs ou de profession libérale.

Un petit cocon sympathique, mais pas accessible à tous : c'est la marque des premiers projets. Aujourd'hui, leurs nombreux successeurs travaillent à la démocratisation des éco-quartiers : le projet européen Polycity[1] a su placer des exigences sociales et énergétiques au centre de ses préoccupations ; les autorités d'Abu Dhabi ont lancé, avec le concours du WWF, l'impressionnante initiative Masdar (« la source », en arabe), qui comprend la construction d'une ville à croissance finie pour 50 000 habitants et 1 500 entreprises, dont toutes les émissions de carbone seront compensées ; la commission pour la libération de la croissance française (dite commission Attali) a proposé la création avant 2012 de dix *Ecopolis* d'au moins 50 000 habitants, dont la conception intégrerait normes HQE, nouvelles technologies de communication et objectifs de mixité sociale. Maisons du futur, quartiers économes, villes d'avenir, des projets très ambitieux fleurissent pour le neuf. Que faire, cependant, du parc existant ?

Construire efficace, c'est bien ; rénover, c'est mieux !

13 juin – Nous voici à Harbin, la capitale chinoise de la septentrionale « province de la rivière du dragon noir » (Heilongjiang Sheng) surnommée la « Moscou de l'Orient ».

L'hiver y est long et froid : il n'est pas rare que la température descende en-dessous de zéro de vingt voire trente degrés. Le climat étant continental, les gradients de températures entre les saisons sont importants : qui dit froid l'hiver, qui dit chaud l'été, dit ? Isolation thermique !

Oui mais voilà, nous sommes en Chine. Les ménages européens réfléchissent à deux fois avant d'isoler leurs logements :

---

1. Voir chapitre 9 « La biomasse fait feu de tous bois », p. 191.

impossible de s'étonner que l'idée effleure à peine leurs homologues chinois, aux revenus quatre à cinq fois inférieurs en moyenne. Et pourtant, les pertes énergétiques de leurs logements sont conséquentes... et leurs répercussions mondiales étant donné le nombre de familles concernées et la dominante carbonée du mix énergétique chinois !

Le ministère de la Construction a fait de l'efficacité énergétique l'un de ses chevaux de bataille. Il a publié des réglementations thermiques pour les logements nouveaux. Malheureusement, leur application est très difficile à contrôler[1]. C'est ce constat qui a poussé les organismes de coopération internationaux (banques de développement et coopérations techniques) à proposer leur aide au gouvernement chinois. Question développement, la Chine est bien partie ; mais l'aide internationale ne sera pas de trop pour le rendre plus durable.

La Chine, c'est grand, c'est sollicité, et c'est très centralisé. Intervenir efficacement impose de passer par la Commission nationale pour le développement et la réforme (NDRC), le grand manitou planificateur de l'économie chinoise ; c'est seulement ainsi qu'une expérience réussie pourra être diffusée à d'autres villes, d'autres régions, et verra son impact multiplié par un facteur 10, 100, 1000, 10 000... qui dépasse bien souvent nos repères européens ! La Chine va vite : y passer nous aura fait réaliser ce que signifient ces chiffres à multiples zéro.

Encadré 4 – Contexte chinois : l'habitat en chiffres

En 20 ans : doublement du nombre d'urbains,
15 à 20 millions d'urbains supplémentaires par an,
2 milliards de m^2 d'habitat construit par an = la moitié des constructions mondiales.
L'équivalent du parc immobilier total de l'Union européenne a été construit en Chine ces 15 dernières années.

---

1. Une réglementation comparable afficherait des taux d'application de l'ordre de 1 %.

La bénédiction du gouvernement central acquise, l'intérêt d'un gouvernement de province suscité, le « dénichage » de partenaires locaux effectué, l'expérience peut commencer ! C'est ainsi qu'a procédé le consortium français constitué de l'Agence française pour le développement (AFD), de l'Agence de l'environnement et de la maîtrise de l'énergie (ADEME) et du Fonds français pour l'environnement mondial (FFEM). À Harbin, nous avons assisté au bilan de l'un de ses projets, qui a permis de construire plusieurs millions de m² plus économes en énergie, et d'expérimenter avec succès un modèle innovant de rénovation de logements sociaux et de maisons rurales.

Encadré 5 – Véritable enjeu de l'efficacité énergétique : la rénovation

Une étude de l'ADEME révèle en novembre 2007 qu'un ménage français consomme 30 % plus d'énergie pour son logement qu'un ménage hollandais ; pour le chauffage, la consommation par m² – corrigée pour tenir compte de la différence de climat – est en France plus de deux fois plus élevée qu'en Norvège.

Plombée par la piètre performance des habitations anciennes qui forment la majorité du parc (et consomment environ 70 % de l'énergie utilisée par l'ensemble du parc), la consommation énergétique moyenne française dépasse 240 kWh/m²/an. Les variations sont importantes suivant le type de logement (appartement, maison individuelle, HLM), la date de construction et la zone climatique.

Compter sur le renouvellement naturel du parc ne suffit par (1 % par an). Il faut d'urgence s'attaquer aux bâtiments anciens et aux obstacles qui s'opposent au lancement de ces rénovations :

• pour les appartements loués, c'est le propriétaire qui doit supporter le coût des travaux alors que les économies réalisées bénéficient au locataire ;

• l'isolation la plus efficace recouvre les façades, ce qui est difficile à envisager pour qui souhaite conserver leur charme aux « vieilles pierres » ;

• l'isolation par l'intérieur (15 à 20 cm d'épaisseur d'isolants) est plus coûteuse et réduit la surface intérieure au sol – qui, aujourd'hui, détermine la valeur du bien.

Du bourlingage des derniers mois à une mission officielle, la transition est inattendue mais douce : assister aux exposés et réunions, participer aux visites de sites et nous joindre aux repas officiels (nous ne regarderons plus de la même façon le menu des restaurants chinois en France !) – voilà qui nous change !

Le cahier des charges du projet de coopération que nous découvrons est particulièrement ambitieux : il s'agit de rénover l'habitat d'une population aux revenus faibles et de trouver un schéma financier s'affranchissant de subventions. Pour répondre au premier objectif, il fut décidé de ne rien faire payer à la population bénéficiant des travaux. Restait à trouver ailleurs les fonds nécessaires à la rénovation. Ailleurs, oui, mais où ? C'est là que réside toute l'astuce du projet : les bâtiments visés étant des barres d'immeubles à cinq étages, l'entrepreneur chargé des travaux de rénovation serait rémunéré par la vente des appartements qu'on construirait sur un sixième étage. Le schéma financier est simple, extrêmement bien ficelé – et surtout, il est aisément reproductible à tout immeuble dont la structure permettrait l'extension. Entre 2004 et 2007, ce sont 200 000 m² d'immeubles et de maisons rurales qui ont été réhabilités à Harbin et Heihe.

En France, le regard neuf du diagnostic de performance énergétique[1] (DPE) se pose sur le bâti ancien. À l'heure où de plus en plus d'entreprises se postent sur le créneau de la maison verte (cabinets de conception, promoteurs immobiliers, fabricants de matériaux ou distributeurs d'équipements), lâchons les brides à l'imagination des conseillers financiers pour mettre sur pied le dispositif qui facilitera la rénovation écologique des bâtiments existants !

---

1. Devenu obligatoire pour la vente d'un bien immobilier (sauf exceptions) en France métropolitaine depuis le 1er novembre 2006, et sa location depuis le 1er juillet 2007, ce diagnostic évalue la consommation énergétique du logement et son impact en termes d'émissions de gaz à effet de serre.

Éclairage sur...

... l'installation d'une pile à combustible chez soi !

Projet : installation par Tokyo Gas de piles à combustibles chez ses clients pour cogénérer électricité et chaleur dans les logements, Tokyo (Japon)

Le principe ?

Produire conjointement, dans une pile à combustible et à l'échelle d'une habitation, électricité et chaleur. Le système de cogénération qui nous a été présenté par Tokyo Gas comporte deux unités :
- la première produit de l'hydrogène[1] à partir de gaz naturel : c'est l'**unité de vaporeformage**.
- la seconde utilise l'hydrogène ainsi synthétisé pour fabriquer électricité et chaleur de façon répartie[2] : il s'agit d'une **pile à combustible**.

Réformage du gaz naturel

Pour produire de l'hydrogène, l'**unité de vaporeformage** élève à très haute température un mélange de gaz naturel (ou de gaz de ville) et d'eau sous pression. Le principe de cette transformation est bien connu et est utilisé à grande échelle : il permet de synthétiser près de

---

1. L'hydrogène est un atome (H). Par abus de langage, on désigne ainsi le gaz formé de molécules de dihydrogène (H_2).
2. On qualifie de « répartie » la production d'énergie décentralisée à l'échelle d'un quartier ou d'une habitation.

la moitié des 50 millions de tonnes d'hydrogène industriel produites dans le monde[1].

Fonctionnement d'une pile à combustible

Alimentée en hydrogène et en air (ou oxygène pur), la **pile à combustible (PC)** produit électricité et chaleur. Ce générateur convertit directement l'énergie chimique d'un combustible (hydrogène pur) en énergie électrique[2], et peut, contrairement à une pile, fonctionner en continu puisque ses réactifs sont fournis sans interruption.

Comme une pile ordinaire, la PC possède un pôle positif (la **cathode**) et un pôle négatif (l'**anode**). Ils sont séparés par un **électrolyte,** un milieu qui peut être liquide ou solide et qui a la particularité de bloquer le passage des électrons tout en laissant passer les ions.

À l'anode le dihydrogène est oxydé selon :
$$H_2 \rightarrow 2H^+ + 2e^-$$

Tandis que les ions (H^+, chargés positivement) passent à travers l'électrolyte, les électrons (e^-, chargés négativement) ne peuvent le traverser et s'accumulent à l'anode. Un déséquilibre de charges apparaît donc entre l'anode et la cathode : il y a création d'un potentiel électrique. Comme dans les cellules photovoltaïques[3], les électrons vont essayer d'annuler ce déséquilibre en cherchant à rejoindre le pôle déficitaire en électrons (la cathode). En mettant en contact les deux pôles grâce à un câble électrique, on leur offre un chemin pour le faire et crée donc, grâce à leur déplacement, un courant électrique.

À la cathode, le dioxygène de l'air est réduit selon :
$$O_2 + 2H^+ + 2e^- \rightarrow H_2O + chaleur$$

Le bilan global de la réaction est donc : $O_2 + H_2 \rightarrow H_2O + chaleur$. Il s'agit de la réaction inverse de l'électrolyse de l'eau.

Bilan de la réaction : production d'eau, d'électricité et de chaleur. La première fait un déchet insignifiant, les deux dernières peuvent être avantageusement exploitées, par exemple, dans une maison !

---

1. L'hydrogène est très utilisé par les industries chimiques et pétrochimiques, notamment pour la production d'ammoniac et de méthanol. Il est également employé pour le raffinage du pétrole et dans les secteurs métallurgique, électronique, pharmaceutique et agro-alimentaire.

2. À la différence des moyens traditionnels de production de l'énergie, son rendement n'est pas limité par la thermodynamique (des cycles de Carnot, Rankine ou Brayton).

3. Voir chapitre 14, Le soleil trop cher p. 265.

Éléments de compréhension

Description d'une pile à combustible

• La pile à combustible est faite de deux plaques (générale-ment en carbone) dans lesquelles sont creusés des canaux qui acheminent hydrogène et oxygène (réactifs) et évacuent l'eau (produit).

• Entre les deux plaques, un électrolyte (liquide ou solide).

• Les surfaces de contact entre chacune des plaques et l'électrolyte sont recouvertes d'une très fine couche de cataly-seur (généralement du platine, un métal très coûteux). Les cata-lyseurs actuels sont très sensibles au monoxyde de carbone (CO) : ce polluant, qui contamine l'hydrogène produit par refor-mage, « empoisonne le catalyseur » en en occupant les sites de réaction. Pour améliorer la résistance des catalyseurs à cette contamination, on envisage l'utilisation d'alliages du platine, l'injection d'additifs dans les gaz ou l'augmentation de la tem-pérature de fonctionnement de la PC.

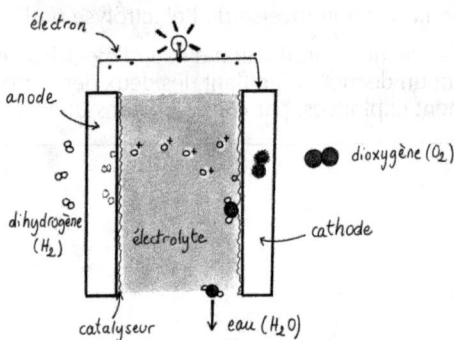

• La tension aux bornes d'une cellule est de l'ordre de 1 Volt. Pour obtenir des tensions électriques plus élevées, il est nécessaire d'assembler plusieurs cellules en série.

• Le courant délivré par une pile à combustible est continu. Or, la plupart des appareils électroménagers utilisent du courant alternatif. Il faut donc placer un ondulateur[1] en aval de la pile.

Les différentes technologies de piles à combustible

Pile à combustible	Descriptif
AFC PC alcaline Technologie mûre	Combustible : hydrogène Température : basse (70-100 % C) Rendement : 55-60 % Echelle d'application : 1 W-10 kW Militaire, espace...
PEMFC PC à membranes échangeuses de protons Technologie assez mûre	Combustible : hydrogène ou méthanol Température : basse (70-100 °C) Rendement : 32-40 % Echelle d'application : 1 W-300 kW Véhicules, sous-marins, espace, générateurs stationnaires, applications portables...
PAFC PC à acide phosphorique Technologie aboutie	Combustible : hydrogène, méthanol ou gaz naturel Température : moyenne (150-210 °C) Rendement : 36-45 % ; 80 % en cogénération Echelle d'application : 1 W-300 kW Cogénération de chaleur et électricité (10-250 kW)
MCFC PC à carbonates fondus Technologie pas encore mûre	Combustible : hydrogène, méthane ou gaz de synthèse Température : haute (650-1 000 °C) Rendement : 50-60 % Echelle d'application : 10 kW- -100 MW Cogénération, alimentation de sites isolés...
SOFC PC à oxydes solides Technologie expérimentale	Température : haute (800-1 000 °C) Rendement : 50-55 % ; 70 % en cycle combiné Echelle d'application : 1 kW-500 MW Cogénération, centrales domestiques...

Source : rapport sur les perspectives offertes par la pile à combustible, office parlementaire d'évaluation des choix scientifiques et technologiques, 2000-2001

---

1. Les ondulateurs permettent de transformer le courant continu en courant alternatif. Ces appareils sont aussi utilisés par les éoliennes.

Piles à combustible pour applications résidentielles

Les piles à combustible à usage résidentiel sont le plus souvent des piles PEMFC ou SOFC dont la puissance est comprise entre 1 et 5 kWe. Elles sont conçues pour alimenter en électricité et en chaleur des habitations individuelles (1 kWe) ou collectives (5 kWe). La hausse de température résultant de la réaction de formation de l'eau peut les endommager. Elles doivent donc être refroidies ; la chaleur évacuée par cette opération peut être utilisée à l'extérieur de la pile, par exemple pour chauffer l'eau chaude utilisée par un ménage.

Propres au projet visité

• Du fait de la forte activité sismique qui y règne, le Japon ne possède pas de réseau de chaleur urbain. La chaleur évacuée par les centrales électriques est donc perdue sur le lieu de sa production. Utiliser le gaz dans une pile à combustible locale plutôt que dans une centrale électrique centrale permet de récupérer avantageusement cette chaleur et donc d'accroître le rendement global de la chaîne énergétique (de l'énergie primaire à l'énergie dite utile).

• 33 prototypes de piles à combustibles résidentielles, proposés par 11 constructeurs différents, sont testés au Japon depuis 2002. Ils opèrent à partir de combustible différents (gaz naturel, GPL, naphta, kérosène et hydrogène) et leur rendement électrique se situe entre 30 et 35 %.

• Les groupes énergétiques Nippon Oil, Tokyo Gas et Cosmo se sont associés à certains fabricants de batteries et d'équipements complémentaires (Sanyo, Toshiba, Matsushita et le constructeur automobile Toyota) pour proposer ces systèmes à leurs clients. Les premiers distribuent le carburant des piles (gaz de ville, gaz naturel, kérosène), les seconds les ont mises au point.

• En 2005, les pouvoirs publics se sont lancés dans une expérimentation à grande échelle de « piles à combustible domestiques » (principalement des systèmes PEMFC de 1 kWe) et visent l'installation de 2 000 systèmes au Japon d'ici 2008. 1 300 foyers japonais sont déjà équipés dans le cadre d'un projet financé par la New Energy Foundation (NEF).

• Le gouvernement estime que la demande pour ces systèmes de cogénération résidentiels tournera autour de 550 000 unités par an à partir de 2010 (sur les 48 millions de foyers japonais, 26 millions habitent des maisons individuelles).

Avantages des piles à combustible

• Elles ne produisent que de l'eau, de l'électricité et de la chaleur : aucune émission polluante.

• Leur utilisation ne nécessite ni turbine ni moteur : à l'exception des pompes qui les approvisionnent en gaz, les piles à combustible n'ont pas de pièces mobiles. Elles ne font donc pas de bruit, et leur maintenance est bon marché.

• Si le rendement électrique des piles à combustible n'est que de l'ordre de 30 à 40 %, leur rendement énergétique global (électricité + chaleur) avoisine 80 %. De plus, ce rendement ne dépend pas de la taille de l'installation : équiper les petits centres de consommation que sont les ménages n'induit pas de perte d'échelle.

• L'utilisation en est souple : il est possible de démarrer et d'arrêter quasi instantanément les piles qui fonctionnent à basse température.

• La facture énergétique est globalement réduite : le surcoût lié à la consommation de gaz ou de kérosène est inférieur aux économies réalisées sur la facture d'électricité.

• Décentraliser le système permet de responsabiliser l'utilisateur en l'informant des quantités d'énergie et d'eau chaude produites par son « usine domestique ».

Qu'en penser aujourd'hui ?

L'hydrogène n'est qu'un vecteur d'énergie : on ne le trouve dans la nature que combiné à d'autres atomes. Sur Terre, il est présent dans de très nombreux composés (dans l'eau, les hydrocarbures, la biomasse...), mais pour l'en extraire, il faut consommer de l'énergie. Autrement dit, il faut synthétiser le dihydrogène. Tant que cette synthèse n'est pas « propre », l'impact environnemental d'une pile à combustible n'est pas nul. À ce titre, seule la mise au point de processus de synthèse de l'hydrogène moins consommateurs d'énergie fossile et moins émetteurs de gaz à effet de serre pourra offrir aux piles à combustible le titre de technologie « 100 % propres »[1].

L'aisance de son utilisation, l'absence de bruit, et l'indépendance du rendement à l'échelle de l'installation font de la pile à combustible un générateur particulièrement bien adapté aux installations urbaines de petite dimension qui peuvent s'appuyer, pour leur approvisionnement en combustible, sur une infrastructure de distribution existante (réseaux de gaz urbains). Seul son coût freine sa diffusion dans le secteur résidentiel, un obstacle qui ne devrait pas longuement résister au progrès technique. La tendance étant à la décentralisation répartie des moyens de production d'électricité et de chaleur, les piles à hydrogène devraient facilement trouver leur place dans les paysages urbains du XXIe siècle[2].

---

1. Voir par exemple la présentation de la production solaire de biohydrogène dans le chapitre 11 sur les clean-technologies, p. 222.
2. Témoin la création en février 2008 d'une nouvelle filiale d'EDF Énergies Nouvelles. « EDF Énergies Nouvelles Réparties » est chargée de la gestion du portefeuille des moyens de production décentralisés.

Pour aller plus loin...

Certains industriels s'intéressent aussi aux piles à combustible pour la cogénération de moyenne puissance (puissances supérieures à 100 kW). Ces applications appellent l'utilisation de piles haute température comme les piles à carbonate fondu MCFC (500 – 600 °C) et SOFC à oxydes solides (700 – 1 000 °C) : elles ont des rendements électriques élevés et produisent de la chaleur facilement valorisable. De nombreuses études sont en cours pour augmenter le rendement électrique de ces systèmes en les couplant, par exemple, à des microturbines à gaz.

19

La révolution des biocarburants

Alcools et huiles d'origine agricole sont des liquides denses en énergie. Quand ils jouent à remplacer essences et diesels pétroliers, on les nomme agro- ou biocarburants. L'Europe y voit un moyen de réduire ses émissions de gaz à effet de serre et sa dépendance énergétique[1] ; les pays émergents, Inde et Brésil en tête, espèrent y trouver aussi un levier important de développement. Si l'essor au Brésil d'une filière éthanol ravivée il y a quelques années par l'avènement des moteurs « flex » a démontré la rentabilité de certaines formes de biocarburants, les choix politiques récents visant leur utilisation à grande échelle alimentent la controverse dans les pays industrialisés. Concurrence avec les cultures alimentaires, piètre bilan écologique de l'agriculture intensive et bilan énergétique à peine favorable pénalisent ce qui pourrait sinon apparaître comme un pas vers des transports plus « verts ». Et si, néanmoins, ils pouvaient montrer la voie de la durabilité ? Le biodiesel exemplaire – c'est au Brésil que ça se passe.

---

1. La directive européenne 2003/30/CE justifie la promotion des agrocarburants pour trois motifs : réduction de la dépendance énergétique, réduction des émissions gaz à effet de serre et ouverture de nouveaux débouchés pour l'agriculture. En 2007, la Commission européenne a confirmé son intérêt pour ces carburants en fixant l'objectif qu'ils représentent à 10 % au moins du mix énergétique des transports européens d'ici 2020.

Projets :

- L'histoire du programme Proálcool, Brasilia (Brésil)
- Fonctionnement du moteur flex fuel, université de São Paulo (Brésil)
- Unité rurale de production de biodiesel, IIT Mumbai (Inde)
- Le biodiesel comme remède à la pauvreté, Tecbio, Rio de Janeiro (Brésil)

Le clou de notre aventure, la cerise sur le gâteau de notre périple, l'apothéose de notre projet, ce serait le Brésil. Le Brésil qui nous a fait tenir quand le moral était en berne, le Brésil comme apothéose d'un voyage bien rempli, le Brésil enchanteur, jovial et ensoleillé. « Copacabana », la terre promise de notre programme surchargé, était au fil des jours devenue la divinité porteuse d'espoirs de farniente que nous invoquions à chaque grosse fatigue ou petite galère. Il n'en fallait pas plus pour que les lutins du calendrier nous la gardent à l'état de rêve : la visite que nous espérions faire à « la plus belle plage du monde » fut annulée pour cause d'ultime rendez-vous à trois heures de notre retour en France. Qu'importe ! Pour nous, la plage mythique de Rio de Janeiro sera toujours l'inspiratrice des bonnes résolutions pas toujours tenues, le témoin des gageures jusqu'au-boutistes, la gardienne de nos rêves éveillés.

Fraîchement arrivées au Brésil, nous pensions toujours y avoir droit. Pour mériter Rio et ses belles plages, il nous fallait d'abord arpenter les couloirs des ministères de Brasilia et percer quelques-uns des secrets de la politique énergétique brésilienne.

Comment le Brésil est-il devenu le champion de l'éthanol ?

16 août – Paulo Leonelli et Paulo de Tarso, les spécialistes des économies d'énergie, retracent pour nous l'histoire de la politique énergétique brésilienne, qui, comme ailleurs, vit véri-

tablement le jour après les chocs pétroliers des années 70. Au Brésil, les maîtres-mots en furent réduction de la demande et recherche de l'autonomie pétrolière : premières incitations aux économies d'énergie d'un côté, intensification de la prospection pétrolière[1] et lancement de l'ambitieux Proálcool de l'autre.

Dès 1975, le programme Proálcool a encouragé la mise au point de véhicules roulant à l'éthanol pur. Il permit aussi de donner un coup de pouce aux « usineiros[2] » mis à mal par des cours du sucre particulièrement bas, en offrant un nouveau débouché à leur production. L'incorporation d'alcool dans le mix énergétique brésilien s'est faite en deux étapes, d'abord comme additif à l'essence (alcool anhydre), puis comme carburant pur (alcool hydraté) pour les moteurs adaptés à sa combustion. Une fois proposés à la vente, ces moteurs à alcool ont rapidement conquis le marché brésilien : dès le milieu des années 80, 96 % des véhicules neufs roulaient à l'éthanol pur !

Paulo de Tarso se charge de peindre les déboires de ce programme si bien parti. À la fin des années 80, la baisse des prix du pétrole réduisit la compétitivité de l'alcool par rapport à l'essence et l'augmentation des prix du sucre sur le marché international conduisit les producteurs à arbitrer en faveur du sucre au détriment de l'alcool. Résultat : en 1989, la pénurie d'alcool dans les stations services fait gronder ceux qui se retrouvent sans carburant. Dix ans plus tard, la part de marché des voitures à alcool ne représente plus qu'1 % des ventes, une dégringolade qui en dit long sur la fragilité du succès initialement revendiqué. En se bornant à substituer une addiction à une autre, Proálcool a couru droit dans le mur.

---

1. Depuis 2006, le pays produit autant de pétrole qu'il en consomme. Créée en 1953, la compagnie semi-publique Petróleo Brasileiro S.A (Petrobras) avait jusqu'en 1997 le monopole de la production pétrolière brésilienne. Elle exploite notamment les vastes gisements de la baie de Guanabara (découverts en 1974 au large de Rio de Janeiro) qui représentent 65 % de sa production.
2. Nom donné au Brésil aux gros exploitants sucriers.

Encadré 1 – Comment fabrique-t-on l'éthanol ?

L'éthanol est obtenu par la fermentation de sucres, comme dans un processus de vinification dont l'objectif serait de maximiser la quantité d'alcool produite. Pour l'éthanol dit de **première génération**, ces sucres proviennent de céréales et de plantes sucrières.

D'importants efforts de recherche sont en cours pour que la cellulose des plantes puisse aussi être utilisée comme matière première à cette fermentation. Cela permettrait de tirer partie de toute la plante – plutôt que de son seul fruit – et accroîtrait significativement le rendement par hectare du procédé. Cet éthanol de **deuxième génération** verra le jour avec les bactéries et enzymes capables de mettre en pièce la lignine qui assure la résistance mécanique des cellules végétales et emprisonne la cellulose à fermenter.

Pour que peupliers, miscanthus et autres plantes à taillis rapides fournissent un jour la matière première de l'éthanol, les processus industriels d'extraction de la cellulose des plantes doivent être optimisés et rendus meilleur marché. Cette condition se double de la nécessité de concevoir une chaîne de production capable de répondre à de nouveaux défis opérationnels, dont l'encombrant stockage de la matière végétale, le transport du champ à l'usine des récoltes, et la durabilité des pratiques de cultures.

La récente augmentation des prix du baril de pétrole a remis l'alcool en piste. Pour en réduire les stocks, le gouvernement brésilien a fait passer la proportion d'alcool anhydre incorporé à l'essence de 22 à 24 %. Cependant, la crainte d'une nouvelle pénurie d'alcool et l'imprévisibilité des cours du sucre sur le marché international restaient des freins durables au développement de cette filière... jusqu'à l'arrivée, en 2002, d'une nouvelle technologie. L'adaptabilité des moteurs flex, proposés pour la première fois par Vokswagen, allait permettre de libérer les consommateurs de leur dépendance à l'alcool.

Encadré 2 – L'éthanol industriel en 2007 au Brésil

En 2007, 320 usines[1] produisaient de l'éthanol à partir de 389 millions de tonnes de canne à sucre. Le Brésil assure plus de la moitié de la production mondiale d'éthanol, devant les États-Unis (43 %). Il s'est fixé pour objectif d'augmenter sa production de biocarburant de 55 % d'ici 2010, pour viser un marché en plein essor : celui de l'exportation[2].

Le moteur flex fuel : une révolution brésilienne !

21 août – Nous aurons longuement cherché à rencontrer des professionnels de l'industrie automobile pour comprendre le « moteur flex ». Une fois de plus, c'est Camila qui nous sauve, en nous mettant en contact avec l'un de ses anciens professeurs[3]. Luis Lebensztaj travaille à l'université de Sao Paulo ; sans hésiter, il nous envoie chez le Dr Trielli.

Le Dr Mauricio Assumpcao Trielli passe son temps dans les garages qui lui font office de laboratoires. Sa passion, c'est le moteur ; ses qualités, le pragmatisme et la simplicité : on l'imagine très bien en tenue de mécano, occupé à faire cracher leurs secrets aux moteurs qu'il trafique, teste et améliore. Tout à ce qu'il aime, il lui suffira d'un schéma a priori bien compliqué pour expliquer à ses deux visiteuses fermement décidées à comprendre « les moteurs flex » – mais pas mécaniciennes pour deux sous... – les subtilités qui se cachent derrière pompes, injecteurs, allumage, compression des gaz et traitement des émissions.

---

1. Voir chapitre 16 p. 306 pour un descriptif plus détaillé du fonctionnement d'une usine sucrière
2. En décembre 2005, Petrobras a ainsi annoncé la signature d'un contrat avec Nippon Alcohol Hanbai pour la création d'une joint-venture (Brazil-Japan Ethanol) chargée d'importer l'alcool brésilien dans l'archipel japonais.
3. L'internationalisation des écoles d'ingénieurs françaises, c'est peu de dire qu'on y croit ! Nous avons fait connaissance avec Camila, notre puits de contacts brésiliens, pendant nos études.

Comme nous n'y connaissons pas grand-chose, nous ne manquons pas de questions. « *Nous avons entendu dire qu'on ne peut pas brûler de l'éthanol pur dans un moteur à essence. Pourquoi ?* » La question lui plaît ; le Dr Trielli embraye en première.

Faire le plein d'alcool pur ? Au contact de l'eau, l'alcool devient acide : pas bon pour les matériaux, dont certains doivent donc être modifiés[1]. Ce n'est pas tout. Pour comprendre à quel point le rendre alcoolique perturbe un moteur classique, rien de mieux que de comparer les propriétés des breuvages qu'on lui propose. À volume de réservoir identique, il y a 30 % de moins d'énergie dans un plein d'éthanol que dans un plein d'essence. Comme chaque tour de roue demande la même énergie, il faudra, pour rouler à l'éthanol, faire plus souvent le plein, espérer que le prix de l'éthanol à la pompe soit 30 % plus bas que celui de l'essence... et augmenter le débit de carburant envoyé par les injecteurs dans les cylindres du moteur, nous précise le Dr Trielli.

Voilà qui tiendra compte de la différence de densité énergétique. Celle-ci n'est pas la seule caractéristique des carburants liquides. « *Le cliquetis, vous connaissez ?* » Il en faut plus que notre silence pour décourager le Dr Trielli, qui fait un détour dans ses explications pour nous rappeler le B.A.-ba de la science automobile. L'injecteur introduit un mélange de carburant et d'air dans le cylindre, où il sera comprimé par un piston, avant qu'une étincelle l'enflamme et provoque sa combustion. Résultat des courses : l'expansion des gaz repousse violemment le piston[2].

---

1. Par exemple : remplacement des caoutchoucs des conduites carburant et des durites par des gommes qui, telles le caoutchouc au fluor (Viton) absorberont moins l'alcool, comme le caoutchouc Viton dopé au fluor ; substitution du molybdène au rhodium des pots catalytiques.

2. L'inflammation du mélange d'air et de carburant donne lieu à une très forte libération d'énergie sur une très courte période de temps ; cette explosion donne son nom au... moteur à explosion.

L'inflammation du mélange se fait par propagation d'une flamme, qui brûle progressivement le mélange air-carburant depuis la bougie où a lieu l'étincelle jusqu'aux parois du cylindre. En progressant, elle accroît la pression du mélange imbrûlé, ce qui risque d'en provoquer l'auto-inflammation prématurée. Les mini-explosions que cela entraîne dans le cylindre donnent naissance à des vibrations acoustiques : le cliquetis. L'ennui, c'est que ce phénomène peut fortement endommager le moteur.

Encadré 3 – Qu'est-ce qu'un indice d'octane ?

L'indice d'octane mesure la résistance d'une essence au cliquetis. Il est défini par référence à deux hydrocarbures aux propriétés détonantes différentes.

L'iso-octane (2-2-4 triméthyl-pentane, chaîne saturée à huit carbones) ne détone pas ; il définit l'indice d'octane 100. Le n-heptane (chaîne linéaire saturée sans ramification à sept carbones) est très détonant ; il définit l'indice 0. On peut situer n'importe quel mélange d'hydrocarbures sur cette échelle de 0 à 100 : une essence 95 se comporte comme un mélange de 95 % d'octane et de 5 % d'heptane ; plus l'indice est bas, plus le mélange détone facilement.

Pourquoi dit-on qu'un « sans plomb 98 » est meilleur qu'un « sans plomb 95 » ?

Probablement parce qu'il est plus cher, mais c'est une ineptie. En effet, utiliser du sans plomb 98 (SP 98) dans un moteur conçu pour brûler du sans plomb 95 (SP 95) ne change ni ses performances, ni sa consommation, ni la longévité du moteur. Il ne fait qu'ajouter une marge de résistance au cliquetis, marge de confort supplémentaire mais tout à fait inutile.

Quel est l'intérêt d'avoir les deux essences sur le marché ?

En revanche, un moteur qui tourne au SP 98 ne peut pas utiliser du SP 95. En effet, le moteur aura été conçu pour brûler un mélange qui s'auto-enflamme plus tardivement, ce qui permet de le comprimer davantage et d'obtenir plus de puissance. Y brûler une essence d'octane inférieur provoquera des phénomènes d'auto-inflammation (cliquetis) susceptibles d'endommager les cylindres.

En résumé :

Si vous roulez au SP 95, n'utilisez pas de SP 98 : ça ne sert à rien, et vous coûte plus cher.

Si par contre vous roulez au SP 98, gardez-vous de faire le plein au SP 95 !

Pour éviter que le mélange ne « détone » n'importe comment, on déclenche sa combustion via l'étincelle avant qu'il ne soit si comprimé qu'il s'enflamme tout seul. Oui mais voilà, la thermodynamique est ainsi faite que plus le mélange initial est comprimé, meilleur sera le rendement du moteur. *« Pas bon pour le cliquetis »*, pensons-nous tout haut. *« Ça y est, elles ont compris – passage en seconde »*, doit penser le Dr Trielli qui acquiesce en ajoutant qu'heureusement, il existe un degré de liberté supplémentaire : la qualité des carburants.

L'alcool a un indice d'octane[1] supérieur (~99) à celui de l'essence (~88 avant additifs). Ajouter un peu d'alcool à l'essence est donc « tout bonus » pour réduire le risque de cliquetis sans avoir recours aux adjuvants toxiques qui remplissent la même fonction (plomb et MTBE). Plus on incorpore d'alcool à l'essence, plus on peut, théoriquement, comprimer le mélange. Et plus on comprime, meilleur est le rendement.

Dans un moteur classique, le taux de compression ne varie pas : l'étincelle a toujours lieu au même moment. L'astuce géniale du moteur flex consiste à pouvoir choisir le moment où a lieu l'allumage en fonction des propriétés détonantes du carburant. Contrairement aux moteurs mono-combustibles (à essence ou à alcool pur) à l'allumage calibré pour une compression optimale à un indice d'octane donné, il peut avaler n'importe quel indice d'octane !

« Y'a qu'à » dire au moteur ce qu'il a dans le ventre, et adapter débit d'injection et timing de l'étincelle au choix du carburant. En utilisant les données fournies par des senseurs bien placés[2], un processeur central ajustera le réglage du carbu-

---

1. Moyenne effectuée entre le RON (Research Octane Number) et le MON (Motor Octane Number).
2. Par mesure de la conductivité électrique du carburant ou par mesure de la teneur en oxygène des gaz de combustion, on peut identifier les proportions d'alcool et d'essence du mélange présent dans le réservoir. L'alcool a en effet besoin de moins d'oxygène que l'essence pour brûler (excès d'oxy-

rateur pour augmenter le débit de carburant quand il est plus fort en alcool, ce qui permettra, à la fois, de compenser la plus faible densité volumique énergétique de l'alcool et de se rapprocher de la proportion carburant-air idéale.

Matériaux à modifier, réglages à automatiser, équipements et senseurs à ajouter : autant dire qu'il n'est pas facile de convertir le moteur de sa voiture essence au flex. En revanche, paré des séduisants atours que lui donne sa flexibilité, le moteur flex a tout pour plaire au consommateur, qui, à la pompe, peut arbitrer quotidiennement entre les prix de l'essence et ceux de l'éthanol[1]. Depuis l'arrivée en mars 2003 des premiers véhicules flex chez les concessionnaires brésiliens, leur part de marché n'a cessé de croître pour atteindre 85 % des ventes et un peu plus de 20 % des voitures sur route en 2007.

Le biodiesel, une solution qu'on peut imaginer décentralisée

Comme pour les produits pétroliers, les agrocarburants sont de deux sortes : les « essences » (éthanol) et les « diesels » (biodiesel et huiles végétales). Si la forte pénétration de l'éthanol au Brésil s'explique en partie par le fait que son parc automobile n'est pas captif d'une importante flotte de véhicules anciens (seuls 20 millions de véhicules aujourd'hui pour une population de 180 millions d'habitants), la situation européenne ne se prête pas à la répétition d'un scénario similaire : non seulement le parc ancien mettra beaucoup plus de temps à se renouveler que les ménages brésiliens à investir dans leur première voiture, mais il est de plus accro au diesel (et non pas à l'essence).

---

gène dans les gaz d'échappement si le réglage du carburateur n'est pas ajusté) et ces deux liquides ont des conductivités électriques différentes.
1. Le plein d'alcool est plus avantageux quand le litre d'éthanol est 30 % moins cher que le litre d'essence.

Encadré 4 – Quelles sont les différences entre essence et diesel ?

Moteurs diesel et moteurs essence

Alors que dans les moteurs à essence, on comprime le mélange air-carburant jusqu'à en déclencher l'inflammation par l'étincelle d'une bougie, c'est l'injection de carburant (pur) dans un volume d'air comprimé qui va déclencher l'auto-inflammation dans un moteur diesel.

Essence et diesel : quelques caractéristiques chimiques

	Essence	Diesel
Taille des chaînes d'hydrocarbure	de 4 à 7 carbones	de 12 à 22 carbones
Densité massique	0,75	0,83
Pouvoir calorifique (MJ/kg)	44	43
Température d'auto inflammation (°C)	300	250

Les huiles végétales obtenues par pression de plantes et noix oléagineuses [1] peuvent être brûlées dans les moteurs diesel, auxquels elles ont historiquement fourni leur premier carburant. Malheureusement, les moteurs modernes ne sont pas optimisés pour cette utilisation, qui aura tendance à les encrasser : alors que le diesel « moderne » est composé de molécules « longilignes » (linéaires), les huiles végétales sont des molécules « trapues », plus courtes et plus ramifiées, plus difficiles à auto-enflammer, et à la viscosité rédhibitoire « en plein hiver », c'est-à-dire à basse température. Afin de pallier ces problèmes, on choisit souvent de faire subir une réaction chimique à ces corps gras composés d'esters de triglycérol : la « transestérification » permet d'obtenir des esters moins ramifiés. L'énergie dégagée par la combustion d'un volume du biodiesel ainsi obtenu est égale à 95 % de l'énergie dégagée par un volume identique de diesel.

---

1. Colza européen, soja américain [Nord et Sud], palme indonésienne et malaisienne...

3 mai, Inde – Vous savez à quoi ressemblent les heures de pointe dans le métro parisien ? Corrigez l'image en ouvrant les portes (vous pouvez ainsi caser cinq à dix personnes de plus de chaque côté) et saupoudrez le toit des voyageurs qui ne peuvent plus entrer : vous aurez une idée du tableau qui s'est présenté à nous la première fois que nous avons tenté de prendre le train à Mumbai ! Par une chance inouïe, nous avions atterri dans le « wagon réservé aux femmes ». Drôle d'idée que ce concept, mais fort appréciable quand il s'agit d'avoir un peu plus d'air frais. Quand quelques jours plus tard il s'est agi de se rendre depuis la gare Victoria jusqu'aux faubourgs Nord de la presqu'île capitale du Maharastra, nous connaissions l'astuce – qui nous permit d'arriver sans encombre à l'Institut de technologie de Mumbai (IIT Bombay). Nous voici au département de génie mécanique devant le professeur Rangan Banerjee. Il nous confie à l'un de ses étudiants, en compagnie duquel nous partons pour « la tournée des grands ducs », c'est-à-dire la visite des prototypes mis au point dans les laboratoires.

Parmi ceux-ci, un auvent sous lequel est installée une petite unité de transestérification. Sa peinture flambant neuve contraste avec tout ce qui l'entoure : pour y accéder, il faut passer un portail mordu par la rouille, enjamber débris de construction et ferrailles mises au rebut, et essayer d'échapper au tétanos qui guette assurément ! Les huiles végétales y sont cuites avec du méthanol en présence d'un catalyseur acide ou basique. On obtient alors de la glycérine, et de nouveaux esters qui formeront le biodiesel.

**Encadré 5 – Huile végétale et biodiesel :
des qualités variables**

La composition des huiles dépend des oléagineux dont elles proviennent ; les propriétés de combustion des esters qu'on en obtient varieront donc suivant leur origine végétale. Dès lors, et bien que l'une des forces du biodiesel réside dans l'abondante pluralité de ses matières premières (toutes sortes d'oléagineux, algues[1], graisses animales, huiles de cuisson usées...), il ne pourra prendre son essor qu'avec l'appui de procédures de certification rigoureuses.

Autour d'un jus de mosambi (mariage indien entre la clémentine et le pamplemousse), nous discutons de l'intérêt de cette installation. Ses dimensions sont idéales pour qu'elle soit diffusée dans les campagnes indiennes, où la simplicité de son utilisation permettrait aux fermiers d'accéder à une plus grande indépendance énergétique. Ces zones rurales étant pauvres et l'approvisionnement en hydrocarbures pour les tracteurs coûteux, ces installations concourraient directement à une élévation du niveau de vie : à partir de matières agricoles locales, elles produiraient du carburant pour les véhicules et les petits groupes électrogènes qui fournissent l'électricité aux villages trop éloignés du réseau.

Si en Europe, c'est d'indépendance énergétique et de protection du climat que se drape la promotion du biodiesel, en Inde et au Brésil, plusieurs rencontres nous ont sensibilisées aux ambitions sociales qu'elle peut aussi revêtir.

---

1. Les algues poussent incroyablement vite. Elles stockent l'énergie du soleil sous forme de lipides et de chaînes carbonées qui peuvent être transformés en éthanol et biodiesel. Les protéines qu'elles produisent, et qui seraient les déchets de leur exploitation énergétique, pourraient servir d'alimentation au bétail. Si l'idée vous intéresse, jetez par exemple un œil aux travaux d'Aurora Biofuels, la start-up californienne qui souhaite cultiver des algues en plein désert, ou à ceux de GreenFuels (voir éclairage sur la séquestration de carbone, p. 68).

Le biodiesel, un rempart contre la pauvreté ?

27 août, Brésil – C'est encore à Camila que nous devons cette rencontre. Rafaela travaille pour Tecbio. Née en 2001, cette entreprise commercialise des « raffineries à biodiesel » dont elle espère inonder le marché brésilien. Rafaela organise pour nous une audio-conférence, entretien qui se conclura par une invitation à dîner à Rio en compagnie du fondateur de Tecbio, l'inventeur du biodiesel brésilien !

Deux jours avant notre départ, il n'est pas encore question de penser retour, retrouvailles, ni départ pour une nouvelle vie : nous sommes invitées à dîner chez les Parente. Ignacio et Expedito Parente sont deux frères très complices, ravis d'étrenner leur français avec nous. Une *caipirinha* bien sucrée, quelques notes de *forró*, et nous invitons nos hôtes à traduire en brésilien le kit pédagogique de Prométhée. Ignacio, éditeur à ses heures, est très intéressé – mais c'est une autre histoire. Pour l'heure, troquons notre babillage pour l'attention sans faille que mérite l'histoire d'Expedito Parente.

Du haut de ses soixante-six ans, Expedito en sait long sur le biodiesel. C'est l'enfant chéri qu'il a mis au monde en déposant en 1977 le premier brevet qui en proposait la production à échelle industrielle. Il en a accompagné les premiers pas (entre 1980 et 1984, 300 000 litres de biodiesel et biokérosène sont testés sur différents moteurs, dont ceux d'un avion qui vole en 1984 de Campos à Brasilia) et l'a vu se débattre en pleine crise d'adolescence (l'alcool supplante le biodiesel, les appuis politiques et économiques vont tous à la filière éthanol). C'est dire s'il espère être bientôt témoin de son épanouissement dans le monde des adultes (développement commercial) !

Expedito rappelle avec justesse que les succès du flex ne doivent pas faire oublier que l'alcool ne s'attaque qu'au parc des véhicules légers. Or, au Brésil comme ailleurs, on a aussi besoin de carburants plus lourds, ceux qui servent camions, tracteurs... et avions !

Sur la base de l'expérience aéronautique concluante de 1984, le Dr Parente remet son ouvrage sur le métier. Cette fois, il trouvera les soutiens économiques et politiques qui lui avaient manqué vingt ans plus tôt. Un partenariat avec Boeing et la NASA a vu le jour, et a été reconduit pour une seconde phase de test en janvier 2007. Tecbio, qui a produit pour Virgin le biocarburant testé avec succès dans un moteur d'avion de ligne début 2008, espère pouvoir mettre sur le marché un biokérosène de qualité d'ici un ou deux ans.

Aussi impressionnant que soit ce succès, ce n'est là ce dont Expedito Parente souhaite nous entretenir. Le cadre familial ne s'y prête peut-être pas. Le forró, cette musique traditionnelle brésilienne du Nordeste, qui mêle notes d'accordéon, de triangle et de zabumba[1] sur un rythme entraînant, le rappelle à sa région de cœur, celle de Fortaleza, là où est construite son « usine à usines ».

« Le Nordeste est pauvre, nous rappelle-t-il. Je connais Lula, et lui en ai parlé la dernière fois que je l'ai vu : le biodiesel peut aider cette région à s'en sortir, j'en suis intimement convaincu. » Le monde est incroyablement fait ! Pas plus tard que la semaine précédente, nous avions eu vent à Brasilia du jeune Programme national de production et usage du biodiesel (PNPB, lancé en 2004). Expedito Parente en serait-il la muse ?

À première vue, ce programme ressemble à tous les autres. Il s'est fixé un objectif d'incorporation de 2 % de biodiesel en 2008 (840 millions de litres de biodiesel), et 5 % en 2013 (2,4 milliards de litres de biodiesel estimés). Le succès est au rendez-vous : l'objectif 2008 est déjà dépassé (fin 2007, 1,6 milliard de litres sont autorisés à la production), le gouvernement anticipe une production d'environ 3,3 milliards de litres en 2010 et projette d'avancer l'objectif 2013 à 2010[2].

---

1. Gros tambour plat.
2. L'existence de pourcentages maximaux d'incorporation de biodiesel correspond à un balisage imposé par l'industrie automobile. S'il est commu-

Mais ces chiffres ne disent pas l'ambition sociale du PNPB. L'un de ses objectifs, et non des moindres, est de soutenir les exploitations agricoles familiales. Comment ? Par l'offre d'exemptions fiscales aux producteurs de biodiesel qui achèteraient une part de leurs matières premières à ces petits exploitants. L'argument économique est tangible pour des producteurs qui gagnent aussi sur le plan marketing, eux dont la production peut alors prétendre au sympathique nom de « combustible social ».

Encadré 6 – Un « label social » pour réduire la pauvreté !

Afin de bénéficier de réductions de taxe, les producteurs de biodiesel doivent obtenir un label « combustible social » délivré par le ministère du Développement agricole (MDA). Son obtention est liée au respect des conditions suivantes :
- achat d'un pourcentage minimum de la matière première agricole (variant entre 10 et 50 % selon la région concernée) auprès d'exploitations familiales ;
- obligation d'assistance technique et de formation des fermiers ;
- signature d'un contrat avec les exploitants agricoles précisant les tarifs et les délais de livraison et de paiement.

Aujourd'hui, les tarifs de vente de la production sont garantis par des procédures d'appels d'offre à PETROBRÁS. Cinq d'entre eux ont eu lieu fin 2005 (pour un tarif contracté sur la période 2008-2013). Si l'idée de cette procédure par appels d'offres est bonne, les producteurs trouvent parfois plus juteux de vendre directement leur production aux consommateurs. Cette mise sur le marché parallèle (hors cadre légal) a été révélée par l'étude des volumes de vente du diesel à la pompe : en 2006, la consommation de diesel de certaines régions a baissé de 20 % !

Source : entretien à la BNDES

Couvrir les grands espaces brésiliens d'oléagineux et d'usines prêtes à les transformer en biokérosène à brûler dans les

---

nément admis qu'un mélange contenant jusqu'à 20-30 % de biodiesel dans le diesel ne présente pas de problèmes techniques, les industries automobiles continuent de recommander l'utilisation de taux inférieurs à 5 % – avant la tenue d'études techniques complémentaires.

avions occidentaux ? Nous imaginons déjà le tableau d'une industrie déployée à grande échelle, tirant parti d'une main d'œuvre non qualifiée bon marché, à l'image de l'industrie sucrière. Exploitant la pauvreté du Nordeste[1], celle-ci est loin d'être socialement exemplaire !

Expedito Parente ne nie pas ces problèmes : « *C'est vrai, et c'est intolérable.* » Mais le biodiesel peut suivre une voie de développement radicalement différente. C'est cette conviction qui l'a porté à chercher des appuis gouvernementaux pour donner au futur du biodiesel la forme de coopératives gérées par et pour les petits producteurs agricoles.

À cette question sociale s'ajoute une préoccupation d'ordre environnemental : le besoin croissant de terres ne met-il pas en danger les écosystèmes ? La canne à sucre, c'est vrai, pousse dans l'État de Sao Paulo, loin des forêts amazonienne et atlantique ; son essor ne semble pas menacer ces réserves de biodiversité et de carbone. Pourtant, à y regarder de plus près, on constate que l'extension des cultures sucrières déplace les activités d'élevage vers des zones moins productives, et souvent vierges. Or, la déforestation amazonienne est principalement causée par l'élevage... La culture intensive de soja est déjà montrée du doigt pour les répercussions plus directes qu'elle a sur le couvert végétal brésilien – ne faut-il pas craindre de l'essor du biodiesel qu'il amplifie lui aussi ces pressions ?

Expedito pense savoir contourner ce problème. Le secret de sa recette, c'est la noix de babaçu. Le palmier dont elle est le fruit pousse à l'état sauvage sur environ dix-huit millions d'hectares au Brésil, loin des forêts primaires. Dix-huit millions d'hectares ? De quoi alimenter la flotte aérienne mondiale si elle se décidait à brûler 20 % de biokérosène. Le chemin à parcourir est long, les coûts actuels du biokérosène sont encore trop élevés, mais Expedito est confiant : ce n'est qu'une question d'an-

---

1. Les « usineiros » affrètent des bus pour inviter les paysans du Nordeste à descendre plus au sud travailler dans les champs paulistas. Le coût du trajet, bien sûr, est retenu sur le salaire misérable des coupeurs de canne.

nées, peut-être moins de deux ! Les éco-taxes ou l'envolée des prix du kérosène arriveront vite...

À l'heure où concurrence avec l'alimentation, déforestation, pollutions agricoles, doutes sur le bilan environnemental des agro-énergies et lobbying des gros agriculteurs prennent d'assaut l'agenda agricole, les exemples indiens et brésiliens auront donné à notre perception des agro-carburants une nouvelle perspective. Et à la vôtre ?

Quels transports pour demain ?

60 % du pétrole consommé dans les pays de l'OCDE est utilisé dans les transports ; les émissions de gaz à effet de serre (GES) de ce secteur sont celles qui augmentent le plus rapidement : leur part des émissions françaises de dioxyde de carbone est ainsi passée de 5 % dans les années 60 à 20 % en 1995 et 24 % en 2006. Si l'on ne fait ni plus dense en énergie ni plus pratique aujourd'hui que l'essence et le diesel, le diktat des hydrocarbures liquides commence à être sérieusement remis en cause dans le secteur qui en dépend le plus. Toutes les idées sont bonnes pour leur trouver un suppléant performant et plus respectueux de l'environnement et sont fiévreusement explorées par les inventeurs et les industriels qui planchent sur la voiture du futur.

Projets

- Polarizador de Ronser, Barcelone (Espagne)
- Voiture électrique à Pondichéry, solaire à Auroville (Inde) et Tokyo (Japon)
- Des batteries sous le capot d'une Porsche, groupe du professeur Yang Shao-Horn au MIT (États-Unis)

Pourquoi la voiture ?

« *En voiture !* » L'expression témoigne du chemin parcouru depuis le début du XXᵉ siècle, époque où son usage était réservé à quelques privilégiés amoureux de la mécanique : la voiture, au même titre que le téléphone, l'équipement électroménager ou Internet, est l'une de ces technologies démocratisées qui ont révolutionné notre quotidien.

L'automobile, c'est la liberté. Avoir la possibilité de tout quitter, être libre de ses horaires, choisir son itinéraire. Si ses détracteurs souligneront avec justesse que pieds, cheval ou vélo offrent le même attrait, s'y arrêter masquerait la myriade d'avantages supplémentaires qui font sa supériorité. Partir en week-end, faire ses courses, acheter un meuble, autant d'activités grandement facilitées par son avènement ! Elle permet d'aller plus vite, d'aller plus loin. La logique qui prévalut à la Révolution pour l'organisation du territoire situe à une journée à cheval les chefs-lieux de départements de la plus lointaine bourgade qui en dépend : imaginez à quel point le passage de la mesure « cheval » à une mesure « voiture » remodèlerait la carte administrative !

La voiture est surtout un moyen de transport confortable. Finie la dépendance aux intempéries, oubliés les efforts physiques, il suffit de s'installer tranquillement sur un siège moelleux et de jouer des pédales pour atteindre le but que l'on s'est fixé. L'évolution de son habitacle suit les tendances de plus en plus individualistes de notre société. On y est chez soi, loin de la cohue et des égards dus à autrui : j'y écoute la radio de mon choix, j'ajuste la température à ma préférence, je transforme les trajets en temps d'échange familial... et le choix de sa couleur et de son modèle révèle une part de mon identité, ce que ne nieront pas les amateurs de belles voitures.

Mais ma chère voiture a aussi des inconvénients : elle me coûte cher en assurances, réparations, entretien et consommation de carburant ; elle coûte cher à la société par sa dépendance aux hydrocarbures, dont la combustion engendre une pollution tant locale (ozone, oxydes nitreux, monoxyde de carbone, poussières fines) que globale (gaz à effet de serre).

**Encadré 1 – Les taxis de Delhi passent au gaz :
finie la pollution locale !**

Pour diminuer la fréquence et l'intensité de pics de pollution locale aigus, la Cour suprême indienne ordonna en 1998 que tous les véhicules de transport en commun de Delhi roulant au diesel soient convertis au gaz naturel comprimé (CNG).

L'avantage ? La combustion du gaz naturel ne produit ni oxyde de soufre, ni plomb, ni poussière et peu d'oxydes d'azote. De tous les hydrocarbures, le gaz naturel est celui dont la combustion dégage le moins de monoxyde de carbone par unité d'énergie. Il n'émet ni fumées noires, ni odeurs. Résultat des courses : pour les taxis et rickshaws, ça gaze !

Bien que des innovations voient le jour pour limiter la pollution et réduire les coûts, elles ont plus de mal à s'attaquer aux autres inconvénients du mode de transport automobile : l'afflux d'un nombre croissant de véhicules de toutes cylindrées (plus ou moins bien pilotées, plus ou moins bien entretenues !) sur les routes est source d'accidents [1], la voiture est bruyante, l'infrastructure routière bétonne les paysages jusqu'à parfois privilégier la voiture à l'homme (oubli des trottoirs dans certains quartiers américains).

Sans remettre en cause l'utilité de la voiture, explorons dans un premier temps les trois pistes qui visent à améliorer le bilan environnemental et énergétique des véhicules individuels [2].

---

1. 4 615 décès en France en 2007.
2. Nous nous intéressons plus particulièrement à la voiture, puisque c'est le moyen de transport le plus communément utilisé. Transports ferroviaires, aériens et maritimes présentent eux aussi avantages dont il faut tirer parti, et inconvénients à minimiser.

Perfectionner l'existant : éduquer les conducteurs et réduire la consommation des véhicules sur route

La première part du principe que le parc de véhicules actuellement sur les routes est important, qu'il se renouvelle lentement, et qu'au vu de l'urgence à réduire notre consommation d'énergies fossiles, il n'est pas possible d'attendre qu'il soit remplacé par une flotte de véhicules neufs aux performances améliorées.

Elle propose d'attaquer ce problème pressant par la formation des conducteurs, leur sensibilisation à l'économie de carburant, et l'équipement de leurs véhicules par des appareils susceptibles d'en réduire la consommation. L'association indienne de recherche pour les économies de pétrole (PCRA), le centre de conservation d'énergie (ENERCON) pakistanais, le programme japonais d'« Eco-driving management system » (EMS) ou encore l'agence pour la protection de l'environnement (EPA) américaine encouragent les compagnies de transport (fret et transports en commun) à mieux entretenir leurs véhicules, à proposer à leurs conducteurs des stages de formation à une conduite plus économe, à diffuser des technologies réductrices de consommation (pneus offrant une moindre résistance au roulement[1], GPS pour aller au plus court, réduction automatique de la consommation au point mort...) ; elles conseillent également de faire installer des appareils de mesure et de signalisation dans les cabines afin de permettre aux conducteurs de prendre conscience des gains que leurs nouvelles habitudes permettent de réaliser (indicateur de consommation de carburant ou de position de vitesse, tachygraphes[2]...).

Les particuliers peuvent aussi bénéficier de ces conseils avisés : un bon entretien des équipements (notamment des pneus), l'utilisation d'une remorque plutôt que d'un coffre de toit, une

1. D'après l'Agence internationale de l'énergie (AIE), environ 20 % du carburant est brûlé pour surmonter la résistance des pneus au roulement.
2. Enregistreurs de vitesse.

conduite douce (et le respect des limites de vitesse, initialement instaurées pour réduire la facture pétrolière nationale !), une utilisation raisonnée de la climatisation (qui consomme, avec les équipements électriques divers, environ 20 % de l'énergie utilisée par le véhicule) sont autant de façons, à temps de présence dans la voiture constant, de réduire la consommation de carburant. On pourrait imaginer renforcer les procédures de tests et de contrôle pour diffuser de meilleures pratiques de maintenance et de conduite.

14 février, Barcelone – Parmi les équipements qui permettraient de réduire la consommation du parc existant, le « Polarizador » de la PME barcelonaise Ronser. Une petite équipe de « jeunes retraités » se propose de réduire la consommation des véhicules existants d'un facteur variant entre 8 et 13 %. L'augmentation du prix des carburants pare leur idée d'attraits économiques certains. Son principe ? Polariser les molécules d'hydrocarbures dans un champ magnétique, les « ordonner » pour faciliter le mélange avec les molécules d'oxygène et donc la combustion : qui dit meilleure combustion, dit moins de dépôts dans les cylindres du moteur, moins de résidus imbrûlés dans les pots d'échappement... et moins de consommation ! Le petit boîtier du Polarizador se branche avant le carburateur de n'importe quel moteur (essence, diesel, véhicules légers, camions, bus, bateaux...) dont il « ordonne » le carburant pour en faciliter la combustion. L'aspect « magique » de l'invention nous a paru de prime abord douteux, mais Ronser a gagné ses lettres de noblesse auprès de la communauté autonome de Catalogne qui nous l'a recommandée. À Barcelone, quatre bus publics ont expérimenté ce système pendant près de quatre ans et enregistré chacun une baisse de sa consommation d'au moins 8 %. De quoi convaincre la municipalité d'en équiper la totalité de son parc d'autobus.

Améliorer la conception des modèles actuels

La seconde piste vise à accroître l'efficacité des véhicules neufs : améliorer les performances des moteurs à combustion interne[1], réduire le poids des véhicules[2], mettre au point des

---

Encadré 2 – Voitures et consommation énergétique : quelques ordres de grandeur

• Rappel : une amélioration du rendement de 10 % correspond à une réduction de 10 % des émissions de CO_2.

• La gestion électronique de l'embrayage et du passage des rapports de vitesse permet de réduire en moyenne de 5 % la consommation du véhicule et ses émissions de CO_2.

• Réduire de 10 % la masse du véhicule diminue de 3 à 3,5 % les émissions de CO_2. Notons que malgré les efforts et progrès faits depuis les années 80 dans le domaine de la conception et de l'utilisation de matériaux légers, l'amélioration du confort et de la sécurité des véhicules a empêché la diminution de leur poids.

• Un gain aérodynamique de 10 % correspond à une réduction de 2,5 % sur les émissions de CO_2.

• L'utilisation de la climatisation augmente de 20 % la consommation d'un véhicule.

Depuis 1973, date du premier choc pétrolier, les évolutions technologiques des moteurs ont permis de diminuer d'un tiers la consommation des véhicules et de réduire de 30 % les émissions de CO_2 des véhicules neufs. La poursuite de ces efforts[3] permettra aux constructeurs d'atteindre l'objectif d'émissions que les pays européens ont fixé pour les véhicules neufs : 130 g de CO_2 émis par km parcouru, dès 2012 !

Source : http://ecologie.caradisiac.com

---

1. Les moteurs à combustion interne incluent les moteurs à explosion (essence, flex-fuel) et les moteurs diesel. Voir chapitre 19 sur les biocarburants p. 354 pour plus de précisions.

2. 95 % de l'énergie brûlée dans une auto sert à en transporter la carcasse et le moteur – pas les passagers !

3. L'Agence internationale de l'énergie (AIE) estime en octobre 2007 que les améliorations qui pourraient être apportées à la conception des pneus, à l'optimisation de la climatisation et à celle de l'éclairage pourrait réduire de 6 à 8 % la consommation d'énergie (et donc les émissions de gaz à effet de serre) de la flotte automobile en 2030.

pneus à plus faible résistance au roulement[1], dessiner des silhouettes plus aérodynamiques pour en diminuer la résistance à l'air, sont autant de pistes explorées en détail par les industriels.

Inventer de nouveaux moteurs

La troisième piste, elle, invite à repenser la voiture : du carburant aux roues, elle réinvente toute la chaîne de transmission de l'énergie mécanique. Ces voitures du futur proposent des solutions plus propres et plus silencieuses... tout en restant abordables. Pour grignoter des parts de marché aux moteurs à combustion interne, elles devront s'appuyer sur une infrastructure fiable et bien déployée (stations d'approvisionnement en « carburant », formation des mécaniciens et des garagistes à leur entretien, disponibilité des pièces de rechange...). Dans cet environnement complexe, quelles voitures pour le futur ? Parmi les options envisagées, la voiture électrique, la voiture à hydrogène[2] et le rêve d'une voiture solaire.

Les voitures du futur

Voitures hybrides et électriques sont déjà sur les rails

12 mai, Inde – Pour nous conduire aux projets qu'il a sélectionnés pour nous autour de Pondichéry, Brahmanand Mohanty nous invite à monter dans sa voiturette électrique. On y case un conducteur, et trois passagers un peu à l'étroit mais contents d'étrenner le bolide – pas plus gros qu'une Smart ! Quelques semaines plus tard, notre interlocuteur japonais de Tokyo Gas nous fera découvrir une autre voiture propre : une 4×4 hybride hydrogène-électrique de Toyota. Voiturette contre 4×4, difficile de comparer le confort ou la puissance ! Pourtant, elles ont bien

1. Il faut cependant trouver un compromis avec les propriétés d'adhérence à la route.
2. Voir chapitre Éclairage sur la voiture à hydrogène, p. 388.

des points communs. Ni l'une ni l'autre n'engendrent localement de rejet polluant, et leur impact sur l'environnement
dépend pour toutes les deux de la chaîne de fabrication de leurs
« carburants » : l'électricité et l'hydrogène peuvent aussi bien
provenir de gaz ou de charbon que d'énergies renouvelables !
Trêve de comparaison : vous trouverez plus d'information sur la
voiture à hydrogène en éclairage ; ici, c'est de voiture électrique
dont nous souhaitons vous parler.

Encadré 3 – La voiture électrique, une idée nouvelle ?

Pas vraiment. C'est en 1880 que circula la première automobile
électrique, mise au point par un quatuor d'ingénieurs français : Charles Jeantaud, Camille Faure, Gustave Trouvé et Nicolas Raffard. Quelques années plus tard, la « Jamais Contente », aux batteries plomb-
acide fut, en 1899, le premier véhicule à dépasser les 100 km/h. En
1911 des taxis électriques circulaient à Paris. Cette technologie prometteuse a néanmoins été rapidement supplantée par les performances du moteur à explosion, et surtout, l'autonomie que les
hydrocarbures offraient aux voitures qui en étaient équipées.

Le renchérissement du pétrole et l'augmentation de la pollution
dans les centres urbains ont favorisé la réapparition de la voiture électrique dans les années 80. En 1988, le California Clean Air Act relança les
recherches aux États-Unis. La Communauté économique européenne
emboîta le pas avec le programme AVERE (Association européenne des
véhicules électriques routiers). À l'initiative de la France, des villes européennes intéressées par le véhicule électrique fondent le label CITELEC.
Pour répondre à une demande naissante, les constructeurs proposent
des voitures conventionnelles « électrifiées ». Néanmoins, leur autonomie est trop faible et leurs coûts trop élevés (tant à l'achat qu'à l'entretien) pour qu'elles intéressent le grand public. Aujourd'hui, la
croissance des préoccupations énergétiques, environnementales et climatiques donne un nouvel élan à la voiture électrique : sera-t-elle la voiture de demain ?

Brahmanand est ravi de sa petite voiture. Certes, elle ne va pas
très vite et ne dépasse guère les 90 km/h. Son autonomie n'est pas
non plus extraordinaire : 70 kilomètres environ. Pour ses déplacements en ville, pourtant, il voit difficilement où trouver mieux : pas
de pollution locale, pas de bruit, facile à garer, elle n'a pas d'embrayage et ne peut donc pas caler. Une fois prise l'habitude de

recharger la voiture tous les soirs, on ne peut plus s'en passer. D'ailleurs, ajoute-t-il d'un sourire, si lui, sensibilisé aux problématiques énergétiques, ne montre pas la voie, qui le fera ?

Ils sont en effet peu nombreux, les Brahmanand qui ferment les yeux sur les limitations de l'automobile « tout électrique ». Son handicap principal ? Une autonomie limitée. Moins de 100 kilomètres, c'est peu, d'autant que « le plein » prend quelques heures et devient très contraignant si l'on doit charger (donc immobiliser) le véhicule en journée. Développer un réseau de prises électriques « haut débit », aux puissances plus élevées que celles des prises électriques domestiques, diminuerait le temps de charge de quasiment moitié mais n'augmenterait pas tellement le rayon d'action des véhicules qui s'y alimenteraient. Il semble en effet difficilement envisageable de mailler le territoire avec un réseau dont le pas ne serait que de 100 kilomètres. De ce fait, la voiture « tout électrique » n'est pas encore un parfait substitut à la voiture classique. Adaptée aux trajets urbains et aux allers-retours de faible distance (notamment : domicile-travail), elle se présente plus comme une avantageuse « seconde voiture » que comme une option de remplacement de la « voiture familiale » : un départ en week-end sur les routes de France pourrait s'avérer assez problématique[1] !

Cette limitation n'est toutefois pas une contrainte pour la plupart des véhicules d'entreprises privées, d'établissements publics et de collectivités locales. Ces « clients naturels » du véhicule électrique pourraient montrer la voie et pousser au développement d'une infrastructure de prises « haut débit » dans des stations à charge rapide[2] !

En attendant, pour s'imposer sur le marché du particulier, la voiture électrique devra attendre que de sérieux progrès soient apportés aux techniques de stockage électrique.

---

1. On pourrait toutefois imaginer louer une voiture « classique » pour les trajets occasionnellement plus longs.
2. On peut charger une voiture électrique avec une prise classique (16A), mais une prise « haut débit » (32A en général) permet d'accélérer la charge.

Batteries existantes	Description et applications
Acide-Plomb	Inventée par le physicien français Gaston Planté en 1859, elle fut la première batterie rechargeable commercialisée. Quand son poids n'est pas problématique, c'est la plus rentable des batteries pour de grosses applications (faible coût, besoin de maintenance limité). Le plomb est polluant, mais son recyclage facile (environ 90 % des batteries acide plomb sont recyclées). Applications : équipements hospitaliers, chaises roulantes...
Nickel-Cadmium (NiCd)	Technologie mature mais peu dense en énergie. Longue durée de vie, capacité à supporter des taux de décharge importants et bon rapport qualité/prix. Elle contient des métaux toxiques (cadmium) et pose par conséquent des problèmes environnementaux. Applications : radio, équipement biomédical, caméra vidéo professionnelle... les équipements portables se tournent de plus en plus vers des technologies alternatives.
Nickel-Métal Hydrure (NiMH)	Meilleure densité énergétique que la batterie NiCd (environ + 40 %) mais moins bonne longévité. La batterie NiMH ne contient pas de métaux toxiques, et pour cette raison, remplace avantageusement la batterie NiCd. Applications courantes : téléphones et ordinateurs portables.
Lithium Ion (Li-ion)	Technologie prometteuse, qui progresse sur le marché de l'électronique portable. La batterie Li-ion est utilisée là où la densité énergétique (environ + 50 % par rapport à NiCd) et le poids sont des critères de premier ordre. Elle est plus chère que les autres et nécessite l'adjonction d'un système de sécurité pour prévenir l'inflammation en cas de court-circuit[1]. Faible besoin de maintenance. Applications : ordinateurs de poche (notebook), téléphones portables.
Lithium Ion Polymère (Li-ion P)	Nouvelle génération de batterie qui serait, malgré la faible conductivité du polymère, la version « bas coût » et à format flexible de la batterie Li-ion,

Source : http://www.buchmann.ca

---

1. En 1991, des constructeurs japonais ont du rappeler les batteries Li-ion de téléphones portables après qu'une inflammation/explosion eut sérieusement brûlé le visage de quelqu'un.

Un stockage plus performant et moins coûteux. Les batteries actuelles ne sont effectivement pas bon marché. Les heureux propriétaires de voitures électriques sont encouragés à souscrire un contrat de location avec un constructeur de batterie... qui peut jouer de son quasi-monopole pour faire monter les prix. Entre 2000 et 2008, le coût de location d'une batterie nickel-cadmium pour Saxo a subi une augmentation de 46 % en France métropolitaine, passant de 93 à 137 euros par mois : plutôt dissuasif !

Autre motif de rejet, sa faible vitesse de pointe. 90 km/h, ça convainc un Brahmanand sensibilisé aux questions environnementales, mais pas un amateur de sensations fortes. Si les modèles électriques qu'on voit sur les routes ne savent rivaliser avec les moteurs thermiques, ne les remisons pas trop vite au placard des voiturettes sans permis ! Une voiture électrique qui roule à 210 km/h, passe de 0 à 100 km/h en 4 secondes, a 251 chevaux sous le capot, 300 km d'autonomie et une carrosserie qui n'a rien à envier à celles des Porsche ? Ça existe, et pas seulement en rêve. Tesla Motors la met fin 2008 sur le marché, réussissant l'exercice périlleux de réconcilier l'amateur de sport et l'écolo intransigeant.

Des expertises de haut vol ont été sollicitées par la start-up californienne de Martin Eberhard et Marc Tarpenning pour concevoir ce bolide : la conception puise son inspiration de la Silicon Valley, le moteur vient de Taiwan et l'assemblage se fait en Angleterre. La gageure, vous l'aurez deviné, fut de mettre au point la batterie qui permettrait ces performances extraordinaires : c'est la technologie éprouvée des batteries Li-ion qui a été retenue, l'innovation tenant à l'assemblage de 6 831 cellules et à leur gestion par un système central de contrôle et de sécurité. Les voitures de sport, ce n'est jamais vraiment donné : la « Tesla Roadster » s'achète (en ligne !) à 98 000 dollars. Et cela marche ! Les 600 voitures qui seront produites en 2008 sont parties comme des petits pains : il vous faudra patienter jusqu'en 2009 et venir la chercher aux États-Unis si vous en voulez une. Dans les cartons de Tesla Motors, deux nouveaux modèles patientent : une luxueuse cinq places, la « White Star », se vendrait 50 000 dollars avant que sa petite sœur plus abordable n'arrive sur le marché (la « Blue Star » à 30 000 dollars). Entrer par la porte « sport » sur le marché des particuliers ? Une astucieuse idée pour changer la réputation de la voiture électrique et amortir des coûts de développement élevés en pariant sur la profondeur des poches des amateurs de sensations fortes !

Encadré 4 – La Blue Car sur nos routes à partir de 2009 !

Si Tesla Motors vise, pour commencer, le marché du luxe, le groupe Bolloré a, lui, mis au point une voiture électrique à 25 000 euros. À ce prix-là, les performances de la « Blue Car » ne répondent bien évidemment pas au même cahier des charges que celles de la Tesla Roadster, mais leurs avancées sont significatives par rapport aux modèles existants : accélération de 0 à 60 km/h en 6,5 secondes, vitesse de pointe de 125 km/h, moteur de 40 chevaux et autonomie entre 200 et 250 km, la voiture électrique pourrait bien séduire les habitants des zones péri-urbaines !

Pour atteindre ces performances, Batscap (filiale du groupe Bolloré et d'EDF) a mis au point une nouvelle technologie de batterie. Les batteries LMP (lithium-métal-polymère) sont cinq fois plus légères que les batteries plomb et permettent deux fois plus de cycles charge-décharge que les batteries Li-ion. Ajoutez à ces caractéristiques techniques un look résolument moderne (portières rondes !) et vous aurez la recette sur laquelle la « Blue Car », commercialisée sous la marque italienne Pininfarina dès la fin de l'été 2009, parie son succès.

En attendant les voitures « tout électriques » performantes et abordables, reste bien sûr la voiture hybride ! Le succès de la Prius de Toyota a ouvert le bal. Tous les grands constructeurs automobiles proposent aujourd'hui des modèles qui couplent un moteur thermique et un moteur électrique. La batterie qui alimente le second se recharge pendant que le premier fonctionne ; elle est sollicitée au démarrage du véhicule et lorsqu'il roule en mode « urbain » (nombreuses accélérations/décélérations). Le reste du temps, le moteur à explosion peut fonctionner près de son point de rendement optimal... un pas vers des pratiques plus durables !

Intégrer la voiture du futur dans un environnement urbain

Réfléchir à la voiture de demain, c'est aussi réfléchir à l'infrastructure qu'il faudra mettre en place, dans les villes et sur tout le territoire, pour permettre à ses utilisateurs de se déplacer où bon leur semble.

12 mai, Inde – Parmi les nombreux projets que nous avons pu visiter à Pondichéry, celui-ci nous aura plu par son inventivité. Pour permettre aux conducteurs de véhicules électriques de s'affranchir de la contrainte liée au temps de charge, il leur propose tout simplement de laisser leurs batteries vides dans un centre où ils les échangent contre des batteries rechargées. C'est l'affaire de dix minutes, pas plus qu'un plein conventionnel. Finies les restrictions de kilométrages de la voiture électrique en journée !

Si l'idée est simple, sa mise en œuvre est un peu plus complexe car elle suppose que les centres de recharge soient équipés en batteries de toutes sortes, qui puissent être louées aux conducteurs suivant les besoins de ceux-ci. Cela représenterait des coûts initiaux très importants puisqu'il faudrait investir dans un lot de batteries nombreuses et variées. Comment commencer ? En faisant alliance avec les moyens de transport urbains, aux batteries plus standardisées que celles des particuliers. À Pondichéry, trente-cinq rickshaws[1] convertis à l'électri-

---

1. Sorte de mobylette-tricycle permettant de transporter deux passagers : un moyen de transport très commun en Asie (et très dépaysant !).

cité et équipés de batteries plomb-acide sont devenus les clients de cette station service électrique où ils font « le plein de jus » avant de poursuivre leurs courses comme si de rien n'était ! Et ce n'est pas tout : le centre rechargeant les batteries avec l'électricité générée sur son toit par un ensemble de panneaux solaires, la chaîne énergétique peut se vanter d'être 100 % propre. L'idée est astucieuse, et semble parfaitement adaptée aux taxis urbains... à condition toutefois que les batteries soient accessibles et donc que le temps gagné en charge ne soit pas passé à démonter le moteur ! un obstacle que « Project Better Place » a stratégiquement contourné en s'associant avec un constructeur (Renault-Nissan) pour lancer, en Israël, un réseau d'échange de batteries à plus grande échelle.

**Encadré 5 – La City Car : une « voiture caddie »
pour concurrencer le Vélib' !**

Développée par des groupes de recherches du MIT et de General Motors, la City Car se présente comme un concurrent motorisé au Velib' ! L'idée est simple : proposer des voitures à différents « points de stationnement-recharge » auxquels le client viendra l'emprunter pour se déplacer avant de la redéposer à un autre.

Une voiture, c'est plus encombrant qu'un vélo : l'idée semble plus difficile à mettre en œuvre que les « échanges vélocipèdes » ! Pas tant que ça si l'on en croit ses concepteurs : la voiture est de taille réduite, se plie comme une poussette et surtout, s'« encastre » dans ses voisines comme un caddie. Déposer une voiture à charger en queue de file, prendre une voiture chargée en tête de file, et le tour est joué !

Source : http://cities.media.mit.edu/projects/citycar.html

À quand la voiture solaire ?

Plus futuriste, la voiture solaire. Retour à Auroville[1].

14 mai – Rishi nous présente l'un des bricolages « maison » du Centre de recherche scientifique : une voiture en bois aux

---

1. Voir chapitre 13 sur le solaire thermique, p. 248.

allures de voiturette de golf dont le toit est équipé de panneaux solaires. C'est en fait une voiture hybride électrique-solaire, un modèle assez rudimentaire. Deux mois plus tard, nous retrouverons au Japon le même concept, interprété par Kyocera en un prototype au design impeccable : cellules solaires intégrées à la carrosserie complètent l'alimentation d'un système électrique éprouvé. Ajouter quelques kilomètres d'autonomie à une voiture électrique, pourquoi pas ? C'est le pari commercial du monégasque Venturi qui devrait proposer en 2008 son « Astrolab », une voiture longue et plate au look étonnant. 3,6 mètres de panneaux solaires permettent de gagner 18 kilomètres par jour par rapport au « tout batterie » (110 km d'autonomie sur batteries, pour une vitesse maximale de 120 km/h). À 93 000 euros, le modèle est encore un peu cher... mais prometteur !

À quand la voiture « tout solaire », affranchie de la nécessité de charger ses batteries ? Compte tenu du poids des voitures actuelles et du rendement des cellules solaires [1], ce n'est pas demain la veille que les voitures « tout solaire » remplaceront nos vieilles bagnoles. Continuons pourtant d'y croire, car elles sont déjà sur les routes ! Elles se présentent sous la forme de voitures fines et plates et toutes plus légères les unes que les autres (elles pèsent environ 100 kilogrammes), et s'essaient tous les deux-trois ans à des exploits sur longue distance.

Encadré 6 – Voitures solaires autour du monde

L'American Solar Challenge : Course sur route d'une dizaine de jours animée par une quarantaine d'universités canadiennes et américaines. Cette course a lieu tous les deux ans, et demande une préparation rigoureuse soumise à différents contrôles.

Le World Solar Challenge : Épreuve australienne créée par Hans Thostrup en 1987, cette épreuve a lieu tous les trois ans. Elle coupe l'Australie en deux pour parcourir 3 010 kilomètres. Seule obligation : passer par sept points de contrôles prédéfinis.

---

1. Voir chapitre 14 sur le solaire futur notamment, p. 281.

Qu'attendons-nous du transport ?

Voitures du futur, voitures d'aujourd'hui, un mot récurrent tout au long de ce chapitre : celui de « voiture ». La voiture individuelle n'est pourtant qu'un moyen de satisfaire notre besoin de mobilité. N'en est-il pas d'autres, plus respectueux de l'environnement ? Pour les distances importantes, privilégions quand c'est possible le train à la voiture et à l'avion. Pour les trajets récurrents, pensons aux transports en commun et au covoiturage ; pour nos besoins ponctuels, renseignons-nous sur l'auto-partage.

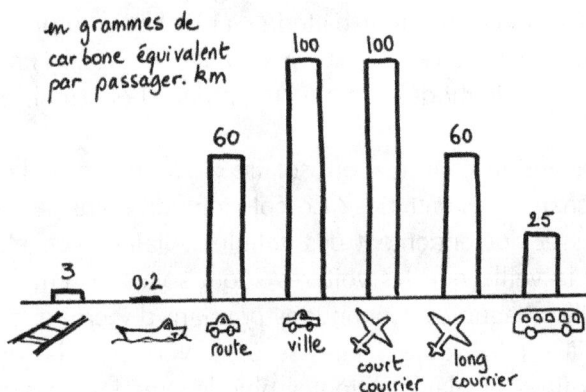

Allons plus loin : avons-nous même autant besoin de mobilité ? Pour quelles activités est-il nécessaire que je me déplace ? Faire mes courses ? Le commerce de proximité, la commande en ligne et la livraison à domicile sont autant de solutions qui me permettent de remplir frigidaires et armoires en évitant de prendre mon auto – et souvent de faire la queue. La mobilité virtuelle est l'une des révolutions technologiques du XXIe siècle ; sans pour autant faire de nos ordinateurs notre unique fenêtre sur le monde, changer de temps en temps un rendez-vous pour une réunion téléphonique ou une vidéoconférence permet de gagner du temps, d'économiser sa fatigue... et de conserver l'énergie !

S'il fallait réinventer la ville pour qu'elle diminue notre besoin de mobilité automobile, comment la penserions-nous ? Brasilia (Brésil) et Fribourg-en-Brisgau (Allemagne) offrent deux visions radicalement différentes. La première est la ville de la voiture ; les avenues sont larges et impraticables à pied, les activités de la ville sont sectorisées (secteur résidentiel, secteur administratif, secteur hôtelier...), les distances ne peuvent être parcourues autrement que par un véhicule à moteur : difficile de vivre à Brasilia sans voiture. À l'opposé, Fribourg dont la gare centrale offre un point d'observation idéal de l'interpénétration des réseaux de transport urbain. Sur la passerelle qui surplombe les quais des trains grande ligne et la gare routière, on trouve une station de tramway où l'attente n'est jamais supérieure à cinq minutes et un parking où 5 000 vélos peuvent être garés – ou loués. En redescendant vers l'entrée de la gare, c'est le bus qui se propose de vous faire découvrir la ville. Tarifs d'abonnement très avantageux, passages fréquents des bus et tramways, maillage fin du réseau de transports, voies cyclables et rues interdites aux voitures sont autant d'illustrations d'une politique délibérée en faveur des modes de transport doux (transports en commun et vélos), qui est parvenue à remiser un grand nombre de voitures au garage.

En nous inspirant de l'intégration fribourgeoise, imaginons les nouveaux quartiers comme des lieux de vie 24 h sur 24. Finies les banlieues dortoirs d'un côté et les centres professionnels qui se vident en fin de journée, de l'autre. Catalysons ce qui fait la richesse des villes, ces lieux de rencontre et d'émulation, ces réacteurs à innovation, en combinant logement, bureaux et commerces dans des quartiers aux espaces verts renouvelés. La « Tour Signal » porte, au cœur du projet de rénovation de la Défense, cette ambition. La première tour française véritablement mixte hébergera dès 2012 logements, services d'hôtellerie, étages commerciaux et équipements culturels, réduisant significativement les besoins de transport quotidiens de ses habitants. Et si la révolution de la ville redéfinissait le transport ?

Éclairage sur...

... la voiture à hydrogène

Projet : Essai de la FCHV de Toyota, Tokyo Gas (Japon)

Le principe ?

Utiliser l'hydrogène comme carburant des voitures du futur.

Le dihydrogène (H_2, couramment appelé hydrogène), déjà utilisé pour la propulsion des fusées et engins spatiaux, fait les yeux doux aux constructeurs automobiles qui y voient un vecteur d'énergie potentiellement propre : gaz non toxique, sa volatilité réduit les risques d'explosion accidentelle (et ce bien que sa fourchette d'inflammabilité soit très large [4 % – 75 %]) et tant sa combustion que son utilisation dans une pile à combustible n'engendrent principalement que de l'eau.

L'hydrogène peut être produit par reformage d'hydrocarbures, par gazéification et pyrolyse du charbon et par électrolyse de l'eau. La première méthode est la plus couramment utilisée ; elle partage avec la seconde l'inconvénient d'être forte émettrice de CO_2, ce à quoi pourraient remédier les technologies de capture et de séquestration de carbone [1]. La troisième est aussi propre que l'électricité qu'elle utilise. Une quatrième voie de synthèse, la décomposition thermochimique de l'eau, fait actuellement l'objet de recherches. À haute température et en présence de catalyseurs, elle pourrait utiliser la chaleur haute température que produiront certaines classes de réacteurs nucléaires de génération IV.

---

1. Voir Éclairage sur le stockage géologique du carbone p. 68. La gazéification pourrait aussi se faire à partir de la biomasse (voir chapitre 9 sur la biomasse), une fois mises au point d'efficaces techniques de lavage du gaz produit.

L'hydrogène peut être utilisé de deux façons pour produire l'énergie mécanique qui propulse les véhicules :

• par **combustion** dans un moteur à hydrogène : le rendement des moteurs mis au point est faible (besoin d'un grand volume de dihydrogène). Si ce n'est pas gênant pour la propulsion aérospatiale, cela reste limitant pour un véhicule individuel. C'est toutefois l'option retenue par certains constructeurs (dont BMW).

• par oxydation dans des **piles à combustibles** [1] : option la plus explorée, sous forme d'assemblages de piles à combustible, par l'industrie automobile – dont, notamment, Toyota.

Éléments de compréhension

Globaux sur la technologie

Trois contraintes ralentissent aujourd'hui l'entrée de la voiture à hydrogène sur le marché automobile :

• la jeunesse de la technologie des piles à combustible,

• les difficultés de stockage de l'hydrogène embarqué,

• le coût du réseau de distribution associé à ce nouveau carburant.

Le stockage de l'hydrogène

Si l'on veut éviter les difficultés inhérentes au reformage embarqué, il est nécessaire de mettre au point un système de stockage de l'hydrogène sûr et performant. L'hydrogène étant l'élément chimique le plus léger, il est, à masse égale, beaucoup plus volumineux qu'un autre gaz. Dans une voiture, le volume du réservoir est limité. Il faut donc trouver le moyen de stocker une masse suffisante d'hydrogène pour offrir au véhicule une autonomie importante, compatible avec les dimensions des véhicules.

5 kg d'hydrogène sont nécessaires pour assurer au véhicule une autonomie d'environ 500 km. Différentes options de stockage sont aujourd'hui envisagées :

---

1. Voir Éclairage sur... les piles à combustible p. 346.

Technologie	Avantages/Inconvénients
H$_2$ comprimé	Technologie techniquement au point. Mêmes techniques que celles utilisées avec le gaz naturel. Haute pression (de l'ordre de 700 bars). Capacité massique de stockage de l'ordre de 5-6 kg d'H$_2$ stocké pour 100 kg de structure
H$_2$ liquide	5 kg d'H$_2$ = 70 litres. Difficulté de maintenir le gaz à 20 K (-253 °C) : isolation thermique renforcée donc encombrante. Existence d'une évaporation parasite admissible lorsqu'elle ne dépasse pas 3 %. Énergie nécessaire à la liquéfaction = de l'ordre de 40 % de l'énergie contenue dans le gaz. Stations de remplissage automatique complexes et onéreuses (mais réalisables techniquement). Particulièrement adapté aux applications spatiales.
Dans des micro-billes	Repose sur la double propriété de certains verres d'être étanches à H$_2$ à froid mais poreux à chaud. Très bonne résistance mécanique, très sûr (pas de réactions en chaîne si éclatement d'une bille). Stockage de 5 kg d'H$_2$ réalisé avec une installation de masse inférieure à 100 kg, volume inférieur à 300 L. Mais : énergie nécessaire au remplissage des billes (portées à 350 °C dans une atmosphère d'H$_2$ portée à 1000 bars) = 30 % de l'énergie contenue dans le gaz.
Par absorption dans un hydrure	Très prometteur, repose sur la propriété de certains solides d'absorber des quantités importantes d'H$_2$ (proportion de l'ordre d'un atome de gaz pour un atome de métal) et de les restituer par dépressurisation ou légère élévation de température. Avantage : la pression de libération d'H$_2$ peut être calibrée en fonction de l'installation. Mais les alliages capables d'absorber le plus d'H$_2$ par unité de poids sont aussi ceux qui demandent les températures « de relâchement » les plus élevées. Ainsi du magnésium (7 kg d'H$_2$ pour 100 kg de métal), qu'il faut chauffer à 500-600 °C. Autre difficulté : l'H$_2$ doit être très pur car les métaux avec lesquels il forme des hydrures sont oxydés par le monoxyde de carbone. Recherche vers des hydrures chimiques (exemple du sodium borohydrique), mais problèmes d'instabilité/corrosion.

Par adsorption dans du charbon actif	Les charbons actifs sont des matériaux poreux constitués de microcristaux de graphite. Ces cristaux sont enchevêtrés et forment des pores, de diamètre nanométrique. Bien connu mais semble peu adapté à l'automobile. Il est en effet nécessaire de garder le réservoir à une température de 77 K (-196 °C), ce qui obligerait à le maintenir dans une enceinte sous azote liquide ou à le coupler avec un groupe froid. À cela s'ajoutent des contraintes de sécurité : libération rapide d'H_2 en cas d'augmentation de la température.
Dans des nanotubes de carbone	Chaînes de molécules de carbone formant des tubes graphitiques (technique mise au point dans les années 1990), pouvant s'organiser en couches simples ou multiples. Capacité d'absorption jusqu'à 65 %. Cependant, seuls des matériaux de laboratoire ont aujourd'hui été testés.

Repris de : *http://agora.qc.ca/encyclopedie/index.nsf/Impression/Hydrogene*

Distribution de l'hydrogène

L'alimentation directe des véhicules en hydrogène à partir d'un réseau de stations-service a actuellement la faveur de la plupart des constructeurs automobiles.

Propres à la voiture essayée

Toyota et le contexte japonais

— Le gouvernement japonais mutualise efficacement les efforts de recherche sur les technologies hydrogène à travers le Japan Automobile Research Institute (JARI). Au titre de ces projets, le Japan Hydrogen & Fuel Cell Demonstration Project (JHFC) teste des prototypes de véhicules.

Le gouvernement estime qu'en 2010, 50 000 voitures à piles à combustible rouleront sur les routes japonaises, et 5 millions en 2020.

— Toyota est l'un des pionniers des voitures à piles à combustible. Il a conçu son premier prototype fonctionnel en 1996, vend des voitures de ce type (en nombre très limité) depuis 2002 et espère en proposer la commercialisation d'ici 2015 (objectif de réduire les coûts de 1 million de dollars – à 10 000 dollars). Il est aussi le seul constructeur au monde à fabriquer ses propres piles à combustible (les autres se fournissent chez Ballard, UTC ou Nuvera).

— En juillet 2007, Toyota avait mis 16 véhicules FCHV sur les routes (11 au Japon et 5 aux États-Unis)[1].

Descriptif de la Fuel Cell Hybride Vehicle (FCHV) de Toyota

— Le groupe autopropulseur du FCHV est composé d'un bloc de piles à combustibles PEFC[2] de 90 kW, et d'un moteur électrique de 80 kW (107 ch).

— L'électricité de la pile à combustible alimente le moteur électrique et charge des batteries NiMH. Les batteries récupèrent aussi l'énergie du freinage, et alimentent le moteur sur demande.

— Le véhicule, un genre de 4×4, pèse près de 2 tonnes. Il permet de transporter 5 personnes et leurs bagages sur 250 km.

Qu'en penser aujourd'hui ?

Si les performances techniques (autonomie, vitesse) des prototypes les plus récents sont proches de celles des véhicules actuels, la commercialisation des véhicules à pile à combustible semble encore lointaine. Leur coût, en effet, est prohibitif : on

---

1. FCHV : Fuel Cell Hybrid Vehicle (Toyota). Par comparaison, Honda, son concurrent le plus direct a aujourd'hui une flotte de 19 véhicules FCX (6 au Japon et 13 aux États-Unis).
2. Polymer Electrolyte Fuel Cell.

compte aujourd'hui une centaine de prototypes aux prix variant entre 150 000 et plusieurs millions d'euros.

Les moteurs hydrogène (combustion interne) sont réputés moins coûteux et plus fiables, mais leur rendement est inférieur à celui des piles à combustible. Ils sont souvent présentés comme une technologie de transition avant la généralisation de la pile à combustible dans les transports.

La plupart des constructeurs ont donc fait le choix de la pile à combustible. Le stockage d'hydrogène sous forme gazeuse a également leur préférence.

L'hybridation des systèmes à pile à combustible (par couplage avec une batterie, et/ou des super-condensateurs, et/ou des systèmes de récupération d'énergie au freinage) et l'augmentation de la capacité de stockage d'hydrogène par l'utilisation de réservoirs atteignant des pressions de 700 bars constituent les dernières grandes avancées dans l'évolution des véhicules à pile à combustible.

Et après ?

« L'essentiel est invisible pour les yeux. »
ANTOINE DE SAINT-EXUPÉRY

400 pages, un voyage. Un voyage qui nous aura ouvert les yeux sur la diversité des enjeux énergétiques et soufflé que, déjà, leurs réponses sont à portée de main. Un voyage au cours duquel initiatives audacieuses, rencontres inspirées et découvertes étonnantes nous auront redit qu'au cœur du progrès, l'essentiel, c'est l'homme.

Qu'avons-nous appris en chemin ?

Que de l'Inde au Sénégal, du Chili à l'Espagne, les hommes ont pris conscience des menaces que leurs activités font peser sur l'environnement et le climat ;

Que dans les pays où cette conscience est avancée, la mobilisation des acteurs s'intensifie ; que dans les pays où elle éclot, tout peut très vite arriver ;

Que la mondialisation et le caractère limité de nos ressources nous rendent chacun responsable de l'autre, cet autre dans le temps, cet autre dans l'espace ;

Que l'imagination, l'esprit d'analyse et la soif d'entreprendre sont les ressources les mieux partagées ; qu'elles sont universelles et inépuisables ; qu'elles savent s'adapter à toutes les situations, s'attaquer à tous les problèmes ;

Que, souvent, il suffit de vouloir pour pouvoir.

Quand on veut, on peut

Le décor est sombre, et la représentation, bien entamée : la tragédie des communaux a commencé. La pièce, pourtant, peut avoir un dénouement heureux. Prenez-en conscience : c'est vous qui l'écrivez.

Le livret rappelle la trame. C'est l'histoire d'un géant invisible, noble de cœur, altruiste et discret. La profession de ce génie parfait ? Botaniste, peut-être jardinier. Un amoureux de la nature plutôt serviable ; modeste, il offre ses services en cachette, sans jamais se montrer.

Au premier acte, dans un jardin florissant, il s'est plié en quatre pour que notre civilisation apprécie le succulent pique-nique auquel elle s'était invitée. N'ayant jamais eu à s'en plaindre, elle ne soupçonnait pas l'existence du géant généreux qui la nourrissait, remplaçait ses couverts, nettoyait ses déchets. Elle faisait bombance sans regret, usant, arrachant, engloutissant fleurs et fruits qui lui semblaient offerts, jetant, crachant, polluant le cadre qui la berçait, et sollicitant chaque jour un peu plus, sans jamais s'en douter, le doux veilleur et son jardin.

Au deuxième acte, c'est un géant fatigué qui voit avec angoisse une nouvelle génération de noceurs s'installer sur ses pelouses. On se salue d'une nappe à l'autre, on se bouscule un peu près des framboisiers, chacun jette papiers gras et ordures suffisamment loin pour que, de l'assemblée un peu myope, on les croit disparus. Notre géant, lui, se désespère ; le chœur s'en fait l'écho, mais qui l'écoute ? Et le flux incessant continue : des millions d'individus se pressent aux portes du jardin, attirés par les éclats de rire qui s'en échappent bruyamment.

Le troisième acte, enfin, s'ouvre. Le coryphée s'avance. Au nom du chœur, il prend la parole. *« Ô vacanciers rassasiés, vos joies sont-elles éternelles ? L'herbe, autrefois si douce, perd déjà de son moelleux. Le jardin pourrait-il se faire moins généreux ? »* Derrière lui, lentement, le géant apparaît. C'est un colosse ratatiné qui se révèle à ses invités.

D'une table à l'autre, on se rejette la responsabilité de son état. Imaginez le tableau : on accuse même le géant de feindre sa fatigue ! Dans une cacophonie remarquable, de nouvelles règles sont édictées : les nouveaux candidats aux Hespérides doivent, avant d'entrer, renoncer aux pommes d'or et aux fruits parfumés.

Ces derniers regardent de travers les ventres repus qu'ils trouvent bien hardis de leur imposer un régime qu'ils n'ont eux-mêmes jamais suivi. Le ton monte. Personne ne veut manger moins de cerises. Près des framboisiers, on se presse de plus en plus. Le géant-jardinier, suant à grosses gouttes, montre d'effrayants signes d'épuisement. Les négociations n'en avancent pas plus vite : trois pas en arrière, un pas en avant.

Les acteurs, pourtant, sont aussi les scénaristes de cette tragédie qu'ils écrivent réplique après réplique. Nul n'en connaît l'issue, mais chacun devine qu'à l'agonie du jardinier, le pique-nique prendra fin. Avides de conseils, tous attendent des solutions. Et toi, lecteur, qu'en penses-tu ? C'est ton tour de monter sur les planches pour y souffler quelques rimes inspirées.

Responsabilisation des acteurs

Nos pérégrinations nous ont conduits d'un contexte au suivant, d'un exposé à l'autre, d'un besoin à sa réponse. Nous y avons découvert que l'essentiel, effectivement, est invisible pour les yeux ; en matière d'énergie, c'est le **service** qui compte, pas l'intensité de la consommation associée. Cette révolution de préoccupation a le mérite d'être simple : elle reste valable à toutes les échelles et dans tous les contextes.

Ne pensons donc plus « moyen » mais « fin ». À la maison, à l'école, au bureau, à l'usine : quels sont mes besoins, ceux de mon entreprise, ceux de mes clients ? Comment leur offrir satisfaction en préservant l'environnement ? Pensons cycle de vie, réutilisation, facilitation du recyclage, réduction des déchets. Pensons partage d'informations, intérêt général, fin des égoïsmes individuels. Pensons, en un mot, responsabilisation.

Responsabilisation de l'enfant, de l'adulte, du parent, de l'encadrant, du ménage, de tous ceux qui consomment, achètent, utilisent, votent et donc choisissent pour fonder une vision de société, orienter les politiques publiques et influencer les stratégies d'entreprise[1].

Responsabilisation de ceux qui, employés et actionnaires, font les entreprises. Celles-ci, en effet, ont les moyens de réinventer les processus de production, d'innover dans leurs stratégies de mise sur le marché, de définir d'ambitieuses politiques de recherche et développement. À elles de sélectionner les graines qui seront les chênes de demain, d'encourager l'entrée sur le marché d'entrepreneurs prometteurs, d'être les porte-étendards du « cleantech », d'anticiper, enfin, les révolutions technologiques à venir.

Responsabilisation des élus qui, localement, peuvent catalyser le changement par la mise en œuvre de politiques et plans d'urbanisation plus respectueux de l'environnement, traquer le gaspillage énergétique dans les factures municipales, aménager la collecte sélective des déchets, mettre en place des réseaux de transports en commun fonctionnels. Ces expériences réussies leur permettront d'initier des dynamiques similaires à l'échelon

---

1. D'où vient ce produit ? De quoi est-il fait ? Qui l'a fabriqué ? Comment ? Est-il recyclable ? En ai-je vraiment besoin ? Si je pars en vacances dans l'autre hémisphère, m'est-il difficile de compenser mon trajet ?

national (choix d'aménagement, soutien à l'innovation, engage-ments de coopération...).

L'enjeu est d'importance. Il a maintenant pignon sur rue ; pas un média, pas une campagne électorale qui n'aborde le sujet. C'est heureux, mais, sans un désir partagé d'assumer le changement, cela restera insuffisant.

S'assurer contre le pire pour faire advenir le meilleur

Pourquoi faut-il concrètement s'engager ? Parce que pollu-tions locales, tensions géopolitiques et réchauffement climati-que ont un coût caché. Ignoré par le marché, il est assumé, contre son gré, par la collectivité.

Ceci dit, quel prix pour la sécurité énergétique, quel prix pour la préservation des ressources naturelles ? Pour les calcu-ler, il faudrait quantifier notre préférence pour le présent, éva-luer les ressources d'inventivité des générations futures, qualifier la réponse des océans à l'accroissement de l'effet de serre... Autant d'obstacles à une définition objective et universelle du coût associé à la mise en péril de ces biens publics.

Indéfinie, la facture n'en est pas moins acquittée. Faciliter l'émergence de technologies plus propres, accélérer la mise sur le marché de solutions existantes, accepter d'évaluer les consé-quences de nos actions individuelles, ce n'est pas seulement se soumettre à un principe de précaution moral, c'est aussi engager une démarche rationnelle qui tient compte des incertitudes et reconnaît son coût d'opportunité[1] : celle d'une **assurance contre les risques**[2].

---

1. Les investissements qu'elles mobilisent ne sont plus disponibles pour d'autres activités.
2. En m'acquittant aujourd'hui d'une somme faible, je me prémunis contre un éventuel dommage important dans le futur.

Résoudre la triple crise de l'environnement, de l'énergie et du développement

Les enjeux climatiques étant mondiaux, on peut choisir, partout dans le monde, la moins coûteuse des assurances. Cette logique, retenue par les mécanismes de projet du protocole de Kyoto, offre une réponse à notre interrogation initiale : comment concilier désir de développement des pays les moins bien lotis et réduction globale des émissions de gaz à effet de serre ?

Permettons, grâce à des transferts de technologie et des facilités de financement, aux pays les moins développés d'améliorer leur niveau de vie sans suivre nos chemins historiquement gaspilleurs (*accès à l'énergie*), traquons les gaspillages dans les économies en transition (*efficacité énergétique*) et soufflons aux pays développés la voie de la raison : conserver voire accroître leur qualité de vie en révolutionnant leurs modes de consommation (*sobriété énergétique*).

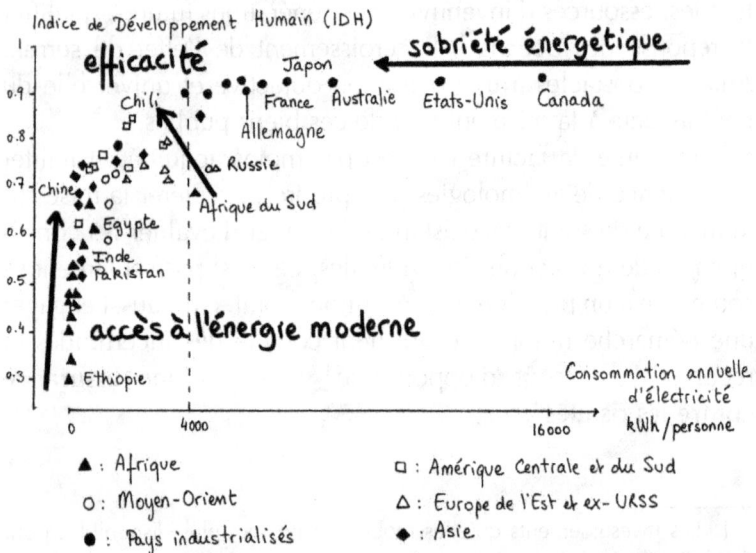

En effet, sans **maîtrise de l'énergie**, pas de réponse durable à la triple crise dont nous sommes partis. Le recours aux énergies renouvelables viendra compléter cette approche, à condition qu'il se substitue aux productions d'origine fossile. Sans cela, l'offre ne ferait que suivre la demande ; les émissions de gaz à effet de serre seraient au mieux constantes, ce qui ne suffirait pas à endiguer la menace climatique[1].

Moisson de solutions pour un avenir meilleur

Maîtrise de l'énergie et énergies renouvelables de substitution se déclinent en mille projets. Production d'hydrogène, rénovations urbaines, éoliennes rurales, séquestration du carbone, émergence des ESCOs, nouvelles priorités de consommation, nucléaire durable, transports propres, valorisation des déchets : la solution universelle n'existe pas ; les énergies du futur sont plurielles[2], et les services qu'elles permettent, aussi nombreux que les contextes dans lesquels elles s'inscrivent.

Le petit tour au pays des énergies auquel nous vous avons conviés en a déniché quelques exemples. Si Niels Bohr n'avait pas tort quand il annonçait que « *la prévision est un art difficile, surtout quand il s'agit d'avenir* », nul besoin d'être devin pour

---

1. Pour stabiliser la concentration de gaz à effet de serre dans l'atmosphère (niveau d'eau dans la baignoire, 385 ppm (par comparaison, le niveau pré-industriel était de 280 ppm) soit ~800 milliards de tonnes de carbone [GtC]), il faut que le rythme des émissions (débit du robinet, ~7 GtC actuellement) soit égal à la capacité d'absorption des puits de gaz à effets de serre (capacité de vidange, ~3 GtC). Si les émissions, même diminuées, continuent à être plus élevées que la capacité des écosystèmes à les absorber, le réchauffement climatique ne fera que s'amplifier (hausse du niveau d'eau jusqu'au débordement de la baignoire).
2. Voir, par exemple, la présentation que l'équipe de Robert Socolow et Stephen Pacala (Université de Princeton) fait de quinze technologies prometteuses de fortes réductions d'émission dans le jeu des « triangles de stabilisation » (*stabilization wedges*).

savoir qu'évaluer quantitativement les ressources disponibles (notamment renouvelables), accroître l'ambition des standards de performance énergétique, prendre en compte l'empreinte environnementale des produits que nous consommons, s'attaquer aux défis du stockage, des interconnexions, de la transmission et de la distribution de l'énergie, sont autant de voies pour créer des situations où tous, pollueurs et pollués, seront gagnants par le changement. S'attacher à éduquer, former et responsabiliser les acteurs individuels, mettre le débat énergétique sur la place publique et en faire un sujet politique sont autant de préliminaires indispensables à la définition de ces nouvelles orientations.

« *The time for action is now* »[1]. Ban Ki-Moon, Secrétaire général des Nations unies, rappelait encore en juin que le temps presse. Alors, puisque rien ne se fera sans nous, on est parti ? « *Chiche !* »

---

1. « C'est maintenant qu'est le temps pour l'action » dans *Hear the first victims of climate change*, article du 4 juin 2007 de l'*International Herald Tribune*, Ban Ki-Moon

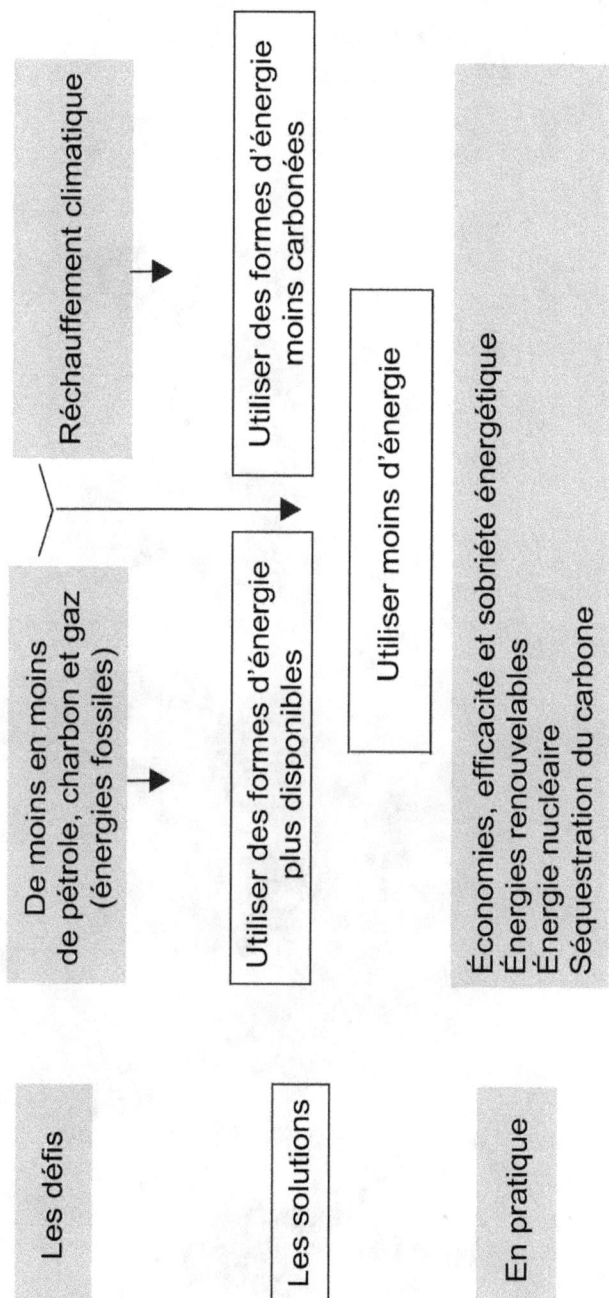

Les défis

Réchauffement climatique

De moins en moins
de pétrole, charbon et gaz
(énergies fossiles)

Les solutions

Utiliser des formes d'énergie
moins carbonées

Utiliser des formes d'énergie
plus disponibles

Utiliser moins d'énergie

En pratique

Économies, efficacité et sobriété énergétique
Énergies renouvelables
Énergie nucléaire
Séquestration du carbone

Un grand merci...

À Christophe et Riaz pour avoir su canaliser l'énergie de ce projet, pour nous avoir accompagnées au cours de l'aventure de Prométhée, en Inde, en Chine, et chaque jour un peu plus loin ;

À tous ceux qui font nos familles, pour leur soutien et leur patience à toute épreuve, pour leurs éclats de rire et leurs encouragements ;

À Fabien Orsat et Matthieu Warnier qui ont cru en notre projet et lui ont prêté leurs talents ;

Aux amis d'un jour, aux amis de toujours, à l'association Reporters d'Espoirs qui a permis à ce livre de voir le jour, à tous ceux qui nous ont crues capables de cette folie, qui l'ont poussée d'un conseil, d'un contact, d'un écu[1] ou d'un mot ;

À Henri Boyé, Nils Devernois, Jean-Pierre Favennec, Christian de Gromard, Bruno Ribeyron-Montmartin, Luc Hoang Gia, Guy Grienche et le Lions club de Nay, Étienne Saint-Sernin, Marie-Bellene Kasungo Kapansa, Martin McCarthy, Arun Gupta, Brahmanand Mohanty, Yazhong Liu, Yue Sun, Étienne Geerhaert et Camila Shirota qui nous ont ouvert leurs carnets d'adresses personnels et professionnels ;

À Ingjald, Michel, Bjørn Ødegaard en Norvège, Jonas, Matthias et Nico, Nina et Christian, Vincent en Allemagne, Javier et Moises en Espagne, Issam, Anis, Anissa et Said Balafrej, Anne-Marie et Mustapha Chaoui, Philippe Ruef et la Lydec au Maroc, Florent, Keba et Moune Dao au Sénégal, Olga, Michael Telschow, Jean-Marc Otero del Val et

1. Nous remercions notamment les nombreux organismes qui, en nous accordant leur soutien financier et logistique, nous ont permis de boucler le budget de 60 000 euros nécessaires à la réalisation du *Tour des Énergies* et du projet pédagogique qui y était associé.

Total Coal SA en Afrique du Sud, Riaz à la Réunion, l'équipe de Total Angola et plus particulièrement François Badoual (sans oublier Hugues Foucault, Philippe Honoré, Antonio Pinto et René Tomatis), l'équipe de Total Zambia, Sabine et Martin McCarthy en Zambie, Emmanuel Laurenty, les équipes de Total Parco et de Parco au Pakistan, Virginie, Pascal (et maintenant Émilie) Weber, Brahmanand Mohanty, Vijay Bhatt et le Lions Club de Mumbai en Inde, Fern et Sébastien, Éric, Céline en Chine, Atsuko et Ena Ando au Japon, François-Xavier, Arnaud, Zukky, Élisabeth Mutel, Christophe, Byron aux États-Unis, les collaborateurs de Total au Venezuela dont notamment Jean-Philippe Hagry, Marina et Cristobal au Chili, Pauline, Thibault et Joseph Mongon, Debora Bueno André de Lima et Thomas Lewiner au Brésil, pour nous avoir offert un accueil chaleureux et hébergées dans les dix-sept pays qu'ils nous ont aidées à découvrir ;

À tous les professionnels que nous avons rencontrés, qui nous ont ouvert leurs portes et présenté leurs pays, qui nous ont offert leur temps, leurs expériences et leurs rêves ;

À tous ceux qui ont pris le temps de commenter ce texte pour le rendre plus accessible, plus précis, et plus vivant : nos parents, frères et sœurs, le carré de l'Albatros, Olivier Albigès, Emmanuel Barrois, Philippe Bodénez, Caroline Brun, Franck Carré, Julien Castres Saint Martin, Antoine Cerfon, Gaïd-Marie Cocher, Marie-Claude et Bernard Chataigner, Christophe Debonnel, Sylvie Dhérant, Michel Fulchiron, Claire Gautier, Laurent Guérin, Micheline Jérome, Marie-Nelly Laurenty, Marion et Gonzague Laurenty, Vincent Lepage, Jacques Mabille, Denys Médée, Hoda et Jallal Moussallieh, Quentin Munier, François Nguyen, Bernard et Françoise Parra, Séverine Payot, Odile et Michel Pirard, Diane et Julien Renaud, Guillaume de Roo, Didier Rousseau, Chantal Testot, Aurélie Tierno, Alexandra Yanoff-Spassky.

Ils ont soutenu notre projet

Le Tour des Énergies et cet ouvrage n'auraient pu voir le jour sans le soutien que lui ont apporté ses partenaires.

Dispositifs nationaux, régionaux, départementaux et locaux

La Commission européenne dans le cadre du Programme européen jeunesse,

Le ministère de la Jeunesse et des Sports à travers l'initiative Défi Jeunes,

Le Conseil régional de la Réunion,

La municipalité de Rueil Malmaison (92) grâce au Plan local d'aide aux jeunes,

La municipalité de Saint Germain en Laye (78) dans le cadre des Projets Jeunes.

Établissements publics et de l'enseignement supérieur

L'Agence française du développement et ses branches au Maroc, au Sénégal, en Afrique du Sud et en Chine,

L'Institut géographique national,

L'École nationale des ponts et chaussées et

L'École nationale supérieure des pétroles et moteurs.

Entreprises privées et leurs fondations

Air France,

La Fondation BMW à travers le concours Initiatives pour le Développement durable 2006,

McKinsey & Co grâce à la Bourse Tremplin 2006,

Total et ses filiales en Afrique du Sud, en Angola, au Pakistan, au
Venezuela, en Zambie.

Partenaires associatifs et médiatiques
L'Association amicale des anciens de l'École polytechnique,
L'Association des anciens élèves de l'école Sainte Geneviève,
Le Lions club international via le Lions club de Nay,
L'association Reporters d'Espoirs [1] et
Le Magazine *Énergies et Développement Durable*.

---

1. Parrain du *Tour des Énergies*, Reporter d'Espoirs propose une nouvelle
approche de l'information. Convaincue que les médias, et plus particulièrement les journalistes, peuvent jouer un rôle capital dans la construction du
monde, son agence d'informations met en avant les initiatives porteuses de
solution.

Pour aller plus loin

Informations générales sur énergie et climat

Rapports (climat, séquestration du carbone, utilisation des sols...) du Groupe d'experts Intergouvernemental sur l'Évolution du Climat (ONU) :

www.ipcc.ch

Agence Internationale de l'Énergie (AIE), statistiques mondiales sur sources et consommations d'énergie :

www.iea.org/Textbase/stats/

Observatoire de l'Énergie et la Direction générale de l'Énergie et des Matières premières (Ministère de l'Industrie) :

www.industrie.gouv.fr/energie/

Histoire et analyse de l'énergie comme secteur économique : *Les grandes batailles de l'énergie : petit traité d'une économie violente*, Jean-Marie Chevalier, Gallimard, 2004

Site internet de Jean-Marc Jancovici, consultant indépendant spécialisé ès questions d'énergie et d'environnement. Analyses pertinentes et vulgarisées ; un bon endroit pour commencer :

www.manicore.com

Les infolettres et sites d'information sur développement durable, énergie et environnement sont nombreux. Nous aimons plus particulièrement :

— le site « expert du développement durable » du centre de recherche sur la responsabilité sociale des entreprises et l'investissement socialement responsable, une filiale de la Caisse des Dépôts ;

www.novethic.fr,

— « *l'actualité pro. de l'environnement et du développement durable* »

www.actu-environnement.com,

— une veille énergétique tous azimuts,   **www.enerzine.com**

Ces livres qui nous ont donné des ailes

Nous avons beaucoup aimé :

— *80 hommes pour changer le monde*, Sylvain Darnil, Matthieu Le Roux, JC Lattès, 2005 et leur site internet :

www.80hommes.com

— *Passeurs d'espoirs : quel monde pour nos enfants, quel avenir pour le monde ?* Marie-Hélène et Laurent de Cherisey, Presse de la Renaissance (2 tomes), 2006

Chapitre 1 – Pétrole et gaz font bon ménage !

Site d'information sur le gaz naturel, Gaz de France :

http://jeunes.gazdefrance.com

Quantification des gaz torchés dans le monde : Étude par les chercheurs de l'Administration nationale de l'Océan et de l'Atmosphère des États-Unis d'Amérique (NOAA) sur commande du Partenariat mondial pour la Réduction des Gaz Torchés (GGFR), 30 mai 2007

Chapitre 2 – Au pays du charbon

Merci tout particulièrement à Nicolas Décaillet pour nous avoir fourni des informations sur la mine sud-africaine de Dorstfontein, et à Eléonore Antoine-Snowden pour son aide dans notre recherche bibliographique.

The Future of Coal, étude du Massachusetts Institute of Technology (2007) :   **http://web.mit.edu/coal**

Les données sur les statistiques d'accidents dans les mines de charbon chinoises sont tirées d'un article publié sur le site internet de RFI le 20 février 2005 :

http://**www.rfi.fr**/actufr/articles/062/article_34189.asp

Éclairage... sur le stockage géologique du carbone

Piégeage et stockage du dioxyde de carbone, rapport spécial du GIEC, Bert Metz, Ogunlade Davidson, Heleen de Coninck, Manuela Loos and Leo Meyer (Eds.), Cambridge University Press, UK (2005) :

www.ipcc.ch

Réseau européen de partage de connaissance sur la capture et séquestration du CO_2 : **www.co2net.com**

Greenfuels technologies incorporation, la capture de CO_2 par des algues à transformer en biodiesel **www.greenfuelonline.com**

Chapitre 3 – Que faire des déchets radioactifs ?

Un grand merci à Philippe Bodénez, adjoint au directeur chargé des installations de recherche et de déchets à l'Autorité de Sûreté Nucléaire (ASN/DRD) pour son éclairage sur la politique française de gestion des déchets radioactifs.

Institut de Radioprotection et de Sûreté Nucléaire (IRSN) et Autorité de Sûreté Nucléaire (ASN) – informations sur nucléaire et radioprotection : **http://net-science.irsn.org/** et **www.asn.fr.**

Documents du débat public sur les déchets radioactifs (rédigés par Commission Nationale d'Évaluation, par organismes de recherches et associations de protection de l'environnement) :

www.debatpublic-dechets-radioactifs.org

Agence Internationale pour l'Énergie Atomique (AIEA) (dont publications sur sécurité, sûreté, gestion des déchets et usages de l'énergie nucléaire dans le monde) :

http://**www.iaea.org**/Publications/Factsheets/index.html

Agence de l'OCDE pour l'Énergie Nucléaire (AEN) :

www.nea.fr

Chapitre 4 – Démystifions la fusion !

Merci tout particulièrement à Christophe Debonnel (CEA/DIF) et Antoine Cerfon (MIT/NSE) pour nous avoir présenté les mystères de la fusion et avoir pris le temps de commenter le contenu de ce chapitre.

Rubrique pédagogique du site du Commissariat à l'Énergie Atomique (CEA), thèmes « énergie nucléaire » et « défense » :
www.cea.fr/jeunes

Département de génie nucléaire de l'Université de Californie à Berkeley :   **www.nuc.berkeley.edu**

Laser Mégajoule :   **www-lmj.cea.fr**

Expérience NIF du Lawrence Livermore National Laboratory :
https ://lasers.llnl.gov

Expérience Z-pinch au Sandia National Laboratory :
http://zpinch.sandia.gov

Éclairage sur... uranium ou thorium ?

Un grand merci à Franck Carré (CEA/Direction du Dvpt et de l'Innovation Nucléaires) et Julien Taieb (CEA/DIF) pour leurs conseils avisés sur le traitement de ce sujet.

Forum Génération IV :   **http://gen-4.org**

Chapitre 5 – Itaipu, un géant des eaux au service de l'homme

Site officiel du barrage d'Itaipu (brésilien, espagnol, anglais)
www.itaipu.gov.br

Site de l'association Ecosistemas (espagnol)
www.ecosistemas.cl

Chapitre 6 – Un océan de promesses

Le numéro 728 (octobre 2007) de la revue *Science et Avenir* consacre un article très détaillé aux « Forces de Mer » :
http://sciencesetavenirmensuel.nouvelobs.com

Rapport de l'Ifremer (2004) sur les énergies marines :
http://**www.ifremer.fr**/dtmsi/colloques/seatech04/mp/article/
1.contexte/1.1.ECRIN-OPECST.pdf.

Hammerfest Strøm :   **www.e-tidevannsenergi.com**

Éclairage sur... l'énergie éolienne

Merci à Nicolas Ott pour ses commentaires sur la capacité du réseau électrique à s'adapter à l'intermittence de l'électricité éolienne, et à Frédéric Lanoë (Directeur Général WPD offshore France) pour nous avoir transmis une documentation très complète sur l'éolien offshore et la situation française.

Site de référence sur l'éolien – celui de l'association danoise de l'industrie éolienne :   **www.windpower.org**

Rapport prévisionnel du gestionnaire du Réseau de Transport d'Électricité français (RTE) pour la période 2006-2016 (notamment sur la gestion de l'intermittence) :

www.rte-france.com

Chapitre 7 – Sushis froids et bains chauds : au pays des onsens, la géothermie !

Merci beaucoup à Hakim Saibi pour nous avoir fait découvrir et comprendre les enjeux de la géothermie au Japon.

Site de l'Agence de l'Environnement et de la Maîtrise de l'Énergie (ADEME) et du Bureau de Recherches Géologiques et Minières (BRGM) sur les phénomènes géothermiques et leur exploitation énergétique :   **www.geothermie-perspectives.fr**

Kyushu Electric Power :   **www1.kyuden.co.jp**

Chapitre 8 – Gérer durablement la forêt : une arme contre la désertification

Situation des forêts du monde 2007, une étude (mars 2007) par l'Organisation des Nations unies pour l'Alimentation et l'Agriculture (FAO) :

http://**www.fao.org**/docrep/009/a0773f/a0773f00.htm

Centre de Suivi Écologique sénégalais (gestion durable des ressources naturelles) :   **www.cse.sn**

Chapitre 9 – La biomasse fait feu de tout bois

Programme européen Concerto   **http://concertoplus.eu**
dont projet Polycity   **www.polycity.net**

Association Européenne de l'Industrie de la Biomasse (EUBIA)
www.eubia.org

Desi Power (électricité décentralisée dans les campagnes indiennes, gazéificateurs) :   **www.desipower.com**

Indian Institute of Technology de Mumbai (IIT Bombay)
www.iitb.ac.in

Éclairage sur... les plantations d'arbres pour sauver le climat !

Merci à Jean-Daniel Bontemps (AgroParisTech-ENGREF, Nancy) pour les explications qu'il nous a offertes sur le bilan carbone des forêts primaires et des plantations d'arbres.

Projets de Foresterie : Permanence, comptabilisation des crédits et durée de vie, une étude AIE/OCDE (octobre 2001)
Forestry projects : lessons learned and implications for CDM modalities, une étude AIE/OCDE sur les projets de foresterie et leur

utilization dans le cadre des MDP pour l'obtention de crédits carbone (mai 2003) :
www.oecd.org

Le site de l'ADEME consacré à la compensation carbone :
www.compensationco2.fr

Chapitre 10 – Le biogaz en odeur de sainteté

Un grand merci à Olga Chepalianskaia pour avoir éclairé ce chapitre de son expertise sur les mécanismes de projets du protocole de Kyoto – et rédigé l'encadré correspondant.

Portail sur le biogaz destiné aux professionnels :
www.lebiogaz.info

Site de l'entreprise Naskeo (méthanisation des déchets organiques industriels – et explication de la méthanisation) : **www.naskeo.com**

Chapitre 11 – Bio, clean et nanotechs à la rescousse !

Merci à Michael Bon pour l'aide qu'il nous a apportée dans la rédaction des encadrés explicatifs sur l'ADN et les techniques de manipulation du matériel génétique.

Global Climate and Energy Project de l'Université de Stanford (dont projet de biohydrogène solaire et de bioélectricité) :
http://gcep.stanford.edu

Le Blog d'Agora Energy (réseau des femmes et des hommes qui entreprennent et innovent dans l'énergie en France et en Europe) :
www.consciencenergetique.com

Cleantech Business Angels (France) :
www.cleantechbusinessangels.com

Chapitre 12 – Vendre du solaire en Zambie : c'est rentable sans subvention !

Cosmos Ignite Innovations :   **www.cosmosignite.com**

L'entreprenariat social et durable – réseaux

Ashoka :   **http://ashoka.org**
Fondation Skoll :   **www.skollfoundation.org**
Réseau Omidyar :   **www.omidyar.net**
Fondation Schwab pour l'entreprenariat social :
    www.schwabfound.org
Echoing Green :   **www.echoinggreen.org**

Programme « Growing Sustainable Business » du Programme des Nations unies pour le Développement (PNUD) pour aider à l'émergence d'entreprises durables dans les pays en voie de développement :
    www.undp.org

Chapitre 13 – Un bain de soleil

Institut national de l'Énergie Solaire (actualités, infos, formation) :
    www.ines-solaire.com

Le site Auroville (dont le Centre de Recherche Scientifique) :
    auroville.org

Un exposé très bien fait sur le solaire thermodynamique par Bruno Rivoire :
    http://sfp.in2p3.fr/Debat/debat_energie/websfp/rivoire.htm

Pour une revue des technologies solaires (dont les cheminées solaires) : *Le Soleil au zénith*, Science et Avenir, août 2006

Solel (Kramer Junction) :   **www.solel.com**

DESERTEC, concept développé au sein de l'initiative Trans-Méditerranéenne d'Énergie Renouvelable (TREC) lancée en 2003 par le

Club de Rome (dont publications à télécharger sur le solaire thermique de puissance) : **www.desertec.org**

Cooperative Roots, l'association de Zack et de ses colocataires : **www.cooperativeroots.org**

Chap 14 – Le solaire, trop cher ?

Recherche et industrie photovoltaïque aux États-Unis, rapport de l'ambassade de France aux États-Unis (juin 2006) qui inclut une description très précise des technologies actuelles et en cours de développement : **www.bulletins-electroniques.com**

Améliorations attendues avec les nouvelles technologies PV : rendements, coûts et cycle de vie, communication de Jean-Claude Muller aux journées 2007 de la section électrotechnique sur le thème Énergie et Développement Durable à l'antenne de Bretagne de l'ENS de Cachan les 14 et 15 mars 2007 :
www.edpsciences.org/j3ea

Tenesol, producteur de modules et services solaires :
www.tenesol.com/fr

Kyocera, fabricant de cellules solaires en silicium :
http://global.kyocera.com

Présentations des pistes d'amélioration pour le photovoltaïque :
http://domsweb.org/ecolo/solaire.php

Le projet européen Hercules sur les concentrateurs solaires :
http://ec.europa.eu/research/success/fr/ene/0342f.html

Nanosolar, fabricant de cellules solaires sur couche mince (dont présentation des « 7 domaines d'innovation » de sa technologie inorganique) : **www.nanosolar.com**

Les cellules photovoltaïques organiques : vers le tout polymère, article des *Clefs du CEA* n° 50-51 (hiver 2004-2005) : très clair exposé sous forme de présentation générale, principes de fonctionnement et pistes d'amélioration. **www.cea.fr**

Institut Fraunhofer pour l'Énergie Solaire :

www.ise.fraunhofer.de

Chapitre 15 – Le hammam marocain se refait une beauté !

Efficacité énergétique : une vision mondiale, Résumé du rapport du Conseil Mondial de l'Énergie sur l'efficacité énergétique, ENER-DATA (octobre 2007) : **www.ademe.fr**

Chapitre 16 – Faire mieux, avec moins

Site de l'entreprise Cosan : **www.cosan.com.br**
Site de la brasserie Sierra Nevada : **www.sierranevada.com**

Chapitre 17 – Marre d'éteindre les lumières ? Entrez dans le jeu !

Guide pratique ADEME pour économiser l'électricité à la maison (fiches pour les particuliers) :
www.ademe.fr/particuliers/fiches/equipements_electriques

Site du concours pour l'efficacité énergétique à Hong Kong (Energy Efficiency Awards) **www.eeawards.emsd.gov.hk**

Chapitre 18 – L'éco-logis

Merci à Philippe Aussourd (CGPC) pour les informations qu'il nous a offertes sur la variété des réglementations énergétiques pour le bâtiment en Europe.

BCIL, leader de l'éco-construction en Inde : **www.ecobcil.com**

Quartier Vauban, à Fribourg-en-Bresgau : **www.vauban.de**

Site de l'initiative Masdar, aux EAU : **www.masdaruae.com**

Fonds Français pour l'Environnement Mondial :   **www.ffem.net**

Forte de plus de 150 membres représentant 500 villes dans 24 pays, **Energie-cités** est l'association des autorités locales européennes pour une politique énergétique locale durable :

www.energie-cites.eu

Certification et réglementation

Créé dans le cadre du Plan Climat français adopté en 2004, le Programme de recherche et d'expérimentation sur l'énergie dans le bâtiment (PREBAT) offre, entre autres, une comparaison internationale des programmes et certifications dans le bâtiment :

http://www.prebat.net/benchmark/benchmark.html

Éclairage sur... l'installation d'une pile à combustible chez soi !

La recherche française en matière d'hydrogène et de piles à combustibles, extraits de la stratégie nationale de recherche énergétique, mai 2007, disponible sur

www.industrie.gouv.fr/energie/recherche/hydrogene.htm

Rapport parlementaire de 2001 sur les perspectives offertes par la technologie de la pile à combustible

http://www.assemblee-nationale.fr/11/rap-off/i3216.asp

Chapitre 19 – La révolution des biocarburants

Biofuels : is the cure worse than the disease ? Rapport OCDE/AIE (septembre 2007)

Biofuels for transport : an international perspective, Rapport OCDE/AIE (mai 2004)   **www.oecd.org**

Site de l'entreprise Tecbio :   **www.tecbio.com.br**

Chapitre 20 – Quels transports pour demain ?

Fuel efficient road vehicle non-engine components, *Potential Savings and Policy Recommendations,* papier d'information de l'AIE rédigé par Takao Onoda et Thomas Gueret en octobre 2007, disponible sur   **www.iea.org**

« L'actualité qui réunit l'auto avec l'écologie », un ensemble de news éco-automobiles :   **www.moteurnature.com**

SuBat, projet de recherche de la Commission européenne sur les batteries durables   **www.battery-electric.com**

Les batteries pour le stockage de l'électricité dans les véhicules tout électriques ou hybrides, note d'état des lieux par Bertrand Theys, février 2006, disponible sur le site du Programme français de recherche et d'innovation pour les transports terrestres (PREDIT)
               www.predit.prd.fr

Voitures solaires
Panasonic World Solar Challenge à travers l'Australie :
               www.wsc.org.au

North American Solar Challenge :
               www.americansolarchallenge.org

Éclairage sur... la voiture à hydrogène

Distribution et stockage de l'hydrogène :   **www.cea.fr**/jeunes

Programme japonais pour le développement des piles à combustibles :   **www.jhfc.jp**

Conclusion

L'équipe de Robert Socolow et Stephen Pacala (Université de Princeton) a mis au point le jeu des « triangles de stabilisation ». Objectif : stabiliser les émissions mondiales de carbone à 7 GtC par an par le recours à 15 technologies (réparties en 4 grandes familles : économies d'énergie, fossile, nucléaire, renouvelables). Un excellent moyen, disponible sur internet en anglais, de s'exercer à la politique énergétique et de se familiariser avec les avantages et inconvénients technologies énergétiques actuellement à notre disposition :

http://www.princeton.edu/~cmi/resources/stabwedge.htm

Liste des encadrés

424   LE TOUR DU MONDE DES ÉNERGIES

*Ce volume a été composé
par Nord Compo*

*Impression réalisée sur CAMERON par
BRODARD ET TAUPIN
La Flèche
en avril 2008*

www.ingramcontent.com/pod-product-compliance
Lightning Source LLC
Chambersburg PA
CBHW061232220326
41599CB00028B/5396